公差配合与测量

张 莉 主编

翟爱霞 程 艳 副主编

化学工业出版社

·北京·

本书内容包括：公差配合的基础知识，孔轴公差与配合，形状和位置公差及检测，孔与轴的检测，表面粗糙度及其检测，普通螺纹公差与检测，滚动轴承的公差与配合，圆柱齿轮公差与检测，圆锥公差与检测，技术测量基础。每章后附有针对该章学习内容的练习题。本书注重内容的实用性与针对性，比较全面地介绍了机械测量技术几何量的各种误差检测方法和原理等。

本书可作为高职高专院校的机械类和机电类各专业的教材，也可供其他院校学生和工程技术人员参考。

图书在版编目（CIP）数据

公差配合与测量/张莉主编. —北京：化学工业出版社，2011.1（2020.4重印）
高等职业教育规划教材
ISBN 978-7-122-10109-9

Ⅰ. 公… Ⅱ. 张… Ⅲ. ①公差-配合-高等学校：技术学院-教材②技术测量-高等学校：技术学院-教材
Ⅳ. TG801

中国版本图书馆 CIP 数据核字（2010）第 241792 号

责任编辑：李　娜　高　钰　江百宁　　　　　　文字编辑：张燕文
责任校对：陶燕华　　　　　　　　　　　　　　装帧设计：关　飞

出版发行：化学工业出版社（北京市东城区青年湖南街 13 号　邮政编码 100011）
印　　装：涿州市京南印刷厂
787mm×1092mm　1/16　印张 12½　字数 307 千字　　2020 年 4 月北京第 1 版第 5 次印刷

购书咨询：010-64518888　　　　　　　　　　售后服务：010-64518899
网　　址：http://www.cip.com.cn

凡购买本书，如有缺损质量问题，本社销售中心负责调换。

定　　价：36.00 元

前　言

公差配合与测量课程是工科院校特别是技术型工科院校机械类专业的一门实用性较强的技术基础课，本教材的编写以生产的需要为基础，以培养技术应用型人才为目的，内容涉及机械产品及其零部件的设计、制造、维修、质量控制与生产管理等多方面标准及其技术知识，体现出其显著的职业特点，具体表现在以下几点。

1. 参加编写的均为教学经验丰富的一线教师，在编写过程中结合多年的教学实践和高职学生的特点，精心选择一些具有代表性的例题，在讲清基本概念和原理的同时注重实用性。

2. 本书依据国家最新标准，表达上力求通俗、新颖，内容尽可能简明扼要，方便学生理解、掌握。

3. 为了方便学生进行后续课程的课程设计，本书收录了适量的公差表格。

4. 本书不包含尺寸链的内容，如有需要，可参阅机械制造工艺课程的内容或其他教材。

本教材由张莉担任主编，翟爱霞、程艳担任副主编。具体编写分工如下：程艳编写第一章，翟爱霞编写第二章、第三章、第六章、第九章，张莉编写第四章、第五章、第七章、第八章，张文群、张海涛、刘继承编写第十章。

本教材在编写过程中得到了合肥通用职业技术学院颜世湘、邹积德同志的关心和支持，提出了许多宝贵的意见和建议，此外王桂芬、李灵娟、江道银等同志对此也做了大量工作，在此对他们表示衷心的感谢。

由于编者水平有限，本书难免存在疏漏之处，诚恳广大专家、读者批评指正。

编者

2010 年 12 月

涿州市京南印刷厂

目　录

第一章　公差配合的基础知识 ………… 1
第一节　互换性与公差的概念 ……… 1
一、互换性的概念 ……………… 1
二、互换性的种类 ……………… 2
三、互换性的作用 ……………… 2
四、公差的概念 ………………… 3
第二节　了解标准化、优先数系及几何量
检测 ……………… 4
一、标准与标准化的概念 ……… 4
二、优先数与优先数系 ………… 5
三、几何量检测 ………………… 6
课后练习 …………………………… 7
第二章　孔轴公差与配合 …………… 8
第一节　公差与配合的基本术语和定义 … 8
一、孔、轴的基本术语及其定义 … 8
二、有关尺寸的术语和定义 …… 8
三、有关偏差和公差的术语和定义 … 9
四、有关配合的术语和定义 …… 10
第二节　公差与配合标准的主要内容 … 13
一、标准公差系列 ……………… 13
二、基本偏差系列 ……………… 14
三、公差与配合在图样上的标注 … 22
四、孔轴的常用公差带和优先、常用
配合 ……………… 23
五、一般公差——未注公差的线性尺寸
的公差 ……………… 24
第三节　孔轴公差与配合的选择 …… 26
一、基准制的选择 ……………… 26
二、标准公差等级的选择 ……… 27
三、配合种类的选择 …………… 28
课后练习 …………………………… 30
第三章　形状和位置公差及检测 …… 33
第一节　零件几何要素和形位公差的特征
项目 ……………… 33
一、形位公差的研究对象——零件几何
要素 ……………… 33
二、形位公差的特征项目及符号 … 34
第二节　形位公差在图样上的标注方法 … 35

一、形位公差代号和基准符号 ……… 35
二、被测要素的标注方法 ………… 36
三、基准要素的标注方法 ………… 37
四、形位公差的简化标注方法 …… 38
五、形位公差标注举例 …………… 38
第三节　形位公差与形位公差带 …… 39
一、形位公差的含义和特征 …… 39
二、形状公差 …………………… 41
三、基准 ………………………… 43
四、位置公差 …………………… 44
第四节　公差原则 ………………… 50
一、公差原则的有关术语及定义 … 50
二、独立原则 …………………… 53
三、包容要求 …………………… 53
四、最大实体原则 ……………… 56
五、最小实体原则 ……………… 60
第五节　形位公差的选择 …………… 64
一、形位公差特征项目及基准要素的
选择 ……………… 64
二、公差原则的选择 …………… 65
三、形位公差公差值的选择 …… 65
第六节　形位误差及其检测 ………… 71
一、实际要素的体现 …………… 71
二、形位误差的评定 …………… 72
三、形位误差检测原则 ………… 76
课后练习 …………………………… 77
第四章　孔与轴的检测 ……………… 82
第一节　光滑工件尺寸的验收 ……… 82
一、验收极限与安全裕度 ……… 82
二、计量器具的选择 …………… 84
三、光滑工件尺寸的检测实例 … 85
第二节　光滑极限量规 ……………… 87
一、光滑极限量规 ……………… 88
二、量规的分类 ………………… 88
三、工作量规的设计 …………… 89
四、量规设计原则 ……………… 89
五、量规的设计步骤及极限尺寸计算 … 93
课后练习 …………………………… 95

第五章　表面粗糙度及其检测 ············ 96
　第一节　概述 ······························· 96
　　一、表面粗糙度的基本概念 ··········· 96
　　二、表面粗糙度对零件使用性能的影响 ··· 96
　第二节　表面粗糙度国家标准 ··········· 97
　　一、表面粗糙度基本术语 ··············· 97
　　二、表面粗糙度的评定参数 ··········· 99
　第三节　表面粗糙度评定参数及其数值的
　　　　　选择 ······························· 102
　　一、表面粗糙度评定参数项目的选用 ··· 102
　　二、表面粗糙度主参数值的选用 ······ 102
　第四节　表面粗糙度符号、代号及其标注
　　　　　方法 ······························· 104
　　一、表面粗糙度图形符号及含义 ······ 105
　　二、表面粗糙度图形符号的画法 ······ 105
　　三、表面粗糙度代号示例 ··············· 106
　　四、表面粗糙度在图样上的标注方法 ··· 107
　第五节　表面粗糙度的检测 ············· 110
　　一、比较法 ······························· 110
　　二、光切法 ······························· 110
　　三、针描法 ······························· 111
　课后练习 ··································· 112

第六章　普通螺纹公差与检测 ············ 114
　第一节　普通螺纹的基本牙型和主要几何
　　　　　参数 ······························· 114
　　一、普通螺纹的基本牙型 ··············· 114
　　二、普通螺纹的主要几何参数 ········· 114
　第二节　普通螺纹几何参数偏差对互换性的
　　　　　影响 ······························· 116
　　一、直径偏差对螺纹互换性的影响 ······ 116
　　二、螺距偏差对螺纹互换性的影响 ······ 117
　　三、牙型半角偏差对螺纹互换性的
　　　　影响 ································· 117
　　四、作用中径、中径公差及保证螺纹
　　　　互换性的条件 ··················· 118
　第三节　普通螺纹的公差与配合 ········ 119
　　一、普通螺纹的公差带及旋合长度 ······ 119
　　二、螺纹的选用公差带与精度等级 ······ 122
　　三、普通螺纹的标记 ··················· 123
　　四、螺纹的表面粗糙度 ··············· 124
　第四节　普通螺纹的检测 ··············· 126
　　一、螺纹的综合检验 ··················· 126
　　二、螺纹的单项测量 ··················· 127
　课后练习 ··································· 128

第七章　滚动轴承的公差与配合 ········ 129
　第一节　滚动轴承的公差等级及其应用 ··· 129
　　一、滚动轴承公差等级 ··············· 129
　　二、各公差等级的滚动轴承的应用 ······ 130
　第二节　滚动轴承内径、外径公差带
　　　　　特点 ······························· 130
　第三节　滚动轴承与轴颈和外壳孔的
　　　　　配合 ······························· 132
　　一、轴颈和外壳孔的公差带 ··········· 132
　　二、滚动轴承与轴和外壳孔配合的
　　　　选择 ································· 133
　　三、轴颈和外壳孔几何精度的确定 ······ 135
　　四、滚动轴承的配合选择示例 ········· 137
　课后练习 ··································· 138

第八章　圆柱齿轮公差与检测 ············ 139
　第一节　概述 ····························· 139
　　一、对齿轮传动的使用要求 ··········· 139
　　二、齿轮加工误差的来源与分类 ······ 140
　第二节　齿轮精度的评定指标 ··········· 142
　　一、传递运动准确性的检测项目 ······ 142
　　二、传动工作平稳性的检测项目 ······ 146
　　三、载荷分布均匀性的检测项目 ······ 150
　　四、影响齿轮副侧隙的单个齿轮因素 ··· 152
　第三节　渐开线圆柱齿轮精度标准及其
　　　　　应用 ······························· 154
　　一、齿轮精度等级和等级确定 ········· 155
　　二、齿轮副侧隙 ······················· 157
　　三、齿轮精度的标注代号 ············· 158
　课后练习 ··································· 159

第九章　圆锥公差与检测 ··············· 160
　第一节　圆锥公差与配合的基本术语和
　　　　　基本概念 ························· 160
　　一、圆锥的主要几何参数 ············· 160
　　二、圆锥配合基本术语 ··············· 162
　　三、圆锥配合的形成 ··················· 163
　第二节　圆锥公差的给定方法和圆锥直径
　　　　　公差带的选择 ··················· 165
　　一、锥度及锥角系列 ··················· 165
　　二、圆锥公差项目 ····················· 167
　　三、圆锥角公差及其应用 ············· 169
　　四、圆锥公差的给定和标注方法 ······ 170
　　五、未注圆锥公差角度的极限偏差 ······ 173
　第三节　圆锥角的检测 ··················· 173
　　一、锥度和角度的相对量法 ··········· 173

二、锥度和角度的绝对量法 ············ 174
课后练习 ····························· 174

第十章 技术测量基础 ··············· 175
第一节 技术测量基础 ················· 175
一、测量的概念 ····················· 175
二、长度单位、基准和量值传递系统 ······ 175
三、量块的基本知识 ················· 176
第二节 计量器具与测量方法 ··········· 178
一、计量器具的分类 ················· 178
二、几种常用的计量器具 ············· 179

三、计量器具的度量指标 ············· 183
四、测量方法的分类 ················· 184
第三节 测量误差及数据处理 ··········· 184
一、测量误差的概念 ················· 184
二、测量误差的来源 ················· 185
三、测量误差的种类和特性 ··········· 185
四、测量精度 ······················· 187
五、测量结果的数据处理 ············· 188
课后练习 ····························· 191

参考文献 ························ 192

第一章　公差配合的基础知识

第一节　互换性与公差的概念

互换性是什么？当我们去参观工厂的装配车间时，仔细观察就会发现，工人师傅在装配时，对同一规格的一批零件或部件，不经任何挑选、调整或辅助加工，任取其一进行装配，就能满足机械产品设计使用性能的要求。这是为什么呢？这是因为零（部）件具有互换性。观察我们生活中接触到的产品，如摩托车、汽车、冰箱等，其零部件大约都有几千个，而这些零部件都是由分布在全国甚至全世界的上百家专业零部件生产厂加工的，然后汇集到摩托车、汽车、冰箱等生产厂的装配自动生产线上，很短时间就能装配好（图1-1）。不难想象，如果不能从制成的同一规格的零件或部件中任取一件，直接装到生产产品上，高效率地装配是无法实现的。当我们继续参观工厂的加工车间时，会发现工人师傅在按图样的要求加工工件。图样上，对零部件的尺寸、形状、配合位置和表面微观形状等几何参数都提出相关要求。这些要求就是我们所说的公差。

图 1-1　汽车流水装配线

一、互换性的概念

制造业生产中，经常要求产品的零部件具有互换性。零部件的互换性是指制造业的产品或者机器由许多零部件组成，而这些零部件是由不同的工厂和车间制成的，在装配时，从加工制成的同一规格的零部件中任意取一件，不需要任何挑选或修配，就能与其他零部件安装在一起而组成一台机器，并且达到规定的使用功能要求。因此，零部件的互换性就是指同一规格的零部件按规定的技术要求制造，能够彼此相互替换使用而效果相同的性能。如灯泡坏了，可以换个新的，自行车、钟表等的零部件坏了，也可以换个新的等。

二、互换性的种类

机器和仪器制造业中的互换性，通常包括几何参数（如尺寸）和力学参数（如硬度、强度等）的互换，本任务中只讨论几何参数的互换。几何参数的互换主要包括零部件的尺寸、几何形状、相互的位置关系以及表面粗糙度等参数的互换。按零部件互换的形式和程度不同，互换性分为完全互换性和不完全互换性两类。

1. 完全互换性

完全互换性简称互换性，完全互换性以零部件装配或更换时不需要挑选或修配为条件。如对一批孔和轴装配后的间隙要求控制在一定范围内，据此规定了孔和轴的尺寸允许变动范围。孔和轴加工后只要符合设计的规定，则它们就具有完全互换性。常见的螺钉、螺母、螺栓等完全互换零部件如图 1-2 所示。

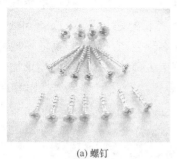

(a) 螺钉　　　　　　　　　　(b) 螺母　　　　　　　　　　(c) 螺栓

图 1-2　完全互换零部件

2. 不完全互换性

不完全互换性也称有限互换性，在零部件装配时允许有附加的选择或调整。不完全互换可以用分组装配法、调整法或其他方法来实现。

分组装配法即为当装配精度要求较高时，采用完全互换将使零件制造精度要求很高，加工成本增加，这时可适当降低零件的制造精度，使之便于加工，如轴承中的滚动体在使用时即采用分组互换，如图 1-3 所示为深沟球轴承中的成组滚动体。零部件在加工完后，通过测量将零件按实际尺寸大小分为若干组，使各组内零件间实际尺寸的差别减小，装配时按对应组进行。这样，既可保证装配精度和使用要求，又能解决加工上的困难，降低成本。此时，仅组内零件可以互换，组与组之间不可互换，故为不完全互换。

图 1-3　深沟球轴承

调整法也是一种保证装配精度的措施。调整法的特点是在机器装配或使用过程中，对某一特定零件按所需要的尺寸进行调整，以达到装配精度的要求。例如，减速器中端盖与箱体间的垫片的厚度在装配时作调整，使轴承的一端与端盖的底端之间预留适当的轴向间隙，以补偿温度变化时轴的微量伸长，避免轴在工作时弯曲。

三、互换性的作用

可以从下面三个方面理解互换性的作用。

①　在设计方面。若零部件具有互换性，就能最大限度地使用标准件，便可以简化绘图和计算等工作，使设计周期变短，有利于产品的更新换代和计算机辅助设计（CAD）技术的应用。

②　在制造方面。互换性有利于组织专业化生产，使用专用设备和计算机辅助制造（CAM）技术。

③　在使用和维修方面。零部件具有互换性可以及时更换那些已经磨损或损坏的零部件，对于某些易损件可以提供备用件，可以提高机器的使用价值。

互换性在提高产品质量和产品可靠性、提高经济效益等方面均具有重大意义。互换性原则已成为现代制造业中一个普遍遵守的原则，互换性生产对我国现代化生产具有十分重要的意义。但是，互换性原则也不是任何情况下都适用。有时只有采取单个配制才符合经济原则，这时零件虽不能互换，但也有公差和检测的要求。

四、公差的概念

具有互换性的零件，其几何参数是否必须保证完全一致呢？这在生产实践中是不可能实

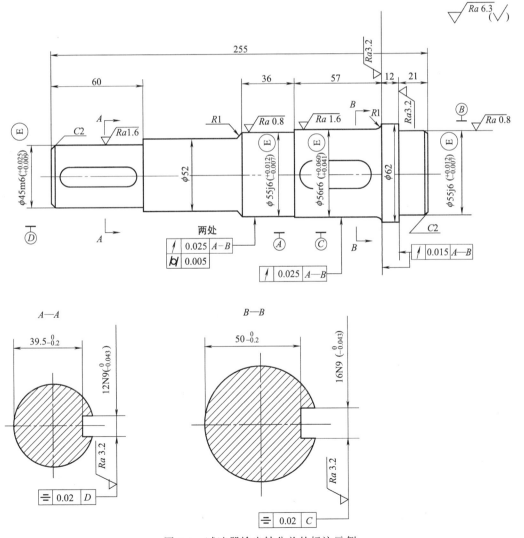

图 1-4　减速器输出轴公差的标注示例

现的，也是不必要的。零件在加工过程中，不可能做得到绝对准确，总是不可避免地要产生误差，这称为几何量误差。实际上，只要零部件的几何量误差在规定的范围内变动，就能满足互换性的要求。可以看出，互换性要用公差来保证，而公差是为了。为了控制工件的尺寸、形状、位置和表面微观形状等几何参数的误差。我们把几何参数允许变动的范围称为公差，它包括尺寸公差、形状公差、位置公差和表面粗糙度，各种公差的表示方法如图1-4所示。

第二节 了解标准化、优先数系及几何量检测

现代制造业生产的特点是规模大、分工细、协作单位多、互换性要求高。为了适应生产中各部门的协调和各生产环节之间的衔接，必须有一种手段，使分散的、局部的生产部门和生产环节保持必要的技术统一，成为一个有机的整体，以实现互换性生产。标准与标准化正是联系这种关系的主要途径和手段。标准化是互换性生产的基础。在设计机械产品和制定标准时，常常和很多数值打交道，在现代工业生产中，专业化程度高，国民经济各部门要协调和密切配合，技术参数的数值不能随意选择，而应该在一个理想的、统一的数系中选择，这种统一的数系即为优先数系。

一、标准与标准化的概念

（1）标准　是指为了在一定的范围内获得最佳秩序，对活动或其结果规定共同的和重复使用的规则、导则或特性的文件。标准对改进产品质量，缩短产品生产周期，开发新产品和协作配套，提高社会经济效益，发展社会主义市场经济和对外贸易等有很重要的意义。例如，GB/T 1804—2004《一般公差、未注公差的线性和角度尺寸的公差》就是国家标准《极限与配合》中的一项标准。

（2）标准化　是指为了在一定的范围内获得最佳秩序，对实际或潜在的问题制定共同的和重复使用的规则的活动。标准化是社会化生产的重要手段，是联系设计、生产和使用方面的纽带，是科学管理的重要组成部分。标准化对于改进产品、过程和服务的适用性，防止贸易壁垒，促进技术合作方面具有特别重要的意义。标准化工作包括制定标准、发布标准、组织实施标准和对标准的实施进行监督的全部活动过程。这个过程从探索标准化对象开始，经调查、实验和分析，进而起草、制定和贯彻标准，而后修订标准。因此，标准化是一个不断循环又不断提高其水平的过程。

（3）标准的分类

① 按标准的使用范围　我国将标准分为国家标准、行业标准、地方标准和企业标准。国家标准就是需要在全国范围内有统一的技术要求时，由国家质量监督检验检疫总局颁布的标准。

行业标准就是在没有国家标准，而又需要在全国某行业范围内有统一的技术要求时，由该行业的国家授权机构颁布的标准。但在有了国家标准后，该项行业标准即行废止。

地方标准就是在没有国家标准和行业标准，而又需要在省、自治区、直辖市范围内有统一的技术安全、卫生等要求时，由地方政府授权机构颁布的标准。但在公布相应的国家标准或行业标准后，该地方标准即行废止。

企业标准就是对企业生产的产品，在没有国家标准和行业标准及地方标准的情况下，由

企业自行制定的标准，并以此标准作为组织生产的依据。如果已有国家标准或行业标准或地方标准的，企业也可以制定严于国家标准或行业标准或地方标准的企业标准，在企业内部使用。

② 按标准的作用范围 将标准分为国际标准、区域标准、国家标准、地方标准和试行标准。国际标准、区域标准、国家标准、地方标准分别是由国际标准化组织、区域标准化组织、国家标准机构、在国家的某个区域一级标准机构所通过并发布的标准。试行标准是由某个标准化机构临时采用并公开发布的标准。

③ 按标准化对象的特征 将标准分为基础标准、产品标准、方法标准和安全、卫生与环境保护标准等。基础标准是指在一定范围内作为标准的基础并普遍使用，具有广泛指导意义的标准，如极限与配合标准、形位公差标准、渐开线圆柱齿轮精度标准等。基础标准是以标准化共性要求和前提条件为对象的标准，是为了保证产品的结构功能和制造质量而制定的、一般工程技术人员必须采用的通用性标准，也是制定其他标准时可依据的标准。本书所涉及的标准就是基础标准。

④ 按照标准的性质 可分为技术标准、工作标准和管理标准。技术标准是指根据生产技术活动的经验和总结，作为技术上共同遵守的法规而制定的标准。

二、优先数与优先数系

1. 优先数系及其公比

国家标准 GB/T 321—2005《优先数和优先数系》规定十进等比数列为优先数系，并规定了 5 个系列，分别用系列符号 R5、R10、R20、R40 和 R80 表示。其中前 4 个系列是常用的基本系列，而 R80 作为补充系列，仅用于分级很细的特殊场合。

优先数系是工程设计和工业生产中常用的一种数值制度。基本系列 R5、R10、R20、R40 的 1～10 常用值见表 1-1。

表 1-1　优先数系基本系列的常用值（GB/T 321—2005）

基本系列	1～10 的常用值										
R5	1.00		1.60		2.50		4.00		6.30		10.00	
R10	1.00	1.25	1.60	2.00	2.50	3.15	4.00	5.00	6.30	8.00	10.00	
R20	1.00	1.12	1.25	1.40	1.60	1.80	2.00	2.24	2.50	2.80		
	3.15	3.55	4.00	4.50	5.00	5.60	6.30	7.10	8.00	9.00	10.00	
R40	1.00	1.06	1.12	1.18	1.25	1.32	1.40	1.50	1.60	1.70	1.80	
	1.90	2.00	2.12	2.24	2.36	2.50	2.65	2.80	3.00	3.15	3.35	
	3.55	3.75	4.00	4.25	4.50	4.75	5.00	5.30	5.60	6.00	6.30	
	6.70	7.10	7.50	8.00	8.50	9.00	9.50	10.00				

优先数系是十进制等比数列，其中包含 10 的所有整数幂（… 0.01，0.1，1，10，100，…）。只要知道一个十进段内的优先数值，其他十进段内的数值就可由小数点的前后移位得到。优先数系中的数值可方便地向两端延伸，由表 1-1 中的数值，使小数点前后移位，便可以得到所有小于 1 和大于 10 的任意优先数。

优先数系的公比为 $q_r = \sqrt[r]{10}$。由表 1-1 可以看出，基本系列 R5、R10、R20、R40 的公比分别为 $q_5 = \sqrt[5]{10} \approx 1.60$，$q_{10} = \sqrt[10]{10} \approx 1.25$，$q_{20} = \sqrt[20]{10} \approx 1.12$，$q_{40} = \sqrt[40]{10} \approx 1.06$。另外，补充系列 R80 的公比为 $q_{80} = \sqrt[80]{10} \approx 1.03$。

2. 优先数与优先数系的特点

优先数系中的任何一个项值均称为优先数。实际应用的优先数都是经过化整和处理的。优先数系主要有以下特点。

① 任意相邻两项间的相对差近似不变（按理论值则相对差为恒定值）。如 R5 系列约 60%，R10 系列约为 25%，R20 系列约为 12%，R40 系列约为 6%，R80 系列约为 3%。

② 任意两项的理论值经计算后仍为一个优先数的理论值。计算包括任意两项理论值的积或商，任意一项理论值的正、负整数乘方等。

③ 优先数系具有相关性。优先数系的相关性表现为：在上一级优先数系中隔项取值，就能得到下一系列的优先数系；反之，在下一系列中插入比例中项，就得到上一系列的优先数系。例如，在 R40 系列中隔项取值，就得到 R20 系列，在 R10 系列中隔项取值，就得到 R5 系列。这种相关性也可以说成：R5 系列中的项值包含在 R10 系列中，R10 系列中的项值包含在 R20 系列中，R20 系列中的项值包含在 R40 系列中，R40 系列中的项值包含在 R80 系列中。

3. 优先数系的派生系列

为使优先数系具有更宽广的适应性，可以从基本系列中，每逢 p 项留取一个优先数，生成新的派生系列。如派生系列 R10/3，就是从基本系列 R10 中，自 1 以后每逢 3 项留取一个优先数而组成的，即 1.00，2.00，4.00，8.00，16.0，32.0，64.0 等。

4. 优先数系的选用规则

优先数系的应用很广泛，它适用于各种尺寸和参数的系列化和质量指标的分级，对保证各种工业产品的品种、规格、系列的合理化分挡和协调配套具有十分重要的意义。

选用基本系列时，应遵守先疏后密的规则，即按 R5、R10、R20、R40 的顺序选用；当基本系列不能满足要求时，可选用派生系列，注意应优先采用公比较大和延伸项含有项值 1 的派生系列；根据经济性和需要量等不同条件，还可分段选用最合适的系列，以复合系列的形式来组成最佳系列。

三、几何量检测

1. 几何量检测的重要性

几何量检测是组织互换性生产必不可少的措施。由于零部件的加工误差不可避免，决定了必须采用先进的公差标准，对构成机械的零部件的几何量规定合理的公差，用以实现零部件的互换性。但若不采用适当的检测措施，规定的公差也就形同虚设，不能发挥作用。因此，应按照公差标准和检测技术要求对零部件的几何量进行检测。只有几何量合格者，才能保证零部件在几何量方面的互换性。检测是检验和测量的统称。一般来说，测量的结果能够获得具体的数值；检验的结果只能判断合格与否，而不能获得具体数值。

但是，必须注意到，在检测过程中又会不可避免的产生或大或小的测量误差。这将导致两种误判：一是把不合格品误认为合格品而给予接受——误收；二是把合格品误认为废品而给予报废——误废。这是测量误差表现在检测方面的矛盾。这就需要从保证产品的质量和经济性两方面综合考虑，合理解决。检测的目的不仅仅在于判断工件合格与否，还有积极的一面，这就是根据检测的结果，分析产生废品的原因，以便设法减少和防止废品的产生。

2. 我国在几何量检测方面的发展历程

在我国悠久的历史上，很早就有关于几何量检测的记载。秦朝就已经统一了度量衡制度，西汉已经有了铜制卡尺。但长期的封建统治，使得科学技术未能进一步发展，检测技术和计量器具也受到影响，直到 1949 年新中国成立后才得以好转。1959 年国务院发布了《关于同意计量制度的命令》，1977 年国务院发布了《中华人民共和国计量管理条理例》，1984 年国务院发布了《关于在我国统一实行法定计量单位的命令》，1985 年全国人大常委会通过并由国家主席发布了《中华人民共和国计量法》。这些对于我国采用国际米制作为长度计量单位，健全各级计量机构和长度量值传递系统，保证全国计量单位统一和量值准确可靠，促进我国社会主义现代化建设和科学技术的发展具有特别重要的意义。在建立和加强我国计量制度的同时，我国的计量器具制造业也有了较大的发展。现在已有许多量仪厂和量具刃具厂，生产的许多品种的计量仪器，用于几何量检测，如万能测长仪、万能工具显微镜、万能渐开线检查仪等。此外，还能制造一些世界水平的量仪，如激光光电比长仪、激光丝杠动态检查仪、光栅式齿轮整体误差测量仪、无导轨大长度测量仪等。

课 后 练 习

1-1　简述互换性与几何量公差的概念，说明互换性有什么作用，互换性的分类如何？

1-2　试举例说明互换性在日常生活中的应用。

1-3　具有互换性零件的几何参数是否必须保证绝对一致，为什么？

1-4　优先数系是一种什么数列？它有何特点？有哪些优先数的基本系列？什么是优先数的派生系列？

1-5　试写出下列基本系列和派生系列中自 1 以后共 5 个优先数的常用值：R10，R10/2，R20/3，R5/3。

1-6　在尺寸公差表格中，自 6 级开始各等级尺寸公差的计算公式为 $10i$，$16i$，$25i$，$40i$，$64i$，$100i$，$160i$ 等；在螺纹公差表中，自 3 级开始的等级系数为 0.50，0.63，0.80，1.00，1.25，1.60，2.00。试判断它们各属于何种优先数的系列？

第二章　孔轴公差与配合

公差的最初萌芽产生于装配。机械中最基本的装配关系，就是一个零件的圆柱形内表面包容另一个零件的圆柱形外表面，即孔与轴的结合。因此，光滑圆柱的公差与配合标准是机械工程方面重要的基础标准。

第一节　公差与配合的基本术语和定义

一、孔、轴的基本术语及其定义

1. 轴

轴通常指工件的圆柱外表面，也包括非圆柱形外表面（由两平行平面或切面形成的被包容面）。

2. 孔

孔通常指工件的圆柱内表面，也包括非圆柱形内表面（由两平行平面或切面形成的包容面）。

二、有关尺寸的术语和定义

1. 线性尺寸

线性尺寸简称尺寸，是指两点之间的距离，如直径、半径、宽度、深度、高度、中心距等。一般来说，当尺寸的单位缺省时，即为 mm。

2. 基本尺寸

基本尺寸是设计给定的尺寸，用 $D(d)$ 表示。例如，直径为 20mm 的孔和轴配合，要求装配后间隙控制在 0～0.02mm 之间，则可对其直径作如下规定：参见图 2-1 中孔的基本尺寸 $D=20$mm，轴的基本尺寸 $d=20$mm（一般情况下，与孔有关的代号用大写字母表示，与轴有关的代号用小写字母表示）。基本尺寸是根据零件的强度、刚度等要求计算并圆整后确定的，并应尽量采用标准尺寸。

3. 极限尺寸

极限尺寸是指允许尺寸变化的两个界限尺寸，其中较大的一个称为最大极限尺寸，用 D_{max} 或 d_{max} 来表示，较小的一个称为最小极限尺寸，用 D_{min} 或 d_{min} 来表示。如图 2-1 所示，$D_{max}=20.01$mm，$D_{min}=20.00$mm；$d_{max}=20.00$mm，$d_{min}=19.99$mm。

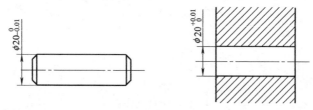

图 2-1　孔与轴的直径

4. 实际尺寸

实际尺寸是指通过两点法测量得到的尺寸，用 D_a 或 d_a 来表示。由于零件表面总是存在形状误差，所以被测表面各处的实际尺寸不尽相同，如图 2-2 所示。

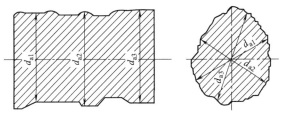

图 2-2　实际尺寸

三、有关偏差和公差的术语和定义

1. 尺寸偏差

尺寸偏差简称偏差，是指某一尺寸减去基本尺寸所得的代数差。

当某一尺寸为实际尺寸时得到的偏差称为实际偏差，当某一尺寸为极限尺寸时得到的偏差称为极限偏差。最大极限尺寸与基本尺寸之差称为上偏差，用 ES（孔）或 es（轴）表示。最小极限尺寸与基本尺寸之差称为下偏差，用 EI（孔）或 ei（轴）表示。

$$ES = D_{max} - D$$
$$EI = D_{min} - D$$
$$es = d_{max} - d$$
$$ei = d_{min} - d$$

偏差值可为正值、负值或零。偏差值除零外，前面必须冠以正负号。极限偏差用于控制实际偏差。例如，图 2-1 中 ES＝＋0.01mm，EI＝0，es＝0，ei＝－0.01mm。

2. 尺寸公差

尺寸公差简称公差，是指实际尺寸的允许变动量。公差是用来控制误差的。孔和轴的公差分别用 T_h 和 T_s 表示。

$$T_h = |D_{max} - D_{min}| = |ES - EI|$$
$$T_s = |d_{max} - d_{min}| = |es - ei|$$

由上式可知，公差值不可能为负值和零，即尺寸公差是一个没有正负符号的绝对值。

3. 尺寸公差带

由代表上偏差和下偏差或最大极限尺寸和最小极限尺寸的两条直线所限定的一个区域，称为尺寸公差带，公差带在垂直零线方向的宽度代表公差值，公差带沿零线方向的长度可任取。用图表示的公差带称为尺寸公差带图，如图 2-3 所示，公差带图中，尺寸偏差及公差通常用 μm 表示。

公差带由公差大小和相对零线位置的基本偏差来确定。由于基本尺寸的数值与公差及偏差数值相差悬殊，不便于用同一比例表示，为了表示方便，以零线表示基本尺寸。

4. 标准公差（IT）

国家标准规定的公差数值表中所列的，用以确定公差带大小的任一公差称为标准公差。

5. 基本偏差

用以确定公差带相对于零线位置的上偏差或下偏差称为基本偏差，一般以公差带靠近零线的那个偏差作为基本偏差。当公差带位于零线的上方时，其下偏差为基本偏差；当公差带

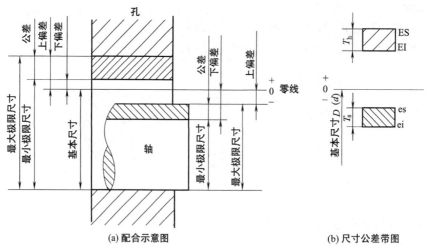

(a) 配合示意图   (b) 尺寸公差带图

图 2-3   公差与配合示意简图

位于零线的下方时，其上偏差为基本偏差。

例 2-1   基本尺寸 $D(d)=50mm$，孔的极限尺寸 $D_{max}=50.025mm$，$D_{min}=50mm$；轴的极限尺寸 $d_{max}=49.950mm$，$d_{min}=49.934mm$。现测得孔、轴的实际尺寸分别为 $D_a=50.010mm$，$d_a=49.946mm$。求孔、轴的极限偏差、实际偏差及公差，并画出公差带图，判别零件的合格性。

解   孔的极限偏差 $ES=D_{max}-D=50.025-50=+0.025mm$

$$EI=D_{min}-D=50-50=0$$

轴的极限偏差 $es=d_{max}-d=49.950-50=-0.050mm$

$$ei=d_{min}-d=49.934-50=-0.066mm$$

孔的实际偏差 $D_a-D=50.010-50=+0.010mm$

轴的实际偏差 $d_a-d=49.946-50=-0.054mm$

孔的公差 $T_h=|D_{max}-D_{min}|=|50.025-50|=0.025mm$

轴的公差 $T_s=|d_{max}-d_{min}|=|49.950-49.934|=0.016mm$

因为实际尺寸在两个极限尺寸之内，所以零件合格。公差带图如图 2-4 所示。

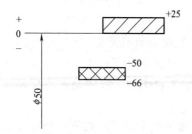

图 2-4   尺寸公差带图

四、有关配合的术语和定义

1. 配合

配合是指基本尺寸相同，相互结合的孔和轴公差带之间的关系。不同的配合就是不同的孔、轴公差带之间的关系。

2. 间隙或过盈

间隙或过盈是指孔的尺寸减去相配合的轴的尺寸所得的代数差。此差值为正时称为间隙，用 X 表示；此差值为负时称为过盈，用 Y 表示。为简便起见，常简称间隙为"隙"、过盈为"盈"。

（1）间隙配合   是指具有间隙（包括最小间隙等于零）的配合。此时，孔的公差带在轴的公差带上面，如图 2-5 所示。

孔的最大极限尺寸减去轴的最小极限尺寸所得的代数差称为最大间隙，用 X_{max} 表

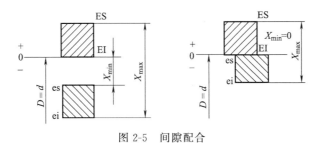

图 2-5　间隙配合

示，即
$$X_{max}=D_{max}-d_{min}=ES-ei$$

孔的最小极限尺寸减去轴的最大极限尺寸所得的代数差称为最小间隙，用 X_{min} 表示，即
$$X_{min}=D_{min}-d_{max}=EI-es$$

孔和轴都为平均尺寸 D_{av} 和 d_{av} 时，形成的间隙称为平均间隙，用 X_{av} 表示，即
$$X_{av}=D_{av}-d_{av}=(X_{max}+X_{min})/2$$

（2）过盈配合　是指具有过盈（包括最小过盈等于零）的配合。此时，孔的公差带在轴的下面，如图 2-6 所示。

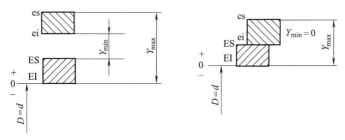

图 2-6　过盈配合

孔的最大极限尺寸减去轴的最小极限尺寸所得的代数差称为最小过盈，用 Y_{min} 表示，即
$$Y_{min}=D_{max}-d_{min}=ES-ei$$

孔的最小极限尺寸减去轴的最大极限尺寸所得的代数差称为最大过盈，用 Y_{max} 表示，即
$$Y_{max}=D_{min}-d_{max}=EI-es$$

孔和轴都为平均尺寸 D_{av} 和 d_{av} 时，形成的过盈称为平均过盈，用 Y_{av} 表示，即
$$Y_{av}=D_{av}-d_{av}=(Y_{max}+Y_{min})/2$$

（3）过渡配合　是指可能具有间隙或过盈的配合。此时，孔的公差带和轴的公差带相互交叠，如图 2-7 所示。

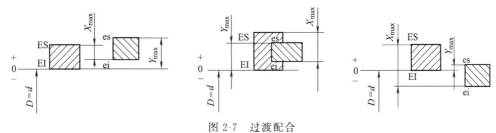

图 2-7　过渡配合

孔的最大极限尺寸减去轴的最小极限尺寸所得的代数差称为最大间隙，用 X_{max} 表示，即

$$X_{max} = D_{max} - d_{min} = ES - ei$$

孔的最小极限尺寸减去轴的最大极限尺寸所得的代数差称为最大过盈，用 Y_{max} 表示，即

$$Y_{max} = D_{min} - d_{max} = EI - es$$

孔和轴都为平均尺寸 D_{av} 和 d_{av} 时，形成平均间隙或平均过盈，用 X_{av}、Y_{av} 表示，即

$$X_{av}(Y_{av}) = D_{av} - d_{av} = (X_{max} + Y_{max})/2$$

按上式计算所得的值为正时是平均间隙，为负时是平均过盈。

3. 配合公差

配合公差是指间隙或过盈的允许变动量，用 T_f 表示。

对于间隙配合　　　　　　　$T_f = |X_{max} - X_{min}|$

对于过盈配合　　　　　　　$T_f = |Y_{min} - Y_{max}|$

对于过渡配合　　　　　　　$T_f = |X_{max} - Y_{max}|$

在上式中，把最大间隙、最小间隙、最大过盈、最小过盈分别用孔、轴的极限偏差代入，可得三种配合的配合公差均满足：

$$T_f = T_h + T_s$$

上式说明，配合精度（配合公差）取决于相互配合的孔和轴的尺寸精度（尺寸公差）。设计时，可根据配合公差来确定孔和轴的尺寸公差。

4. 配合公差带图与配合公差带

配合公差反映配合精度，配合种类反映配合性质。为了直观地表示相互配合的孔和轴的配合精度和配合性质，可用图 2-8 所示的配合公差带图。在图 2-8 中，横坐标为零线，它表示极限间隙或极限过盈的数值等于零。纵坐标表示极限间隙或极限过盈的数值，零线以上为正值，表示极限间隙；零线以下为负值，表示极限过盈。配合公差带完全在零线之上是间隙配合；完全在零线之下是过盈配合；跨在零线上、下两侧的为过渡配合。配合公差带两端的纵坐标值代表极限间隙或极限过盈，在垂直于零线方向的宽度是配合公差值，习惯上该纵坐标值以 μm 为单位。

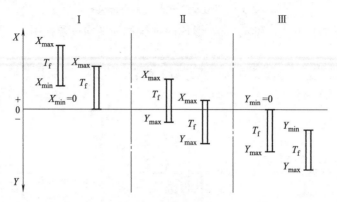

图 2-8　配合公差带图

Ⅰ—间隙配合；Ⅱ—过渡配合；Ⅲ—过盈配合

例 2-2 试判别轴 $\phi35\pm0.01$ 和孔 $\phi35^{+0.021}_{0}$ 的配合类型，极限盈隙指标，并计算配合公差，画出配合公差带图。

解 因为轴 $\phi35\pm0.01$ 和孔 $\phi35^{+0.021}_{0}$ 的公差带有重叠，所以形成过渡配合。

$$X_{\max}=\text{ES}-\text{ei}=+0.021-(-0.01)=+0.031\text{mm}$$

$$Y_{\max}=\text{EI}-\text{es}=0-0.01=-0.01\text{mm}$$

$$X_{\text{av}}=[+0.031+(-0.01)]/2=+0.0105\text{mm}$$

$$T_{\text{f}}=|X_{\max}-Y_{\max}|=|0.031-(-0.01)|=0.041\text{mm}$$

配合公差带图如图 2-9 所示。

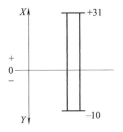

图 2-9 配合公差带图

5. 基准制

同一极限制的孔和轴组成配合的一种制度。国家标准规定了两种平行的配合制：基孔制和基轴制。

（1）基孔制 是指基准孔与不同基本偏差的轴的公差带形成各种配合的一种制度。如图 2-10（a）所示。例如，H7/m6、H8/f7 均属于基孔制配合代号。

（2）基轴制 是指基准轴与不同基本偏差的孔的公差带形成各种配合的一种制度。如图 2-10（b）所示。例如，M7/h6、F8/h7 均属于基轴制配合代号。

配合制确定后，由于基准孔和基准轴位置的特殊性，可以方便地从配合代号直接判断出配合性质。

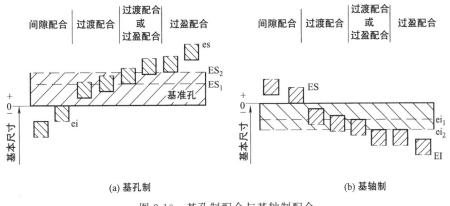

图 2-10 基孔制配合与基轴制配合

第二节 公差与配合标准的主要内容

不论多么复杂的机械产品，都是由大量的通用与标准部件所组成的，这些零部件可以由不同的专业化厂家来制造。这样，产品生产厂只生产少量的零部件，其他零部件将由其他厂家制造及提供。这就需要一个组织来协调各个厂家的一些通用和标准零部件的几何参数要一致，保证零件的互换性，使企业生产和设计的周期大大缩短，降低生产成本。因此，对公差和配合实行标准化是必要的。

一、标准公差系列

标准公差为国家标准规定的公差值。它是从生产实践出发，经一定公式计算得到的，实际使用时，可查表得到。为了保证零部件具有互换性，必须按国家规定的标准公差对零部件的加工尺寸提出明确的公差要求。在机械产品中，常用尺寸为小于或等于 500mm 的尺寸。它们的标准公差数值详见表 2-1。

表 2-1　标准公差数值（摘自 GB/T 1800.3—1998）

基本尺寸 /mm	公差等级																			
	μm													mm						
	IT01	IT0	IT1	IT2	IT3	IT4	IT5	IT6	IT7	IT8	IT9	IT10	IT11	IT12	IT13	IT14	IT15	IT16	IT17	IT18
≤3	0.3	0.5	0.8	1.2	2	3	4	6	10	14	25	40	60	0.1	0.14	0.25	0.4	0.6	1	1.4
>3~6	0.4	0.6	1	1.5	2.5	4	5	8	12	18	30	48	75	0.12	0.18	0.3	0.48	0.75	1.2	1.8
>6~10	0.4	0.6	1	1.5	2.5	4	6	9	15	22	36	58	90	0.15	0.22	0.36	0.58	0.9	1.5	2.2
>10~18	0.5	0.8	1.2	2	3	5	8	11	18	27	43	70	110	0.18	0.27	0.43	0.7	1.1	1.8	2.7
>18~30	0.6	1	1.5	2.5	4	6	9	13	21	33	52	84	130	0.21	0.33	0.52	0.84	1.3	2.1	3.3
>30~35	0.6	1	1.5	2.5	4	7	11	16	25	39	62	100	160	0.25	0.39	0.62	1	1.6	2.5	3.9
>50~80	0.8	1.2	2	3	5	8	13	19	30	46	74	120	190	0.3	0.46	0.74	1.2	1.9	3	4.6
>80~120	1	1.5	2.5	4	6	10	15	22	35	54	87	140	220	0.35	0.54	0.87	1.4	2.2	3.5	5.4
>120~180	1.2	2	3.5	5	8	12	18	25	40	63	100	160	250	0.4	0.63	1	1.6	2.5	4	6.3
>180~250	2	3	4.5	7	10	14	20	29	46	72	115	185	290	0.46	0.72	1.15	1.85	2.9	4.6	7.2
>250~315	2.5	4	6	8	12	16	23	32	52	81	130	210	320	0.52	0.81	1.3	2.1	3.2	5.2	8.1
>315~400	3	5	7	9	13	18	25	36	57	89	140	230	360	0.57	0.89	1.4	2.3	3.6	5.7	8.9
>400~500	4	6	8	10	15	20	27	40	63	97	155	250	400	0.63	0.97	1.55	2.5	4	6.3	9.7
>500~630			9	11	16	22	32	44	70	110	175	280	440	0.7	1.1	1.75	2.8	4.4	7	11
>630~800			10	13	18	25	36	50	80	125	200	320	500	0.8	1.25	2	3.2	5	8	12.5
>800~1000			11	15	21	28	40	56	90	140	230	360	560	0.9	1.4	2.3	3.6	5.6	9	14
>1000~1250			13	18	24	33	47	66	105	165	260	420	660	1.05	1.65	2.6	4.2	6.6	10.5	16.5
>1250~1600			15	21	29	39	55	78	125	195	310	500	780	1.25	1.95	3.1	5	7.8	12.5	19.5
>1600~2000			18	25	35	46	65	92	150	230	370	600	920	1.5	2.3	3.7	6	9.2	15	23
>2000~2500			22	30	41	55	78	110	175	280	440	700	1100	1.75	2.8	4.4	7	11	17.5	28
>2500~3150			26	36	50	68	96	135	210	330	540	860	1350	2.1	3.3	5.4	8.6	13.5	21	33

注：1. 基本尺寸小于 1mm 时，无 IT4 至 IT18。
　　2. 基本尺寸大于 500mm 的 IT1 至 IT5 的标准数值为试行的。

GB/T 1800.3—1998 中，标准公差用 IT 表示，将标准公差等级分为 20 级，用 IT 和阿拉伯数字表示为 IT01，IT0，IT1，IT2，IT3，…，IT18。其中 IT01 最高，等级依次降低，IT18 最低。从表 2-1 中可以看出，公差等级越高，公差值越小，加工难度越高。其中，IT01~IT11 主要用于配合尺寸，而 IT12~IT18 主要用于非配合尺寸。同时也可看出，同一公差等级中，基本尺寸越大，公差值也越大，说明相同公差等级尺寸的加工难易程度基本相同。

例 2-3　已知 $D=48$mm，公差等级为 7 级，试查阅其标准公差值。

解　从表 2-1 中基本尺寸栏找到大于 30mm 至 50mm 一行，再对齐 IT7 一栏可知 $T_h=0.025$mm。

二、基本偏差系列

1. 基本偏差代号

在设计中，仅仅知道标准公差，还无法确定公差带相对于零线的位置。基本偏差是国家标准规定的用来确定公差带相对于零线位置的上偏差或下偏差，一般为靠近零线的那个偏差。根据生产的实际需要，国家标准对孔和轴各规定了 28 个公差带位置，除去易混淆的 5 个 I、L、O、Q、W（i、l、o、q、w）添加 7 个 CD、EF、FG、JS、ZA、ZB、ZC（cd、 ef、fg、js、za、zb、zc），分别用一个或两个拉丁字母表示，如图 2-11 所示。

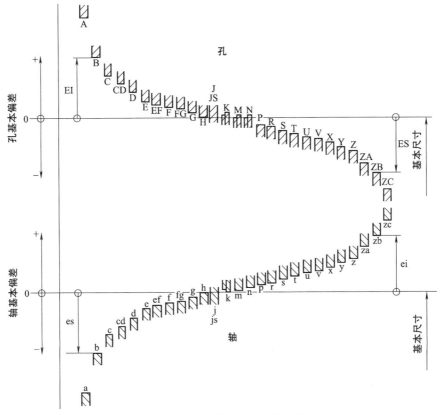

图 2-11　孔和轴的基本偏差系列

2. 基本偏差系列图及其特征

从图 2-11 中可以看出，代号相同的孔和轴的公差带位置相对零线基本对称（个别等级的代号相差一个 Δ，如 K7 和 R6 孔等）。

对于基孔制配合：H/a～H/h 形成间隙配合；H/js～H/m 形成过渡配合；H/n，H/p 形成过渡或过盈配合；H/r～H/zc 形成过盈配合。

对于基轴制配合：A/h～H/h 形成间隙配合；JS/h～M/h 形成过渡配合；N、P/h 形成过渡或过盈配合；R/h～ZC/h 形成过盈配合。

不难发现，由于基本偏差的基本对称性，配合 H7/m6 和 M7/h6、H8/f7 和 F8/h7 具有相同的配合性质（极限过盈和极限间隙），这类配合称为同名配合。

3. 基本偏差数值

（1）轴的基本偏差数值　以基孔制配合为基础，按照各种配合要求，在根据生产实践经验和统计分析结果得出的一系列公式经计算后圆整尾数而得出的数值。轴的基本偏差计算公式见表 2-2。

为了方便使用，国家标准按上述轴的基本偏差计算公式列出了轴的基本偏差数值（表 2-3）。

轴的基本偏差可查表确定，另一个偏差可根据轴的基本偏差数值和标准公差值按下列关系式计算：

$$ei = es - IT（公差带在零线之下）$$
$$es = ei + IT（公差带在零线之上）$$

表 2-2　尺寸小于或等于 500mm 的轴的基本偏差计算公式

基本偏差代号	适用范围	基本偏差为上偏差 es(μm) 的计算公式	基本偏差代号	适用范围	基本偏差为下偏差 ei(μm) 的计算公式
a	$D \leqslant 120$mm	$-(265+1.3D)$	j	IT5～IT8	没有公式
a	$D > 120$mm	$-3.5D$		$\leqslant$IT3	0
b	$D \leqslant 160$mm	$-(140+0.85D)$	k	IT4～IT7	$+0.6D^{1/3}$
b	$D > 160$mm	$-1.8D$		$\geqslant$IT8	0
c	$D \leqslant 40$mm	$-52D^{0.2}$	m		$+(IT7-IT6)$
c	$D > 40$mm	$-(95+0.8D)$	n		$+5D^{0.34}$
cd		$-(cd)^{1/2}$	p		$+IT7+(0～5)$
d		$-16D^{0.44}$	r		$+ps^{1/2}$
e		$-11D^{0.41}$	s	$D \leqslant 50$mm	$+IT8+(1～4)$
ef		$-(ef)^{1/2}$	s	$D > 50$mm	$+IT7+0.4D$
f		$-5.5D^{0.41}$	t	$D > 24$mm	$+IT7+0.63D$
fg		$-(fg)^{1/2}$	u		$+IT7+D$
g		$-2.5D^{0.34}$	v	$D > 14$mm	$+IT7+1.25D$
h		0	x		$+IT7+1.6D$
基本偏差代号	适用范围	基本偏差为上偏差或下偏差	y	$D > 18$mm	$+IT7+2D$
js		$\pm$IT/2	z		$+IT7+2.5D$
js		$\pm$IT/2	za		$+IT8+3.15D$
js		$\pm$IT/2	zb		$+IT9+4D$
js		$\pm$IT/2	zc		$+IT10+5D$

注：1. D 为基本尺寸的分段计算值，单位为 mm。

2. 除 j 和 js 外，表中所列公式与公差等级无关。

（2）孔的基本偏差数值　是由同名轴的基本偏差换算得到的。换算原则为：同名配合的配合性质相同，即基孔制配合（如 ϕ50H8/k7）变成同名基轴制的配合（如 ϕ50K8/h7）时，其配合性质（极限间隙或极限过盈）不变。

根据上述原则，孔的基本偏差按以下两种规则换算。

① 通用规则　用同一字母表示的孔、轴的基本偏差的绝对值相等，符号相反。孔的基本偏差是轴的基本偏差相对于零线的倒影，即

$$EI = -es（适用于 A～H）$$
$$ES = -ei（适用于同级配合的 K～ZC）$$

② 特殊规则　用同一字母表示的孔、轴的基本偏差的符号相反，而绝对值相差一个 Δ 值。

$$ES = -ei + \Delta$$
$$\Delta = IT_n - IT_{n-1}$$

特殊规则适用于基本尺寸小于或等于 500mm，标准公差小于或等于 IT8 的 K、M、N 和标准公差小于或等于 IT7 的 P～ZC。

孔的另一个极限偏差可根据孔的基本偏差数值和标准公差值按下列关系式计算：

$$EI=ES-IT（公差带在零线之下）$$
$$ES=EI+IT（公差带在零线之上）$$

按上述换算规则，国家标准制定出孔的基本偏差数值（表 2-4）。

实际使用时可查表 2-3 和表 2-4。从表 2-3、表 2-4 中可以看到，代号为 H 的孔的基本偏差 EI 总是等于零，把代号为 H 的孔称为基准孔；代号为 h 的轴的基本偏差 es 总是等于零，把代号为 h 的轴称为基准轴。

例 2-4　已知孔和轴的配合代号为 $\phi30H7/g6$，试查表确定极限偏差，计算极限间隙或极限过盈，画出它们的尺寸公差带图和配合公差带图。

解　查表 2-1 知，$IT6=0.013mm$，$IT7=0.021mm$；查表 2-4 知，孔的基本偏差 $EI=0$，则 $ES=T_h+EI=+0.021mm$；查表 2-3 知，轴的基本偏差 $es=-0.007mm$，则 $ei=es-T_s=-0.020mm$。

由于孔的公差带在轴的公差带的上方，所以该配合为间隙配合，其极限间隙为

$$X_{max}=ES-ei=+0.041mm$$
$$X_{min}=EI-es=+0.007mm$$
$$X_{av}=(X_{max}+X_{min})/2=+0.024mm$$

尺寸公差带图和配合公差带图如图 2-12（a）、（b）所示。

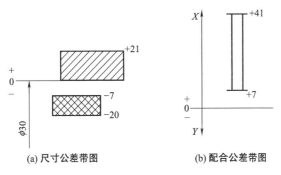

(a) 尺寸公差带图　　　　(b) 配合公差带图

图 2-12　孔轴配合的尺寸公差带图和配合公差带图

例 2-5　查表确定 $\phi20H7/p6$、$\phi P7/h6$ 孔与轴的极限偏差，并计算这两个配合的极限间隙或极限过盈。

解

（1）查表确定孔和轴的标准公差

查表 2-1，得 $IT6=13\mu m$，$IT7=21\mu m$。

（2）查表确定轴的基本偏差并计算其另一偏差

查表 2-3，得 p 的基本偏差为下偏差 $ei=+22\mu m$，计算 p6 的另一偏差 $es=ei+IT6=+22+13=+35\mu m$，h 的基本偏差为上偏差 $es=0$，计算 h6 的另一偏差 $ei=es-IT6=0-13=-13\mu m$。

（3）查表确定孔的基本偏差并计算其另一偏差

查表 2-4，得 H 的基本偏差为下偏差 $EI=0$，计算 H7 的另一偏差 $ES=EI+IT7=0+21=+21\mu m$，P 的基本偏差为上偏差 $ES=-EI+\Delta=-22+\Delta=-22+8=-14\mu m$，计算 P7 的另一偏差 $EI=ES-IT7=-14-21=-35\mu m$。

表 2-3　尺寸小于或等于 500mm 的轴的基本偏差

基本偏差代号	上偏差 es											js	下偏差 ei				
	a	b	c	cd	d	e	ef	f	fg	g	h		j			k	
基本尺寸/mm (大于 / 至)	所有的级												5级与6级	7级	8级	4～7级 / ≤3级	≥8级
— ～ 3	−270	−140	−60	−34	−20	−14	−10	−6	−4	−2	0	偏差±IT/2	−2	−4	−6	0	0
3 ～ 6	−270	−140	−70	−46	−30	−20	−14	−10	−6	−4	0	偏差±IT/2	−2	−4	—	+1	0
6 ～ 10	−280	−150	−80	−56	−40	−25	−18	−13	−8	−5	0	偏差±IT/2	−2	−5	—	+1	0
10 ～ 14	−290	−150	−95	—	−50	−32	—	−16	—	−6	0	偏差±IT/2	−3	−6	—	+1	0
14 ～ 18	−290	−150	−95	—	−50	−32	—	−16	—	−6	0	偏差±IT/2	−3	−6	—	+1	0
18 ～ 24	−300	−160	−110	—	−65	−40	—	−20	—	−7	0	偏差±IT/2	−4	−8	—	+2	0
24 ～ 30	−300	−160	−110	—	−65	−40	—	−20	—	−7	0	偏差±IT/2	−4	−8	—	+2	0
30 ～ 40	−310	−170	−120		−80	−50		−25		−9	0	偏差±IT/2	−5	−10	—	+2	0
40 ～ 50	−320	−180	−130		−80	−50		−25		−9	0	偏差±IT/2	−5	−10	—	+2	0
50 ～ 65	−340	−190	−140	—	−100	−60		−30		−10	0	偏差±IT/2	−7	−12	—	+2	0
65 ～ 80	−360	−200	−150	—	−100	−60		−30		−10	0	偏差±IT/2	−7	−12	—	+2	0
80 ～ 100	−380	−220	−170		−120	−72		−36		−12	0	偏差±IT/2	−9	−15	—	+3	0
100 ～ 120	−410	−240	−180		−120	−72		−36		−12	0	偏差±IT/2	−9	−15	—	+3	0
120 ～ 140	−460	−260	−200	—	−145	−85	—	−43	—	−14	0	偏差±IT/2	−11	−18	—	+3	0
140 ～ 160	−520	−280	−210	—	−145	−85	—	−43	—	−14	0	偏差±IT/2	−11	−18	—	+3	0
160 ～ 180	−580	−310	−230	—	−145	−85	—	−43	—	−14	0	偏差±IT/2	−11	−18	—	+3	0
180 ～ 200	−660	−340	−240	—	−170	−100		−50		−15	0	偏差±IT/2	−13	−21	—	+4	0
200 ～ 255	−740	−380	−260	—	−170	−100		−50		−15	0	偏差±IT/2	−13	−21	—	+4	0
225 ～ 250	−820	−420	−280	—	−170	−100		−50		−15	0	偏差±IT/2	−13	−21	—	+4	0
250 ～ 280	−920	−480	−300	—	−190	−110		−56		−17	0	偏差±IT/2	−16	−26	—	+4	0
280 ～ 315	−1050	−540	−330	—	−190	−110		−56		−17	0	偏差±IT/2	−16	−26	—	+4	0
315 ～ 355	−1200	−600	−360	—	−210	−125		−62		−18	0	偏差±IT/2	−18	−28	—	+4	0
355 ～ 400	−1350	−680	−400	—	−210	−125		−62		−18	0	偏差±IT/2	−18	−28	—	+4	0
400 ～ 450	−1500	−760	−440	—	−230	−135		−68		−20	0	偏差±IT/2	−20	−32	—	+5	0
450 ～ 500	−1650	−840	−480	—	−230	−135		−68		−20	0	偏差±IT/2	−20	−32	—	+5	0

注：1. 基本尺寸小于 1mm 时，各级的 a 和 b 均不采用。

2. js 的数值在 7～11 级时，如果以 μm 表示的 IT 数值是一个奇数，则取 $js=\pm(IT-1)/2$。

（摘自 GB/T 1800.3—1998） μm

							下偏差 ei							
m	n	p	r	s	t	u	v	x	y	z	zd	zb	zc
							所有的级							
+2	+4	+6	+10	+14	—	+18	—	+20	—	+26	+32	+40	+60
+4	+8	+12	+15	+19	—	+23	—	+28	—	+35	+42	+50	+80
+6	+10	+15	+19	+23		+28		+34	—	+42	+52	+67	+97
+7	+12	+18	+23	+28	—	+33	—	+40	—	+50	+64	+90	+130
							+39	+45	—	+60	+77	+108	+150
+8	+15	+22	+28	+35	—	+41	+47	+54	+63	+73	+98	+136	+188
					+41	+48	+55	+64	+75	+88	+118	+160	+218
+9	+17	+26	+34	+43	+48	+60	+68	+80	+94	+112	+148	+200	+274
					+54	+70	+81	+97	+114	+136	+180	+242	+325
+11	+20	+32	+41	+53	+66	+87	+102	+122	+144	+172	+226	+300	+405
			+43	+59	+75	+102	+120	+146	+174	+210	+274	+360	+480
+12	+23	+37	+51	+71	+91	+124	+146	+178	+214	+258	+335	+445	+585
			+54	+79	+104	+144	+172	+210	+254	+310	+400	+525	+690
+15	+27	+47	+63	+92	+122	+170	+202	+248	+300	+365	+470	+620	+800
			+65	+100	+134	+190	+228	+280	+340	+415	+535	+700	+900
			+68	+108	+146	+210	+252	+310	+380	+465	+600	+780	+1000
+17	+31	+50	+77	+122	+166	+236	+284	+350	+425	+520	+670	+880	+1150
			+80	+130	+180	+258	+310	+385	+470	+575	+740	+960	+1250
			+84	+140	+196	+284	+340	+425	+520	+640	+820	+1050	+1350
+20	+34	+56	+94	+158	+218	+315	+385	+475	+580	+710	+920	+1200	+1550
			+98	+170	+240	+350	+425	+525	+650	+790	+1000	+1300	+1700
+21	+37	+62	+108	+190	+268	+390	+475	+590	+730	+900	+1150	+1500	+1900
			+114	+208	+294	+435	+530	+660	+820	+1000	+1300	+1650	+2100
+23	+40	+68	+126	+232	+330	+490	+595	+740	+920	+1100	+1450	+1850	+2400
			+132	+252	+360	+540	+660	+820	+1000	+1250	+1600	+2100	+2600

表2-4　尺寸小于或等于500mm的孔的基本偏差

基本偏差代号		下偏差 EI											JS	上偏差 ES								
		A	B	C	CD	D	E	EF	F	FG	G	H		J			K		M		N	
基本尺寸 /mm		公差等级																				
大于	至	所有的级											偏差=±IT/2	6	7	8	≤8	>8	≤8	>8	≤8	>8
—	3	+270	+140	+60	+34	+20	+14	+10	+6	+4	+2	0		+2	+4	+6	0	0	−2	−2	−4	−4
3	6	+270	+140	+70	+46	+30	+20	+14	+10	+6	+4	0		+5	+6	+10	−1+Δ	—	−4+Δ	−4	−8+Δ	0
6	10	+280	+150	+80	+56	+40	+25	+18	+13	+8	+5	0		+5	+8	+12	−1+Δ	—	−6+Δ	−6	−10+Δ	0
10	14	+290	+150	+95	—	+50	+32	—	+16	—	+6	0		+6	+10	+15	−1+Δ	—	−6+Δ	−6	−10+Δ	0
14	18	+290	+150	+95	—	+50	+32	—	+16	—	+6	0		+6	+10	+15	−1+Δ	—	−6+Δ	−6	−10+Δ	0
18	24	+300	+160	+110	—	+65	+40	—	+20	—	+7	0		+8	+12	+20	−2+Δ	—	−8+Δ	−8	−15+Δ	0
24	30	+300	+160	+110	—	+65	+40	—	+20	—	+7	0		+8	+12	+20	−2+Δ	—	−8+Δ	−8	−15+Δ	0
30	40	+310	+170	+120	—	+80	+50	—	+25	—	+9	0		+10	+14	+24	−2+Δ	—	−9+Δ	−9	−17+Δ	0
40	50	+320	+180	+130	—	+80	+50	—	+25	—	+9	0		+10	+14	+24	−2+Δ	—	−9+Δ	−9	−17+Δ	0
50	65	+340	+190	+140	—	+100	+60	—	+30	—	+10	0		+13	+18	+28	−2+Δ	—	−11+Δ	−11	−20+Δ	0
65	80	+360	+200	+150	—	+100	+60	—	+30	—	+10	0		+13	+18	+28	−2+Δ	—	−11+Δ	−11	−20+Δ	0
80	100	+380	+220	+170	—	+120	+72	—	+36	—	+12	0		+16	+22	+34	−3+Δ	—	−13+Δ	−13	−23+Δ	0
100	120	+410	+240	+180	—	+120	+72	—	+36	—	+12	0		+16	+22	+34	−3+Δ	—	−13+Δ	−13	−23+Δ	0
120	140	+460	+260	+200	—	+145	+85	—	+43	—	+14	0		+18	+26	+41	−3+Δ	—	−15+Δ	−15	−27+Δ	0
140	160	+520	+280	+210	—	+145	+85	—	+43	—	+14	0		+18	+26	+41	−3+Δ	—	−15+Δ	−15	−27+Δ	0
160	180	+580	+310	+230	—	+145	+85	—	+43	—	+14	0		+18	+26	+41	−3+Δ	—	−15+Δ	−15	−27+Δ	0
180	200	+660	+340	+240	—	+170	+100	—	+50	—	+15	0		+22	+30	+47	−4+Δ	—	−17+Δ	−17	−31+Δ	0
200	225	+740	+380	+260	—	+170	+100	—	+50	—	+15	0		+22	+30	+47	−4+Δ	—	−17+Δ	−17	−31+Δ	0
225	250	+820	+420	+280	—	+170	+100	—	+50	—	+15	0		+22	+30	+47	−4+Δ	—	−17+Δ	−17	−31+Δ	0
250	280	+920	+480	+300	—	+190	+110	—	+56	—	+17	0		+25	+36	+55	−4+Δ	—	−20+Δ	−20	−34+Δ	0
280	315	+1050	+540	+330	—	+190	+110	—	+56	—	+17	0		+25	+36	+55	−4+Δ	—	−20+Δ	−20	−34+Δ	0
315	355	+1200	+600	+360	—	+210	+125	—	+62	—	+18	0		+29	+39	+60	−4+Δ	—	−21+Δ	−21	−37+Δ	0
355	400	+1350	+680	+400	—	+210	+125	—	+62	—	+18	0		+29	+39	+60	−4+Δ	—	−21+Δ	−21	−37+Δ	0
400	450	+1500	+760	+440	—	+230	+135	—	+68	—	+20	0		+33	+43	+66	−5+Δ	—	−23+Δ	−23	−40+Δ	0
450	500	+1650	+840	+480	—	+230	+135	—	+68	—	+20	0		+33	+43	+66	−5+Δ	—	−23+Δ	−23	−40+Δ	0

注：1. 基本尺寸小于或等于1mm时，基本偏差A和B及大于IT8的N均不采用。

2. 公差带JS7至JS11，若IT_n值数是奇数，则取偏差=$\pm\dfrac{IT_n-1}{2}$。

3. 对小于或等于IT8的K、M、N和小于或等于IT7的P至ZC，所需Δ值从表内右侧选取。

例如：18～30mm段的K7，Δ=8μm，所以ES=−2+8=+6μm；18～30mm段的S6，Δ=4μm，所以ES=−35+4=−31μm。

4. 特殊情况：250～315mm段的M6，ES=−9μm（代替−11μm）。

（摘自 GB/T 1800.3—1998）　　　　　　　　　　　　　　　　　　　　　　　　　μm

P 到 ZC	上偏差 ES												Δ/μm					
	P	R	S	T	U	V	X	Y	Z	ZA	ZB	ZC						
	公差等级																	
≤7	>7												3	4	5	6	7	8
	−6	−10	−14	—	−18	—	−20	—	−26	−32	−40	−60	0					
	−12	−15	−19	—	−23	—	−28	—	−35	−42	−50	−80	1	1.5	1	3	4	6
	−15	−19	−23	—	−28	—	−34	—	−42	−52	−67	−97	1	1.5	2	3	6	7
	−18	−23	−28	—	−33	—	−40	—	−50	−64	−90	−130	1	2	3	3	7	9
						−39	−45	—	−60	−77	−108	−150						
	−22	−28	−35	—	−41	−47	−54	−63	−73	−98	−136	−188	1.5	2	3	4	8	12
				−41	−48	−55	−64	−75	−88	−118	−160	−218						
	−26	−34	−43	−48	−60	−68	−80	−94	−112	−148	−200	−274	1.5	3	4	5	9	14
在大于7级的相应数值上增加一个 Δ 值				−54	−70	−81	−97	−114	−136	−180	−242	−325						
	−32	−41	−53	−66	−87	−102	−122	−144	−172	−226	−300	−405	2	3	5	6	11	16
		−43	−59	−75	−102	−120	−146	−174	−210	−274	−360	−480						
	−37	−51	−71	−91	−124	−146	−178	−214	−258	−335	−445	−585	2	4	5	7	13	19
		−54	−79	−104	−144	−172	−210	−254	−310	−400	−525	−690						
	−43	−63	−92	−122	−170	−202	−248	−300	−365	−470	−620	−800	3	4	6	7	15	23
		−65	−100	−134	−190	−228	−280	−340	−415	−535	−700	−900						
		−68	−108	−146	−210	−252	−310	−380	−465	−600	−780	−1000						
	−50	−77	−122	−166	−236	−284	−350	−425	−520	−670	−880	−1150	3	4	6	9	17	26
		−80	−130	−180	−258	−310	−385	−470	−575	−740	−960	−1250						
		−84	−140	−196	−284	−340	−425	−520	−640	−820	−1050	−1350						
	−56	−94	−158	−218	−315	−385	−475	−580	−710	−920	−1200	−1550	4	4	7	9	20	29
		−98	−170	−240	−350	−425	−525	−650	−790	−1000	−1300	−1700						
	−62	−108	−190	−268	−390	−475	−590	−730	−900	−1150	−1500	−1900	4	5	7	11	21	32
		−114	−208	−294	−435	−530	−660	−820	−1000	−1300	−1650	−2100						
	−68	−126	−232	−330	−490	−595	−740	−920	−1100	−1450	−1850	−2400	5	5	7	13	23	34
		−132	−252	−360	−540	−660	−820	−1000	−1250	−1600	−2100	−2600						

（4）标出极限偏差

$$\phi 20\frac{\text{H7}(^{+0.021}_{0})}{\text{p6}(^{+0.035}_{+0.022})} \qquad \phi 20\frac{\text{P7}(^{-0.014}_{-0.035})}{\text{h6}(^{0}_{-0.013})}$$

（5）计算极限过盈或极限间隙

$\phi 20\text{H7/p6}$ $\quad Y_{min}=D_{max}-d_{min}=\text{ES}-\text{ei}=+0.021-(+0.022)=-0.001\text{mm}$

$\qquad\qquad Y_{max}=D_{min}-d_{max}=\text{EI}-\text{es}=0-(+0.035)=-0.035\text{mm}$

$\phi\text{P7/h6}$ $\quad Y_{min}=D_{max}-d_{min}=\text{ES}-\text{ei}=-0.014-(-0.013)=-0.001\text{mm}$

$\qquad\qquad Y_{max}=D_{min}-d_{max}=\text{EI}-\text{es}=-0.035-0=-0.035\text{mm}$

可见，$\phi 20\text{H7/p6}$、$\phi\text{P7/h6}$ 的配合性质相同。

三、公差与配合在图样上的标注

1. 公差带代号及配合代号

（1）公差带代号　一个确定的公差带应由基本偏差和公差等级组合而成。孔、轴的公差带代号由基本偏差代号和公差等级数字组成。例如，H8、F6、P7、R7 等为孔的公差带代号，h7、f6、m5、r7 等为轴的公差带代号（图 2-13）。

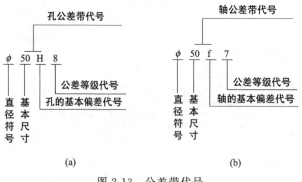

图 2-13　公差带代号

（2）配合代号　用孔、轴的公差带的组合表示，分子为孔的公差带代号，分母为轴的公差带代号，如 H7/f6，M7/h6。如表示某基本尺寸的配合，则基本尺寸标在配合代号之前，如 $\phi 30$ H7/f6。

2. 零件图中尺寸公差带的标注

① 标注基本尺寸和公差带代号，如图 2-14（a）所示。此种标注适用于大批量生产的产品零件。

② 标注基本尺寸和极限偏差值，如图 2-14（b）所示。此种标注一般在单件或小批量生产的产品零件图样上采用，应用较广泛。

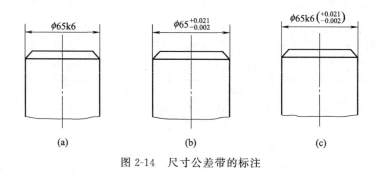

图 2-14　尺寸公差带的标注

③ 标注基本尺寸、公差带代号和极限偏差值，如图 2-14（c）所示。此种标注适用于中小批量生产的产品零件。

3. 装配图中配合的标注

配合的标注方法如图 2-15 所示。

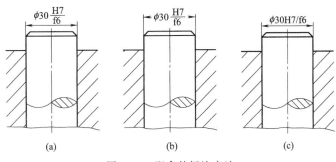

图 2-15　配合的标注方法

四、孔轴的常用公差带和优先、常用配合

GB/T 1800.4—1999 规定了 20 个公差等级和 28 种基本偏差，其中基本偏差 j 仅保留 j5 至 j8，J 仅保留 J6 至 J8，由此可以得到轴公差带（28−1）×20＋4＝544 种，孔公差带（28−1）×20＋3＝543 种。这么多公差带如都应用，显然是不经济的。为了尽可能地缩小公差带的选用范围，减少定尺寸刀具、量具的规格和数量，GB/T 1801—1999 对孔、轴规定了一般、常用和优先公差带，如图 2-16，图 2-17 所示。

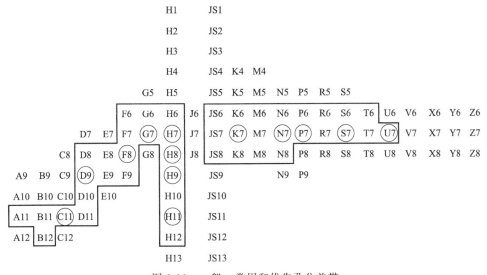

图 2-16　一般、常用和优先孔公差带

图 2-16、图 2-17 中列出的为一般公差带，方框内为常用公差带，圆圈内为优先公差带。选用公差带时，应按优先、常用、一般公差带的顺序选取。若一般公差带中也没有满足要求的公差带，则按 GB/T 1800.4—1999 中规定的标准公差和基本偏差组成的公差带来选取，必要时还可考虑用延伸和插入的方法来确定新的公差带。

GB/T 1801—1999 又规定了基孔制常用配合 59 种，优先配合 13 种（参见表 2-5）；基轴制常用配合 47 种，优先配合 13 种（参见表 2-6）。

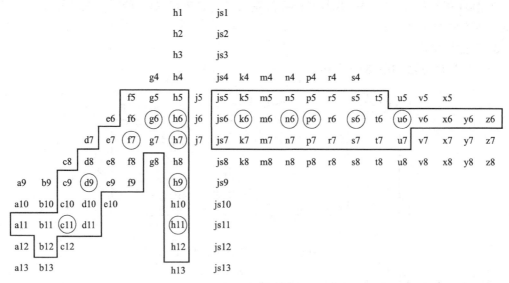

图 2-17　一般、常用和优先轴公差带

表 2-5　基孔制优先、常用配合 (GB/T 1801—1999)

基 准 孔	轴																	
	a	b	c	d	e	f	g	h	js	k	m	n	p	r	s	t	u	v	x	y	z
	间 隙 配 合								过 渡 配 合				过 盈 配 合								
H6						$\frac{H6}{f5}$	$\frac{H6}{g5}$	$\frac{H6}{h5}$	$\frac{H6}{js5}$	$\frac{H6}{k5}$	$\frac{H6}{m5}$	$\frac{H6}{n5}$	$\frac{H6}{p5}$	$\frac{H6}{r5}$	$\frac{H6}{s5}$	$\frac{H6}{t5}$					
H7						$\frac{H7}{f6}$	$\frac{H7}{g6}$	$\frac{H7}{h6}$	$\frac{H7}{js6}$	$\frac{H7}{k6}$	$\frac{H7}{m6}$	$\frac{H7}{n6}$	$\frac{H7}{p6}$	$\frac{H7}{r6}$	$\frac{H7}{s6}$	$\frac{H7}{t6}$	$\frac{H7}{u6}$	$\frac{H7}{v6}$	$\frac{H7}{x6}$	$\frac{H7}{y6}$	$\frac{H7}{z6}$
H8				$\frac{H8}{e7}$		$\frac{H8}{f7}$	$\frac{H8}{g7}$	$\frac{H8}{h7}$	$\frac{H8}{js7}$	$\frac{H8}{k7}$	$\frac{H8}{m7}$	$\frac{H8}{n7}$	$\frac{H8}{p7}$	$\frac{H8}{r7}$	$\frac{H8}{s7}$	$\frac{H8}{t7}$	$\frac{H8}{u7}$				
				$\frac{H8}{d8}$	$\frac{H8}{e8}$	$\frac{H8}{f8}$		$\frac{H8}{h8}$													
H9			$\frac{H9}{c9}$	$\frac{H9}{d9}$	$\frac{H9}{e9}$	$\frac{H9}{f9}$		$\frac{H9}{h9}$													
H10			$\frac{H10}{c10}$	$\frac{H10}{d10}$				$\frac{H10}{h10}$													
H11	$\frac{H11}{a11}$	$\frac{H11}{b11}$	$\frac{H11}{c11}$	$\frac{H11}{d11}$				$\frac{H11}{h11}$													
H12		$\frac{H12}{b12}$						$\frac{H12}{h12}$													

注：1. H6/r5、H7/p6 在基本尺寸小于或等于 3mm 和 H8/r7 在小于或等于 100mm 时，为过渡配合。

　　2. 标注▼的配合为优先配合。

五、一般公差——未注公差的线性尺寸的公差

1. 一般公差的概念

　　一般公差是指在图样上不单独注出公差值大小或公差带代号，而是在图样上、技术文件上或在标准中作出有关要求总体说明的公差。它是在车间普通的工艺条件下、使用一般机床设备进行加工即可保证达到的公差，故称为一般公差。采用一般公差的尺寸，在图样上该尺寸之后不需要注出其极限偏差数值。正常情况下，一般公差的数值大小代表着车间的经济加

工精度，因此在车间正常的经济加工精度可以保证的前提条件下，采用一般公差进行加工的尺寸可以不予检验。

表 2-6　基轴制优先、常用配合（GB/T 1801—1999）

基　准　轴	孔																				
	A	B	C	D	E	F	G	H	JS	K	M	N	P	R	S	T	U	V	X	Y	Z
	间　隙　配　合								过　渡　配　合				过　盈　配　合								
h5						$\frac{F6}{h5}$	$\frac{G6}{h5}$	$\frac{H6}{h5}$	$\frac{JS6}{h5}$	$\frac{K6}{h5}$	$\frac{M6}{h5}$	$\frac{N6}{h5}$	$\frac{P6}{h5}$	$\frac{R6}{h5}$	$\frac{S6}{h5}$	$\frac{T6}{h5}$					
h6						$\frac{F7}{h6}$	$\frac{G7}{h6}$	$\frac{H7}{h6}$	$\frac{JS7}{h6}$	$\frac{K7}{h6}$	$\frac{M7}{h6}$	$\frac{N7}{h6}$	$\frac{P7}{h6}$	$\frac{R7}{h6}$	$\frac{S7}{h6}$	$\frac{T7}{h6}$	$\frac{U7}{h6}$				
h7					$\frac{E8}{h7}$	$\frac{F8}{h7}$		$\frac{H8}{h7}$	$\frac{JS8}{h7}$	$\frac{K8}{h7}$	$\frac{M8}{h7}$	$\frac{N8}{h7}$									
h8				$\frac{D8}{h8}$	$\frac{E8}{h8}$	$\frac{F8}{h8}$		$\frac{H8}{h8}$													
h9				$\frac{D9}{h9}$	$\frac{E9}{h9}$	$\frac{F9}{h9}$		$\frac{H9}{h9}$													
h10				$\frac{D10}{h10}$				$\frac{H10}{h10}$													
h11	$\frac{A11}{h11}$	$\frac{B11}{h11}$	$\frac{C11}{h11}$	$\frac{D11}{h11}$				$\frac{H11}{h11}$													
h12		$\frac{B12}{h12}$						$\frac{H12}{h12}$													

注：标注 ▼ 的配合为优先配合。

2. 一般公差的公差等级和极限偏差数值

国家标准 GB/T 1804—2000 对线性尺寸的一般公差规定了 4 个公差等级，它们分别是精密级、中等级、粗糙级、最粗级。四个公差等级以字符 f、m、c、v 表示，分别相当于 IT12、IT14、IT 16、IT 17 级精度。

国家标准对适用一般公差的线性尺寸采用了较大的尺寸分段，并按精密级、中等级、粗糙级、最粗级 4 个公差等级给出了具体的极限偏差数值，如表 2-7 所示。

表 2-7　适用一般公差的线性尺寸的极限偏差数值（摘自 GB/T 1804—2000）　　　mm

公差等级	尺寸分段							
	0.5～3	>3～6	>6～30	>30～120	>120～400	>400～1000	>1000～2000	>2000～4000
f(精密级)	±0.05	±0.05	±0.1	±0.15	±0.2	±0.3	±0.5	—
m(中等级)	±0.1	0.1	±0.2	±0.3	±0.5	±0.8	±1.2	±2
c(粗糙级)	±0.2	0.3	±0.5	±0.8	±1.2	±2	±3	±4
v(最粗级)	—	0.5	±1	±1.5	±2.5	±4	±6	±8

3. 一般公差的使用条件

① 一般公差主要用于较低精度的非配合尺寸，既适用于金属切削加工尺寸，也适用于一般的冲压加工尺寸，也可参照用于非金属材料其他工艺方法加工所得的尺寸。

② 当功能上允许的公差等级等于或大于一般公差时，应该采用一般公差。只要当要素的功能允许使用一个比一般公差更大的公差，且该更大的公差在制造时比一般公差更为经济（如装配时所钻的盲孔深度）的情况下，才需要在该尺寸的后面注出与该更大公差相应的极

限偏差数值。

4. 一般公差的图样表示法

若采用 GB/T 1804—2000 规定的一般公差，要素的公差要求不必再图样上逐一单独注出各级极限偏差或公差带代号，而应当在图样的标题栏附近，或在技术要求、技术文件（如企业标准）中作出总的公差要求的说明，明确注出国家标准号和公差等级符号。例如，当一般公差选用中等级 m 时，应表示为：线性尺寸的未注公差按 GB/T 1804—2000-m。

5. 采用一般公差时零件的合格性判断

由于较低精度非配合尺寸零件的功能允许的公差带常常大于一般公差，所以当采用一般公差标注时，如果零件的任一要素超出（偶然地超出）一般公差，通常不会损害该零件的功能。因此，除非另有规定，超出一般公差的工件如未达到损害其功能要求的程度时，通常不应判定拒收。只有当零件的功能受到损害时，才拒收超出一般公差的工件。

第三节　孔轴公差与配合的选择

尺寸公差与配合的选择是机械设计与制造中的一个重要环节。它是在基本尺寸已经确定的情况下进行的尺寸精度设计。公差与配合的选择是否恰当，对产品的性能、质量、互换性及经济性有着重要的影响。选择的原则是在满足使用要求的前提下能够获得最佳的技术经济效益。选择的方法有计算法、类比法、试验法等。

一、基准制的选择

配合制包括基孔制和基轴制两种，一般来说，基孔制配合和基轴制配合同名配合的配合性质相同，如具有同样的最大、最小间隙，所以配合制的选择与使用要求无关，主要从结构、工艺性及经济性几个方面综合考虑。

① 基准制的选择原则是优先选用基孔制，特殊情况下也可选用基轴制或非基准制。

加工中、小孔时，一般都采用钻头、铰刀、拉刀等定尺寸刀具，测量和检验中、小孔时，也多使用塞规等定尺寸量具。采用基孔制可以使它们的类型和数量减少，降低加工成本和加工难度，具有良好的经济效果，这是采用基孔制的主要原因。大尺寸孔的加工虽然不存在上述问题，但为了同中、小尺寸孔保持一致，也采用基孔制。

② 当一轴多孔配合时，为了简化加工和装配，往往采用基轴制配合。如图 2-18 所示，活塞连杆机构中 [图 2-18 (a)]，活塞销与活塞孔的配合要求紧些，而活塞销与连杆孔的配合则要求松些。若采用基孔制 [图 2-18 (b)]，则活塞孔和连杆孔的公差带相同，而两种不同的配合就需要按两种公差带来加工活塞销，这时的活塞销就应制成阶梯形。这种形状的活塞销加工不方便，而且对装配不利（将连杆孔刮伤）。反之，采用基轴制 [图 2-18 (c)]，则活塞销按一种公差带加工，而活塞孔和连杆孔按不同的公差带加工，来获得两种不同的配合，加工方便，并能顺利装配。

③ 农业机械与纺织机械中经常使用具有一定精度的冷拉钢材（这种钢材是按基轴制的轴尺寸制造的）直接做轴，极少加工。在这种情况下，应选用基轴制。

④ 与标准件或标准部件相配合的孔或轴，必须以标准件或标准部件为基准件来选基准制。如图 2-19 所示，滚动轴承内圈与轴颈的配合必须采用基孔制 j6，外圈与外壳孔的配合

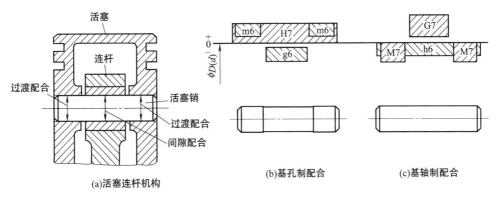

图 2-18　活塞连杆机构

必须选基轴制 G7。

在图 2-19 中还可以看到，轴套与轴颈的配合在径向只要求自由装配。如果轴颈与内圈的配合采用基孔制，且按配合的需要已确定轴颈的公差带为 55j6。在这种情况下，轴套孔不能选用基准孔，而必须选用大间隙配合的非基准公差带 D9，此处的配合即为非基准制配合。

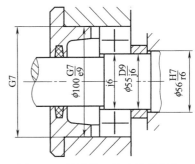

图 2-19　轴承盖、轴套处的配合

二、标准公差等级的选择

选择公差等级时，要正确处理使用要求、制造工艺和成本之间的关系。因此选择公差等级的基本原则是：在满足使用要求的前提下，尽量选取低的公差等级。设计时，可参见表 2-8 和表 2-9。

表 2-8　各个公差等级的应用范围

应用	公差等级																		
	IT01	IT0	IT1	IT2	IT3	IT4	IT5	IT6	IT7	IT8	IT9	IT10	IT11	IT12	IT13	IT14	IT15	IT16	IT17	IT18
量块	○	○	○																	
量规			○	○	○	○	○	○	○	○										
配合尺寸							○	○	○	○	○	○	○	○						
精密等级				○	○	○	○													
非配合尺寸														○	○	○	○	○	○	○
原材料尺寸										○	○	○	○	○	○	○	○	○		

用类比法选择公差等级时，还应注意以下问题。

①应考虑孔和轴的工艺等价性。孔和轴的工艺等价性即孔和轴加工难易程度应相同。一般地说，孔的公差等级低于 8 级时，孔和轴的公差等级应相同；孔的公差等级高于 8 级时，轴应比孔高一级；孔的公差等级等于 8 级时，两者均可。这样，可保证孔和轴的工艺等价性，如 H9/d9、H8/f7、H8/n8、H7/p6。

②要注意相关件和相配件的精度。例如，齿轮孔与轴的配合取决于相关件齿轮的精度等级（可参阅有关齿轮的国家标准）。

③必须考虑加工成本。图 2-19 所示的轴颈与轴套的配合，按工艺等价原则，轴套应选

7 级公差（加工成本较高），但考虑到它们在径向只要求自由装配，为大间隙的间隙配合，此处选择了 9 级公差，有效地降低了成本。

表 2-9 配合尺寸 5～12 级的应用

公差等级	应 用
5 级	主要用在配合公差、形状公差要求甚小的地方。它的配合性质稳定，一般在机床、发动机、仪表等重要部位应用。例如：与 D 级滚动轴承配合的箱体孔；与 E 级滚动轴承配合的机床主轴，机床尾架与套筒；精密机械及高速机械中轴径；精密丝杆轴径等
6 级	配合性能能达到较高的均匀性。例如：与 E 级滚动轴承相配合的孔、轴径；与齿轮、蜗轮、联轴器、带轮、凸轮等连接的轴径；机床丝杠轴径；摇臂钻立柱；机床夹具中导向件外径尺寸；6 级精度齿轮的基准孔；7 级、8 级精度齿轮基准轴径
7 级	7 级精度比 6 级稍低，应用条件与 6 级基本相似，在一般机械制造中应用较为普遍。例如：联轴器、带轮、凸轮等孔径；机床夹盘座孔；夹具中固定钻套，可换钻套；7 级、8 级齿轮基准孔，9 级、10 级齿轮基准轴
8 级	在机器制造中属于中等精度。例如：轴承座衬套沿宽度方向尺寸，9～12 级齿轮基准孔；11 级、12 级齿轮基准轴
9 级 10 级	主要用于机械制造中轴套外径与孔；操纵件与轴；空轴带轮与轴；单键与花键
11 级 12 级	配合精度很低，装配后可能产生很大间隙，适用于基本上没有什么配合要求的场合。例如：机床上的法兰盘与止口；滑块与滑移齿轮；加工中工序间的尺寸；冲压加工的配合件；机床制造中的扳手孔与扳手座的连接

三、配合种类的选择

配合的选择，实质上是对间隙和过盈的选择。其原则是：拆装频率较高，定心精度要求较低，间隙较大；传递转矩较大，过盈量较大。

① 间隙配合主要用于相互配合的孔和轴有相对运动或需要经常拆装的场合。图 2-19 中轴承端盖与箱体的配合，由于需要经常拆装，选用了大间隙的间隙配合 G7/e9；轴颈与轴套的配合，由于定心精度要求不高，也选用了大间隙的间隙配合 D9/j6。图 2-20 所示的车床主轴支承套，由于定心要求高，选用了小间隙的间隙配合 H6/h5。

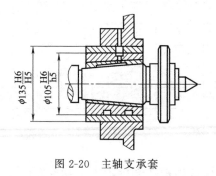

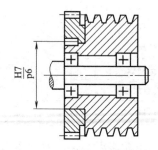

图 2-20 主轴支承套　　　　　　　图 2-21 带轮与齿轮的配合

② 过渡配合的定位精度比间隙配合的定位精度高，拆装又比过盈配合方便，因此过渡配合广泛应用于有对中性要求，靠紧固件传递转矩又经常拆装的场合，如齿轮孔和轴靠平键连接时的配合；如此时偏重于定位精度要求，则应选择偏紧的过渡配合，即基本偏差 m、n、p 的配合（如未说明，均以基孔制为例）；如此时偏重于拆装的方便性，则应选择偏松的过渡配合，即基本偏差为 js、k 的配合。

③ 过盈配合主要用于传递转矩和实现牢固结合，通常不需要拆卸。基本偏差为 p 或 r

的公差带与基准孔组成过盈定位配合，能以最好的定位精度达到部件的刚性及对中要求，用于定位精度特别重要的场合。需要传递转矩时，必须加紧固件。如图 2-21 所示，卷扬机的带轮与齿轮的结合，采用过盈定位配合 H7/p6，保证带轮与齿轮组成部件的刚性与对中性要求，通过键传递转矩。

基本偏差为 s 的公差带与基准孔组成中等压入配合。中等压入配合一般很难拆卸，可以产生相当大的结合力。传递转矩时，不需加紧固件。如图 2-22 所示，装配式蜗轮轮缘与轮毂的配合用 H6/s5，就是靠过盈量形成的结合力牢固结合在一起的。

基本偏差为 u 的公差带与基准孔组成压入配合。压入配合很难拆卸，一般用加热轴套的方法装配，可以产生巨大的结合力。传递转矩时，不需加紧固件。如图 2-23 所示，火车轮毂与轴的结合常采用配合 H6/u5。

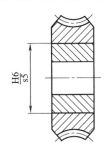

图 2-22　蜗轮轮缘与轮毂的配合

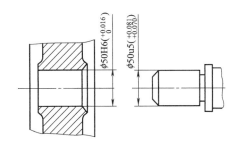

图 2-23　火车轮毂与轴的配合

基本偏差代号为 v～zc 的各公差带与基准孔组成大过盈配合。这些配合的过盈量太大，目前使用经验和资料都不足，一般不采用。

工作温度、装配变形、生产批量也是必须考虑的问题。此外，还应尽量采用优先与常用配合。

例 2-6　锥齿轮减速器如图 2-24 所示，已知传递的功率 $P=100\text{kW}$，中速轴转速 $n=750\text{r/min}$，稍有冲击，在中小型工厂小批生产。试选择以下 4 处的公差等级和配合：联轴器和输入端轴颈；带轮和输出端轴颈；小锥齿轮和轴颈；套杯外径和箱体座孔。

解　由于 4 处配合无特殊的要求，所以优先采用基孔制。

① 联轴器是用精制螺栓连接的固定式刚性联轴器，为防止偏斜引起附加载荷，要求对中性好，联轴器是中速轴上重要配合件，无轴向附加定位装置，结构上采用紧固件，故选用过渡配合 $\phi 40\text{H7/m6}$。

② 带轮和输出轴轴颈配合和上述配合比较，定心精度因是挠性件传动，因而要求不高，且又有轴向定位件，为便于装卸可选用：H8/h7（h8、js7、js8），本例选用 $\phi 50\text{H8/h8}$。

③ 小锥齿轮内孔和轴颈是影响齿轮传动的重要配合，内孔公差等级由齿轮精度决定，一般减速器齿轮精度为 8 级，故基准孔为 IT7。传递负载的齿轮和轴的配合，为保证齿轮的工作精度和啮合性能，要求准确对中，一般选用过渡配合加紧固件，可供选用的配合有 H7/js6（k6、m6、n6，甚至 p6、r6），至于采用那种配合，主要考虑装卸要求、载荷大小、有无冲击振动、转速高低、批量生产等。此处是为中速、中载、稍有冲击、小批量生产，故选用 $\phi 45\text{H7/k6}$。

④ 套杯外径和箱体孔配合是影响齿轮传动性能的重要部位，要求准确定心。但考虑到为调整锥齿轮间隙而轴向移动的要求，为便于调整，故选用最小间隙为零的间隙定位配合 $\phi 130\text{H7/h6}$。

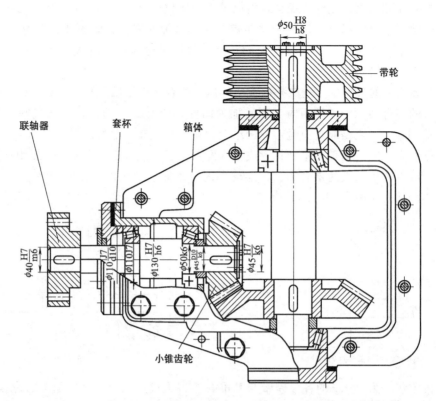

图 2-24 锥齿轮减速器

当配合要求非常明确时，可采用计算法来确定配合代号。下面以例题来说明此方法。

例 2-7 有一基孔制的孔、轴配合，基本尺寸 $D=25\text{mm}$，最大间隙不得超过 0.074mm，最小间隙不得小于 0.040mm，试确定其配合代号。

解

(1) 确定配合制

由题目可知，选择基孔制的配合，可知 $\text{EI}=0$。

(2) 确定孔、轴的公差等级

$$T_f = X_{\max} - X_{\min} = +0.074 - 0.040 = +0.034\text{mm}$$

为了满足使用要求，必须使 $T_f \geqslant T_h + T_s$，查表 2-1 可知，$\text{IT6}=0.013\text{mm}$，$\text{IT7}=0.021\text{mm}$。考虑到工艺等价原则，孔应选用 7 级公差 $T_h=0.021\text{mm}$，轴应选用 6 级公差 $T_s=0.013\text{mm}$。又因为基孔制配合，所以 $\text{EI}=0$，$\text{ES}=\text{EI}+T_h=+0.021\text{mm}$。孔的公差带代号为 H7。

(3) 选择配合种类

由 $X_{\min}=\text{EI}-\text{es}=+0.040\text{mm}$ 可知 $\text{es}=\text{EI}-X_{\min}=-0.040\text{mm}$，对照表 2-3 可知，基本偏差代号为 e 的轴可以满足要求。所以轴的公差代号为 e6。其下偏差 $\text{ei}=-0.053\text{mm}$。所以，满足要求的配合代号为 25H7/e6。

课 后 练 习

2-1 按照有关要求填写完成表 2-10 中的各项内容。

表 2-10　公差项目计算

基本尺寸	最大极限尺寸	最小极限尺寸	上偏差	下偏差	公差	尺寸标注
孔 φ12	12.050	12.032				
轴 φ60			+0.072		0.019	
孔 φ30		29.959			0.021	
轴 φ80			-0.010	-0.056		
孔 φ50				-0.034	0.039	
孔 φ40			+0.014	-0.011		
轴 φ70	69.970				0.074	

2-2　是非判断题。

(1) φ20H7 和 φ20F7 的尺寸精度是一样的。　　　　　　　　　　　　　　（　　）

(2) 尺寸公差可正可负，一般都取正值。　　　　　　　　　　　　　　　（　　）

(3) 尺寸的基本偏差可正可负，一般都取正值。　　　　　　　　　　　　（　　）

(4) φ20H7/s6 是过渡配合。　　　　　　　　　　　　　　　　　　　　（　　）

(5) 公差值越小的零件，越难加工。　　　　　　　　　　　　　　　　　（　　）

2-3　选择题。

(1) 如图 2-25 所示，尺寸 φ26 属于（　　　）

A. 重要配合尺寸　　　　B. 一般配合尺寸　　　　C. 一般公差尺寸　　　　D. 没有公差要求

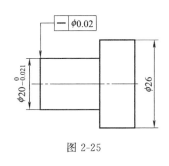

图 2-25

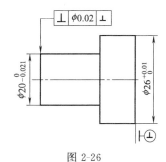

图 2-26

(2) 如图 2-26 所示，尺 φ20 和尺寸 φ26 的加工精度（　　　）

A. φ20 高　　　　　　B. φ26 高　　　　　　C. 差不多　　　　　　D. 无法判断

(3) φ20g6 和（　　　）组成工艺等价的基孔制间隙配合。

A. φ55H5　　　　　　B. φ55H6　　　　　　C. φ55H7　　　　　　D. φ55G5

(4) φ40js8 的尺寸公差带图和尺寸零线的关系是（　　　）

A. 在零线上方　　　　B. 在零线下方　　　　C. 对称于零线　　　　D. 不确定

(5) 尺寸 φ48F6 中，"F"代表（　　　）

A. 尺寸公差带代号　　　　　　　　　　B. 公差等级代号

C. 基本偏差代号　　　　　　　　　　　D. 配合代号

(6) φ30F8 和 φ30H8 的尺寸公差带图（　　　）

A. 宽度不一样　　　　　　　　　　　　B. 相对零线的位置不一样

C. 宽度和相对零线的位置都不一样　　　D. 宽度和相对零线的位置都一样

(7) 下列配合中间隙最大的是（　　　）

A. H7/r6   B. H8/g7   C. M8/h7   D. R7/h6

（8）公差带的选用顺序是尽量选择（   ）代号。

A. 一般   B. 常用   C. 优先   D. 随便

2-4 按照有关要求填写完成表 2-11 中的各项内容

表 2-11 公差项目计算

基本尺寸	孔			轴			X_{max} 或 Y_{min}	X_{min} 或 Y_{max}	X_{av} 或 Y_{av}	T_f
	ES	EI	T_h	es	ei	T_s				
$\phi25$		0			0.021		+0.074		+0.057	
$\phi14$		0			0.010			−0.012	+0.0025	
$\phi45$			0.025	0				−0.050	−0.0295	

2-5 按 $\phi30k6$ 加工一批轴，完工后测得这批轴的最大实际尺寸为 $\phi30.015$，最小为 $\phi30$。问该轴的尺寸公差为多少？这批轴是否全部合格？为什么？

2-6 为什么优先采用基孔制？

2-7 查表画出下列相互配合的孔、轴的公差带图，说明配合性质及基准制，并计算极限盈隙指标。

（1）$\phi20H8/f7$

（2）$\phi60H6/p5$

（3）$\phi110S6/h4$

（4）$\phi45S6/h5$

（5）$\phi40H7/t6$

（6）$\phi90D6/h5$

2-8 设采用基孔制，孔、轴基本尺寸和使用要求如下，试确定配合代号。

（1）$D=40$，$X_{max}=+0.07$，$X_{min}=+0.02$

（2）$D=100$，$Y_{min}=-0.02$，$Y_{max}=-0.13$

（3）$D=10$，$X_{max}=+0.01$，$Y_{max}=-0.02$

第三章 形状和位置公差及检测

为了保证零件的互换性和工作精度等要求，不仅要控制尺寸误差，还必须要使零件几何要素规定在合理的形状和位置精度（简称形位精度）范围内，用于限制其形状和位置误差（简称形位误差）。

零件图纸上给出的机械零件都是没有误差的理想几何体。但在实际加工过程中，由于机床-夹具-刀具-工件所构成的工艺系统本身存在各种误差，以及加工过程中出现受力变形、热变形、振动及磨损等各种干扰，致使被加工零件的实际形状和相互位置，与理想几何体规定的形状和线、面相互位置存在差异，这种形状上的差异称为形状误差，相互位置上的差异称为位置误差，统称为形位误差。

零件的形位误差对零件使用性能的影响可归纳为以下三个方面。

① 影响零件的功能要求。例如，机床导轨表面的直线度、平面度不好，将影响机床刀架的运动精度。齿轮箱上各轴承孔的位置误差，将影响齿轮传动的齿面接触精度和齿侧间隙。

② 影响零件的配合性质。例如，对于圆柱结合的间隙配合，圆柱表面的形状误差会使间隙大小分布不均，当配合件发生相对转动时，磨损加快，降低零件的工作寿命和运动精度。

③ 影响零件的自由装配性。例如，轴承盖上各螺钉孔的位置不正确，在用螺栓紧固机座时，就有可能影响其自由装配。

总之，零件的形位误差对其工作性能的影响不容忽视，它是衡量机器、仪器产品质量的重要指标。

第一节 零件几何要素和形位公差的特征项目

一、形位公差的研究对象——零件几何要素

任何机械零件都是由点、线、面组合而成的，这些构成零件几何特征的点、线、面称为几何要素。图 3-1 所示的零件就是由多种要素组成的。

形位误差研究的对象就是这些几何要素。要素可以按不同的特征进行分类。

1. 按存在的状态分

（1）理想要素 具有几何学意义的要素，亦即几何的点、线、面，它不存在任何误差。

（2）实际要素 零件上实际存在的要素，通常用测得的要素来代替，由于测量误差的存在，无法反映实际要素的真实情况。因此，测得的要素并不是实际要素的全部客观情况。

2. 按结构特征分

（1）轮廓要素 构成零件外形的直接为人们所感觉到的点、线、面各要素，如平面、圆柱面、球面、曲线和曲面等。

（2）中心要素 构成零件轮廓的对称中心的点、线、面。虽然不能为人们直接所感觉

到，但随着相应轮廓要素的存在而客观地存在着，如圆心、球心、轴线、中心平面等。

3. 按检测关系

（1）被测要素　在图样上给出了形状或位置公差要求的要素，是检测的对象，如图 3-2 中左段外圆和 ϕd_2 圆柱面的轴线为被测要素。

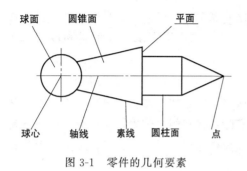

图 3-1　零件的几何要素

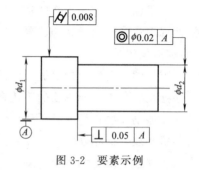

图 3-2　要素示例

（2）基准要素　用来确定被测要素的方向或位置的要素，如图 3-2 中 ϕd_1 圆柱面的轴线。

4. 按结构性能分

（1）单一要素　仅是对其本身给出形状公差要求的要素，包括直线度、平面度、圆度、圆柱度等，如图 3-2 中 ϕd_1 的圆柱面为单一要素。

（2）关联要素　对其他要素具有功能关系的要素。功能关系是指要素间确定的方向和位置关系，包括平行度、垂直度、同轴度、对称度等，如图 3-2 中 ϕd_2 圆柱的轴线给出了与 ϕd_1 圆柱同轴度的功能要求。

二、形位公差的特征项目及符号

形位公差的特征项目和符号见表 3-1。形位公差特征项目有 14 个，其中形状公差有 4 个，因它是对单一要素提出的要求，因此无基准要求；位置公差有 8 个，因它是对关联要素提出的要求，因此在大多数情况下有基准要求；形状或位置（轮廓）公差有 2 个，若无基准要求，则为形状公差；若有要求，则为位置公差。

形位公差标注要求及其他附加符号见表 3-2。

表 3-1　形位公差特征项目及其符号（摘自 GB/T 1182—1996）

公 差		特 征 项 目	符 号	有或无基准要求
形状	形状	直线度	——	无
		平面度	▱	无
		圆度	○	无
		圆柱度	⌭	无
形状或位置	轮廓	线轮廓度	⌒	有或无
		面轮廓度	⌓	有或无

续表

公　　差		特　征　项　目	符　　号	有或无基准要求
位置	定向	平行度	//	有
		垂直度	⊥	有
		倾斜度	∠	有
	定位	位置度	⊕	有
		同轴(同心)度	◎	有
		对称度	=	有
	跳动	圆跳动	/	有
		全跳动	//	有

表 3-2　形位公差标注要求及其他附加符号

说　　明		符　号	说　　明	符　号
被测要素的标注	直接	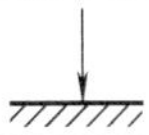 ↓	最大实体要求	Ⓜ
	用字母	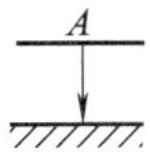 A	最小实体要求	Ⓛ
基准要素的标注		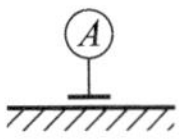 Ⓐ	可逆要求	Ⓡ
基准目标的标注		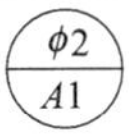 φ2/A1	延伸公差带	Ⓟ
理论正确尺寸		50	自由状态(非刚性零件)条件	Ⓕ
包容要求		Ⓔ	全周(轮廓)	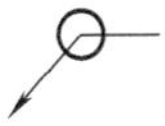 ⌀

第二节　形位公差在图样上的标注方法

在技术图样中，用形位公差代号标注零件的形位公差要求，能更好地表达设计意图，使工艺、检测有统一的理解，从而更好地保证产品的质量。

一、形位公差代号和基准符号

形位公差代号由两格或多格的矩形方框组成，且在从左至右的格中依次填写形位公差特征项目符号、形位公差值、基准符号和其他附加符号等。

（1）公差框格及填写内容　公差框格为矩形方框，由两格或多格组成，在图样中一般水平放置，也有垂直放置的。内容按从左到右的顺序填写或从下向上的顺序填写，分别填写形位公差特征项目、公差值及有关符号。如公差带是圆形或圆柱形的直径时在公差值前加注 ϕ；如为球形公差带则在公差值前加注 $S\phi$。

被测要素为单一要素采用两格框格标注。被测要素为关联要素的框格有三格、四格和五格等几种形式。从第三格起填写基准的字母，图3-3（a）表示基准要素为单一基准。

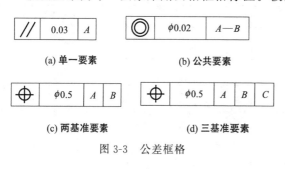

(a) 单一要素   (b) 公共要素

(c) 两基准要素   (d) 三基准要素

图3-3 公差框格

图3-3（b）表示由两个同类要素 A 与 B 构成一个独立基准 $A—B$，这种基准称为公共基准。图3-3（c）表示基准 A 与 B 垂直，即基准 A 与 B 构成直角坐标，A 为第一基准，B 为第二基准，$B \perp A$。图3-3（d）表示基准 A、B、C 相互垂直，即基准 A、B、C 构成空间直角坐标，它们的关系是 $B \perp A$；$C \perp A$ 且 $C \perp B$，这种基准体系称为三基面体系。

当有一个以上的要素作为被测要素，如4个要素，应在框格上方标明"4×"，如图3-4所示。对同一要素有一个以上的公差项目要求时，可将一个框格放在另一个框格的下面。框格高度等于两倍字高，如图3-5所示。

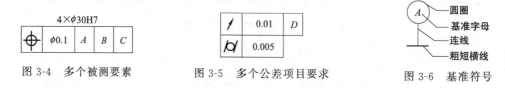

图3-4 多个被测要素   图3-5 多个公差项目要求   图3-6 基准符号

（2）指引线 指引线把公差框格与被测要素联系起来。指引线由细实线和箭头构成，靠近框格的那一段指引线一定要垂直于框格的一条边，并且保持与公差框格端线垂直，指引线引向被测要素是允许弯折的，但弯折点最多两个。指引线箭头的方向应是公差带的宽度方向或直径方向。指引线的箭头置于要素的轮廓线上或轮廓线的延长线上。当指引线的箭头指向实际表面时，箭头可置于带点的参考线上，该点指在实际表面上。被测要素为中心要素时，指引线的箭头应与尺寸线对齐。

（3）基准 基准字母用英文大写字母表示。无论基准代号的方向如何，其字母必须水平填写，为不致引起误解，国家标准规定基准字母禁用下列9个字母：E、I、J、M、O、P、L、R、F。这些字母在形位公差中另有含义，详细含义见表3-2。基准字母一般也不允许与图样中任何向视图的字母相同。

基准符号以带小圆的大写字母用连线（细实线）与粗的短横线相连，如图3-6所示。粗的短横线的长度一般等于小圆的直径。连线应画在粗的短横线中间，长度一般等于小圆的直径。小圆的直径为2倍字高。基准要素为中心要素时，基准符号的连线与尺寸线对齐。基准要素为轮廓要素时，基准符号的连线与尺寸线应明显错开，粗的短横线应靠近基准要素的轮廓线或其延长线。

二、被测要素的标注方法

被测要素由指引线与形位公差代号相连。指引线一端垂直接方框，另一端画上箭头，并垂直指向被测要素或其延长线。当箭头正对尺寸线时，被测要素是中心要素，否则为轮廓要素，如图3-7所示。

用带箭头的指引线将框格与被测要素相连，具体的标注方法有两种。

① 当被测要素为轮廓要素时，则带箭头的指引线应与尺寸线的延长线错开，如图3-8所示。

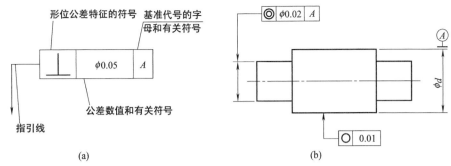

图 3-7　形位公差代号及标注

② 当被测要素为轴线、中心平面时，则带箭头的指引线应与尺寸线的延长线重合。被测要素指引线的箭头，可兼作一个尺寸箭头，如图 3-9 所示。

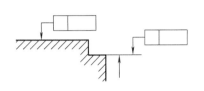

图 3-8　被测要素为轮廓要素时的标注

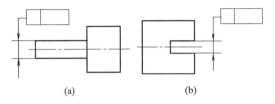

图 3-9　被测要素为中心要素时的标注

三、基准要素的标注方法

相对于被测要素的基准，用基准字母表示。带小圆的大写字母用细实线与粗短横线相连组成基准符号，如图 3-10 所示。小圆内的大写字母是基准字母，无论基准符号在图样中的方向如何，小圆内的字母都应水平书写。表示基准的字母也应注在公差框格内，如图 3-11 所示。

图 3-10　基准要素的标注（一）

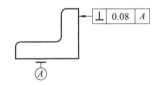

图 3-11　基准要素的标注（二）

① 当基准要素是边线、表面等轮廓要素时，基准代号中的短横线应靠近基准要素的轮廓或轮廓面，也可靠近轮廓的延长线，但要与尺寸线明显错开，如图 3-12 所示。

② 当基准要素是轴线、中心平面或由带尺寸的要素确定的点时，则基准符号中的细实线与尺寸线一致，如图 3-13（a）所示。如果尺寸线处安排不下两个箭头时，则另一箭头可用短横线代替，如图 3-13（b）所示。

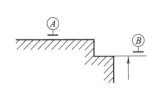

图 3-12　基准要素为轮廓要素的标注

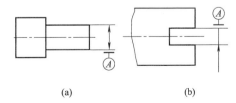

图 3-13　基准要素为中心要素的标注

③ 当基准要素是圆锥体轴线时，则基准符号上的连线与基准要素垂直，即应垂直于轴线而不是垂直于圆锥的素线，其基准短横线应与圆锥素线平行，如图 3-14（a）所示。任选

基准（互为基准）的标注方法如图 3-14（b）所示。

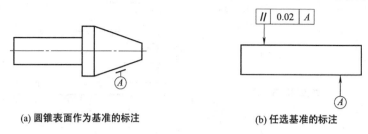

(a) 圆锥表面作为基准的标注   (b) 任选基准的标注

图 3-14　基准的其他标注方法

四、形位公差的简化标注方法

① 当多个被测要素有相同的形位公差（单项或多项）要求时，可以在从框格引出的指引线上绘制多个指示箭头，并分别与被测要素相连，如图 3-15（a）所示。用同一公差带控制几个被测要素时，应在公差框格上注明"共面"或"共线"，如图 3-15（b）所示。

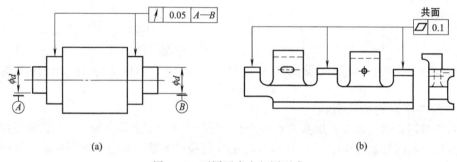

(a)   (b)

图 3-15　不同要素有相同要求

② 当同一个被测要素有多项形位公差要求，其标注方法又是一致时，可将这些框格绘制在一起，并用一根指引线，如图 3-16 所示。

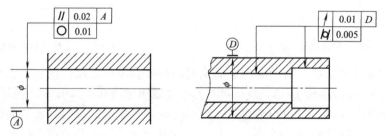

图 3-16　同一要素有多项要求

五、形位公差标注举例

如图 3-17 所示为滚动轴承座圈，以该座圈的形位公差标注举例，来进一步说明常见形位公差的含义及其标注方法，图例中仅标出与形位公差有关的尺寸。

① 圆度公差带是在同一正截面上，半径差为公差值 0.004 的两同心圆之间的区域。

② 垂直度公差带是距离为公差值 0.015 且垂直于基准线的两平行平面之间的区域。

③ 直线度公差带是指在给定平面内，距离为公差值 0.002 的两平行直线之间的区域，且当被测要素有误差时，只允许中间向材料处凸起。

④ 平行度公差带是距离为公差值 0.005 且平行于基准平面的两平行平面之间的区域。

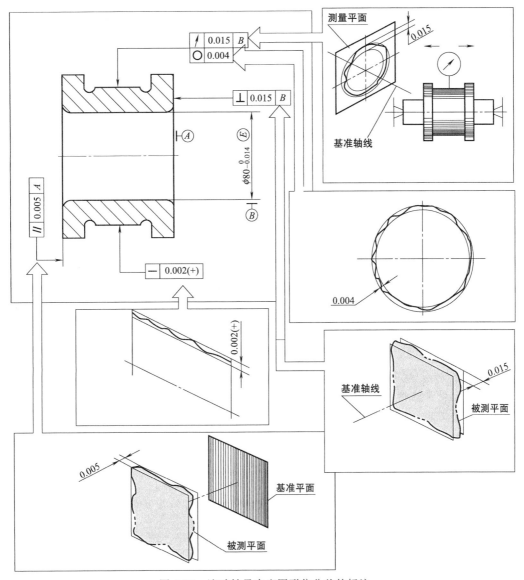

图 3-17　滚动轴承内座圈形位公差的标注

第三节　形位公差与形位公差带

形位公差带是被测要素允许变动量所形成的区域，充分了解公差的形状和特性，有助于检测时准确判断零部件是否合格。

一、形位公差的含义和特征

1. 形状公差

形状公差是指单一实际要素的形状所允许的变动全量。形状公差带是限制实际被测要素变动的一个区域。形状公差带的特点是不涉及基准，其方向和位置随实际要素不同而浮动。轮廓度公差分为线轮廓度和面轮廓度。轮廓度无基准要求时为形状公差，有基准要求时为位置公差。无基准要求时，其公差带的形状只由理论正确尺寸（带方框的尺寸）确定，其位置是浮动的；有基准要求时，其公差带的形状和位置由理论正确尺寸和基准确定，公差带的位置是固定的。

2. 定向公差与定向公差带

定向公差是关联实际要素对其具有确定方向的理想要素的允许变动量。

理想要素的方向由基准及理论正确尺寸（角度）确定。当理论正确角度为0°时，称为平行度公差；为90°时，称为垂直度公差；为其他任意角度时，称为倾斜度公差。这三项公差都有面对面、线对线、面对线和线对面四种情况。

3. 定向公差带的特点

① 定向公差带相对于基准有确定的方向，而其位置往往是浮动的。

② 定向公差带具有综合控制被测要素的方向和形状的功能。在保证使用要求的前提下，对被测要素给出定向公差后，通常不再对该要素提出形状公差要求。需要对被测要素的形状有进一步的要求时，可再给出形状公差，且形状公差值应小于定向公差值。

4. 定位公差与定位公差带

定位公差是关联实际要素对其具有确定位置的理想要素的允许变动量。理想要素的位置由基准及理论正确尺寸（长度或角度）确定。当理论正确尺寸为零，且基准要素和被测要素均为轴线时，称为同轴度公差（若基准要素和被测要素的轴线足够短，或均为中心点时，称为同心度公差）；当理论正确尺寸为零，基准要素或（和）被测要素为其他中心要素（中心平面）时，称为对称度公差；在其他情况下均称为位置度公差。

5. 定位公差带的特点

① 定位公差带相对于基准具有确定的位置，其中，位置度公差带的位置由理论正确尺寸确定，同轴度和对称度的理论正确尺寸为零，图上可省略不注。

② 定位公差带具有综合控制被测要素位置、方向和形状的功能。在满足使用要求的前提下，对被测要素给出定位公差后，通常对该要素不再给出定向公差和形状公差。如果需要对方向和形状有进一步的要求时，则可另行给出定向或（和）形状公差，但其数值应小于定位公差值。

6. 跳动公差与公差带

与定向、定位公差不同，跳动公差是针对特定的检测方式而定义的公差特征项目。它是被测要素绕基准要素回转过程中所允许的最大跳动量，也就是指示器在给定方向上指示的最大读数与最小读数之差的允许值。跳动公差可分为圆跳动和全跳动。

圆跳动是控制被测要素在某个测量截面内相对于基准轴线的变动量。圆跳动又分为径向圆跳动、端面圆跳动和斜向圆跳动三种。

全跳动是控制整个被测要素在连续测量时相对于基准轴线的跳动量。全跳动分为径向全跳动和端面全跳动两种。跳动公差适用于回转表面或其端面。

7. 跳动公差带的特点

① 跳动公差带的位置具有固定和浮动双重特点，一方面公差带的中心（或轴线）始终与基准轴线同轴，另一方面公差带的半径又随实际要素的变动而变动。

② 跳动公差具有综合控制被测要素的位置、方向和形状的作用。例如，端面全跳动公差可同时控制端面对基准轴线的垂直度和它的平面度误差；径向全跳动公差可控制同轴度、圆柱度误差。

8. 形位公差带的形状

国家标准规定了 9 种公差带形状，如图 3-18 所示。

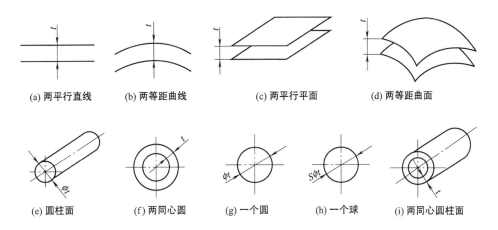

(a) 两平行直线	(b) 两等距曲线	(c) 两平行平面	(d) 两等距曲面
(e) 圆柱面	(f) 两同心圆	(g) 一个圆	(h) 一个球	(i) 两同心圆柱面

图 3-18　形位公差带的形状

二、形状公差

1. 形状公差的概念

　　形状公差是指单一实际被测要素对其理想要素的允许变动量。形状公差用形状公差带来表达，用以限制零件实际要素的变动范围。若零件实际要素在此区域内变动，则零件合格；若零件实际要素的变动范围超出形状公差带区域，则零件不合格。

2. 形状公差的特征项目

　　形状公差有直线度、平面度、圆度、圆柱度、线轮廓度、面轮廓度 6 个项目。形状公差值用公差带的宽度或直径表示，形状公差带的形状、方向、位置、大小随被测要素的几何特征和功能要求而定，具体内容参见表 3-3 和表 3-4。

表 3-3　形状公差带的定义、标注和解释

特征	公差带定义	标注和解释
直线度	在给定平面内,公差带是距离为公差值 t 的两平行直线之间的区域	被测圆柱面与任一轴向截面的交线(平面线)必须位于在该平面内距离为 0.1mm 的两平行直线内 ⌐ 0.1
	在给定方向上,公差带是距离为公差值 t 的两平行平面之间的区域	被测表面的素线必须位于距离为 0.1mm 的两平行平面内 ⌐ 0.1

续表

特征	公差带定义	标注和解释
直线度	若在公差值前加注 φ 则公差带是直径为 t 的圆柱面内的区域	被测圆柱体的轴线必须位于直径为 φ0.08mm 的圆柱面内
平面度	公差带是距离为公差值 t 的两平行平面之间的区域。	被测表面必须位于距离为公差值 0.06mm 的两平行平面内
圆度	公差带是在同一正截面上，半径差为公差值 t 的两同心圆之间的区域	被测圆柱面任一正截面的圆周必须位于半径差为公差值 0.02mm 的两同心圆之间 被测圆锥面任一正截面的圆周必须位于半径差为公差值 0.02mm 的两同心圆之间
圆柱度	公差带是半径差为公差值 t 的两同轴圆柱之间的区域	被测圆柱面必须位于半径差为公差值 0.05mm 的两同心圆柱面之间

表 3-4　轮廓度公差带定义、标注和解释

特征	公差带定义	标注和解释
线轮廓度	公差带是包络一系列直径为公差值 t 的圆的两包络线之间的区域,诸圆的圆心位于具有理论正确几何形状的线上 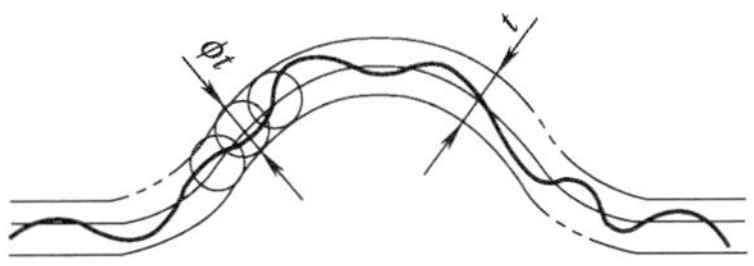	在平行于图样所示投影面的任一截面上,被测轮廓线必须位于包络一系列直径为公差值 0.04mm,且圆心位于具有理论正确几何形状的线上的两包络线之间 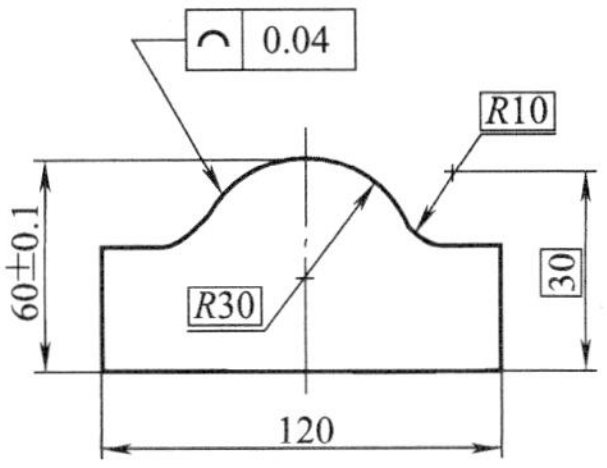 无基准要求
面轮廓度	公差带是包络一系列直径为公差值 t 的球的两包络面之间的区域,诸球的球心位于具有理论正确几何形状的面上 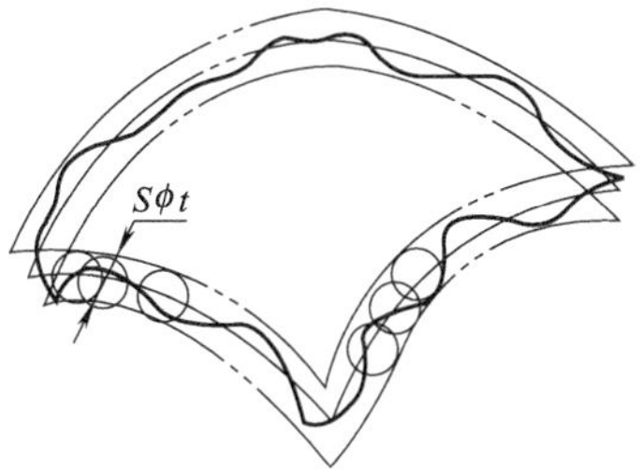	被测轮廓面必须位于包络一系列球的两包络面之间,诸球的直径为公差值 0.02mm,且球心位于具有理论正确几何形状的面上 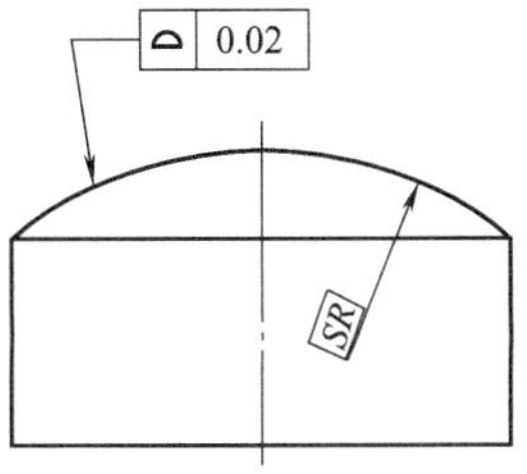 无基准要求 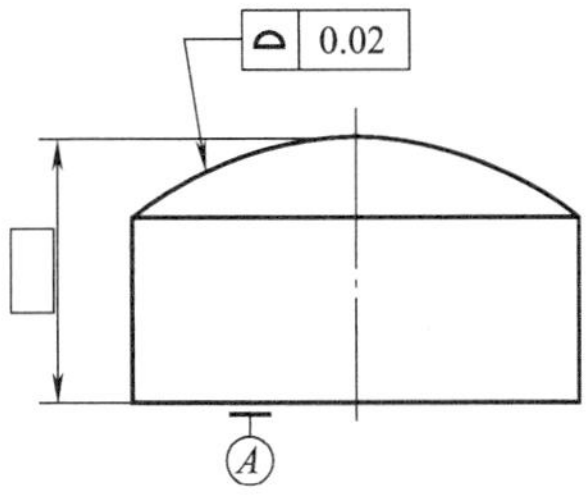 有基准要求

三、基准

确定要素间几何关系的依据称为基准。评定位置误差的基准,理论上应是理想基准要素。由于基准的实际要素存在形状误差,因此就应以该基准实际要素的理想要素作为基准,该理想要素的位置应符合最小条件。

1. 基准的种类

图样上标出的基准通常分为以下三种。

(1) 单一基准　由一个要素建立的基准称为单一基准。图 3-19 (a) 所示为由一个平面 A 建立的基准;图 3-19 (b) 所示为由轴线建立的基准 A。

(2) 组合基准(公共基准)　由两个或两个以上的要素建立的一个独立基准称为组合基准或公共基准,如图 3-20 所示,同轴度误差的基准是由两段轴线建立的组合基准 A—B。

(3) 基准体系(三基面体系)　由三个相互垂直的平面所构成的基准体系,即三基面体系,如图 3-21 所示。

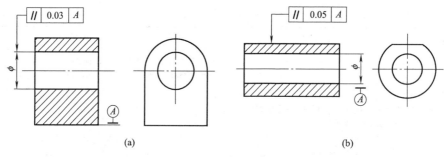

图 3-19　单一基准

应用三基面体系时，应注意基准的标注顺序，应选最重要的或最大的平面作为第Ⅰ基准，选次要或较长的平面作为第Ⅱ基准，选不重要的平面作为第Ⅲ基准。

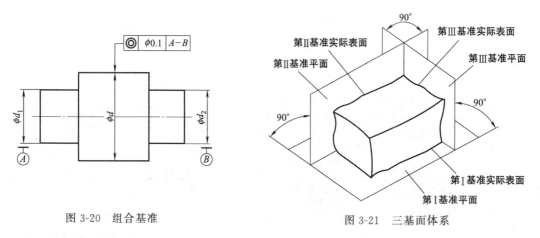

图 3-20　组合基准

图 3-21　三基面体系

2. 基准的体现

根据基准建立原则确定了基准后，还需用一定的方法将基准体现出来。在检测标准中规定了四种基准体现的方法，即模拟法、分析法、直接法和目标法。由于模拟法测量简单、方便，故常用模拟法来体现基准，如用平板工作面模拟基准平面、用心轴的轴线来体现基准轴线等。在基准实际要素与模拟基准接触时，可能形成"稳定接触"，也可能形成"非稳定接触"。如果基准实际要素与模拟基准之间自然形成符合最小条件的相对位置关系，就是"稳定接触"，"非稳定接触"可能有多种位置状态，在测量时应作调整，使基准实际要素与模拟基准之间达到符合最小条件的相对位置关系（图 3-22）。

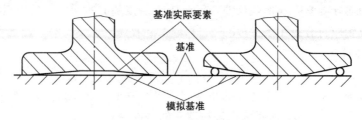

图 3-22　基准实际要素与模拟基准的接触状态

四、位置公差

1. 定向公差

（1）定向公差的概念　定向公差是关联实际被测要素对具有确定方向的理想要素的允许

变动全量，用于限制被测要素对基准在指定方向上的变动。理想要素的方向由基准及理论正确角度确定。平行度公差的理论正确角度为 0°，垂直度公差的理论正确角度为 90°，倾斜度的理论正确角度由图样标注决定。

定向公差与其他形位公差相比，具有明显的特点：定向公差带相对于基准有确定的方向，定向公差带的位置可以浮动，定向公差带具有综合控制被测要素的方向与形状的功能。

定向公差值用定向最小包容区域的宽度或直径表示。定向最小包容区域是指按公差带要求的方向来包容实际被测要素时，具有最小宽度或最小直径的包容区域，它的形状与公差带一致，它的宽度或直径由被测实际要素本身决定。

（2）定向公差的特征项目　定向公差带的定义、标注和解释见表 3-5。

表 3-5　定向公差带定义、标注和解释

特征	公差带定义	标注和解释
平行度	公差带是距离为公差值 t，且平行于基准面的两平行平面之间的区域 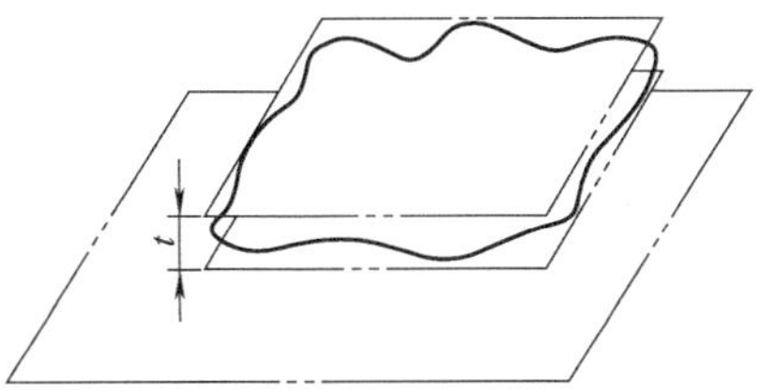 面对面	被测表面必须位于距离为公差值 0.05mm，且平行于基准表面 A（基准平面）的两平行平面之间 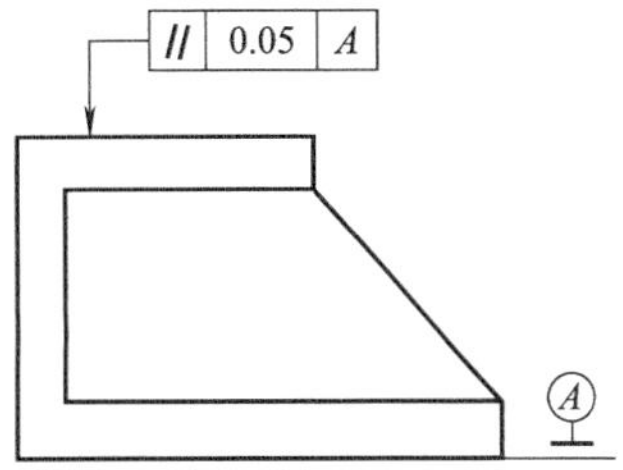 $\boxed{// \mid 0.05 \mid A}$
	公差带是距离为公差值 t，且平行于基准平面的两平行平面之间的区域 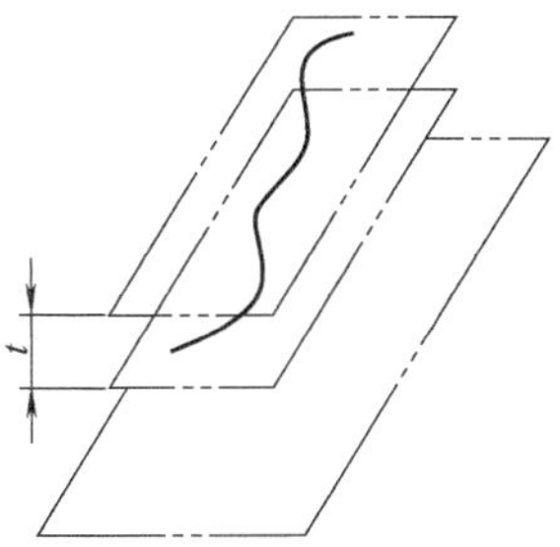 线对面	被测直线必须位于距离为公差值 0.03mm，且平行于基准表面 A（基准平面）的两平行平面之间 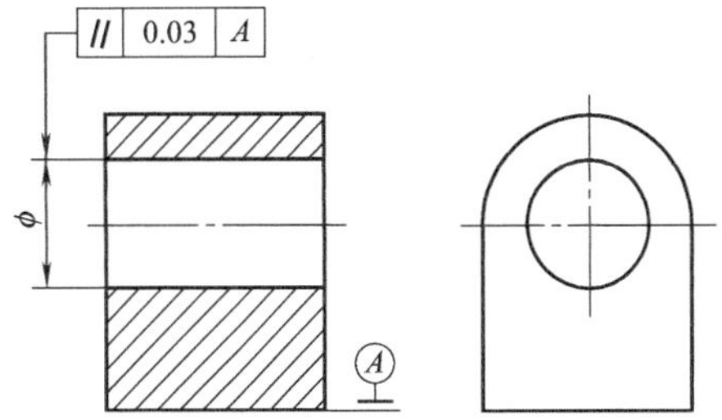 $\boxed{// \mid 0.03 \mid A}$
	公差带是距离为公差值 t，且平行于基准轴线的两平行平面之间的区域 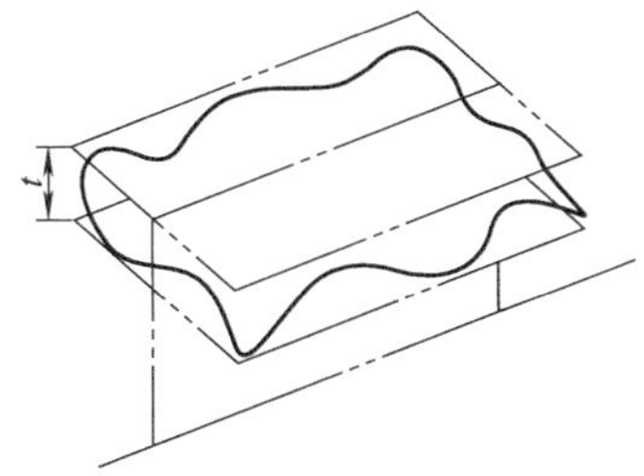 面对线	被测表面必须位于距离为公差值 0.05mm，且平行于基准线 A（基准轴线）的两平行平面之间 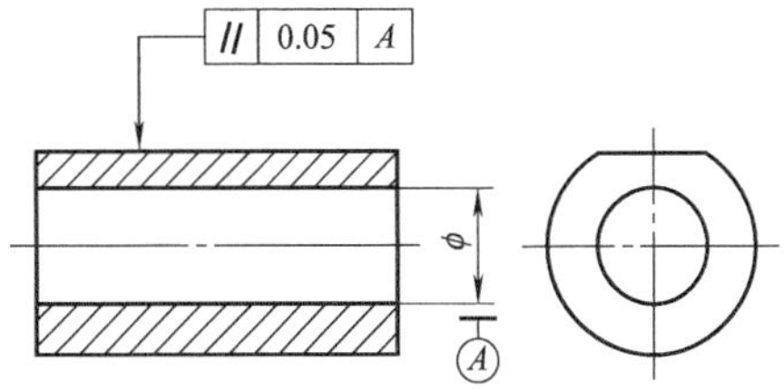 $\boxed{// \mid 0.05 \mid A}$

特征	公差带定义	标注和解释
平行度	公差带是距离为公差值 t，且平行于基准线，并位于给定方向上的两平行平面之间的区域 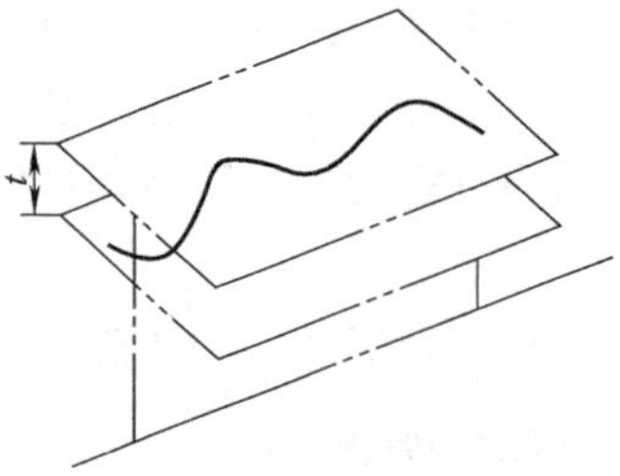 线对线	被测轴线必须位于距离为公差值 0.1mm，且在给定方向上平行于基准轴线的两平行平面之间 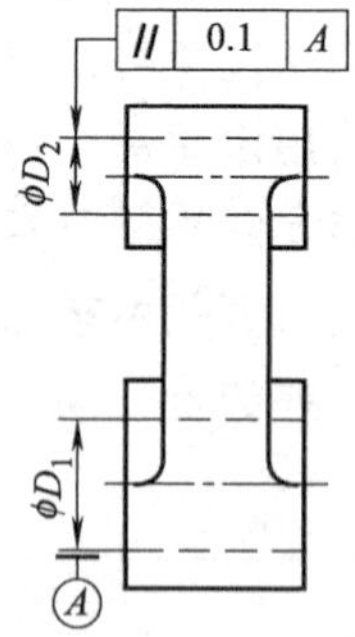 $\fbox{// | 0.1 | A}$
	如在公差值前加注 ϕ，公差带是直径为公差值 t，且平行于基准线的圆柱面内的区域 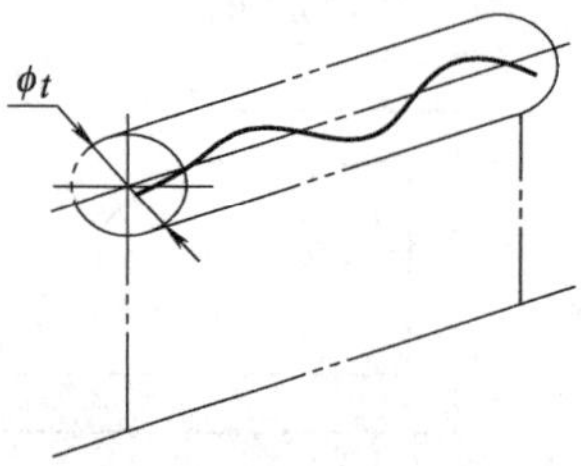 线对线	被测轴线必须位于直径为公差值 0.1mm，且平行于基准轴线的圆柱面内 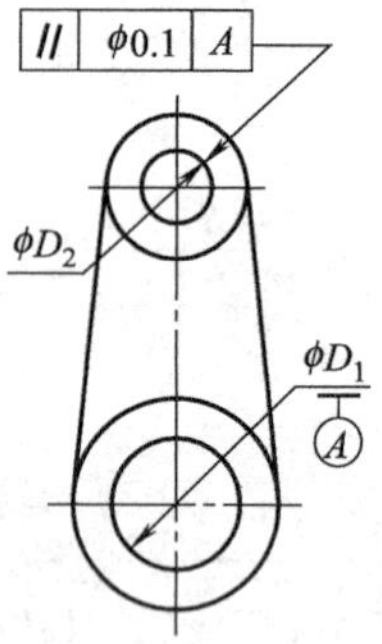 $\fbox{//	ϕ0.1	A}$
垂直度	公差带是距离为公差值 t，且垂直于基准平面的两平行平面之间的区域 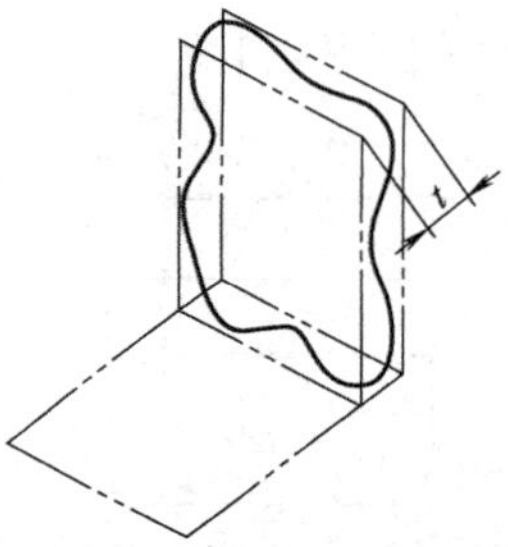 面对面	被测面必须位于距离为公差值 0.05mm，且垂直于基准平面 A 的两平行平面之间 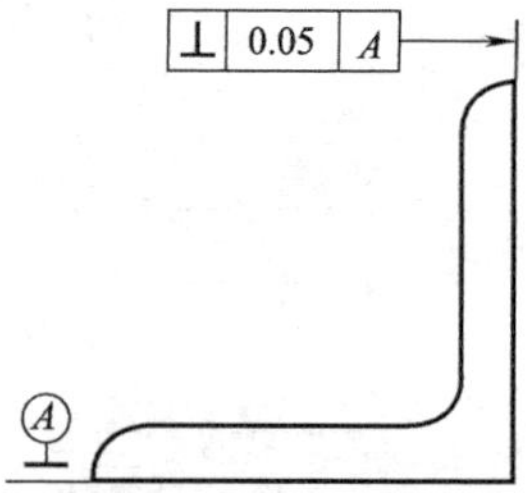 $\fbox{⊥ | 0.05 | A}$
倾斜度	公差带是距离为公差值 t，且与基准线成一给定角度 α 的两平行平面之间的区域 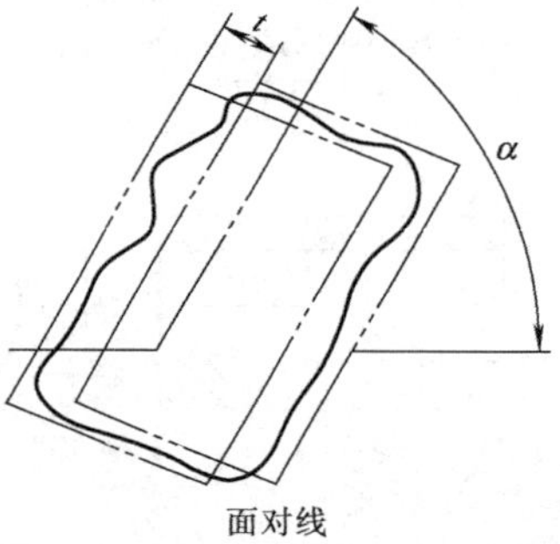 面对线	被测表面必须位于距离为公差值 0.1mm，且与基准线 A（基准轴线）成理论正确角度 75° 的两平行平面之间 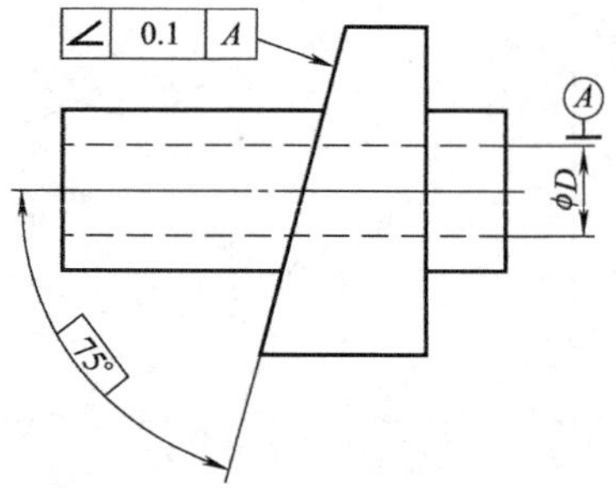 $\fbox{∠ | 0.1 | A}$

2. 定位公差

（1）定位公差的概念　定位公差是关联实际被测要素对具有确定位置的理想要素的允许变动全量。理想要素的位置由基准及理论正确尺寸确定。

定位公差带与其他形位公差带相比，具有如下特点：定位公差带具有确定的位置，定位公差带相对于基准的尺寸为理论正确尺寸，定位公差带具有综合控制被测要素的位置、方向和形状的功能。

定位公差值用定向最小包容区域的宽度或直径表示。定位最小包容区域是指按公差带要求的位置来包容实际被测要素时，具有最小宽度或最小直径的包容区域，它的形状与公差带一致，它的宽度或直径由被测实际要素本身决定。

（2）定位公差的特征项目　定位公差带的定义、标注和解释见表 3-6。

表 3-6　定位公差带定义、标注和解释

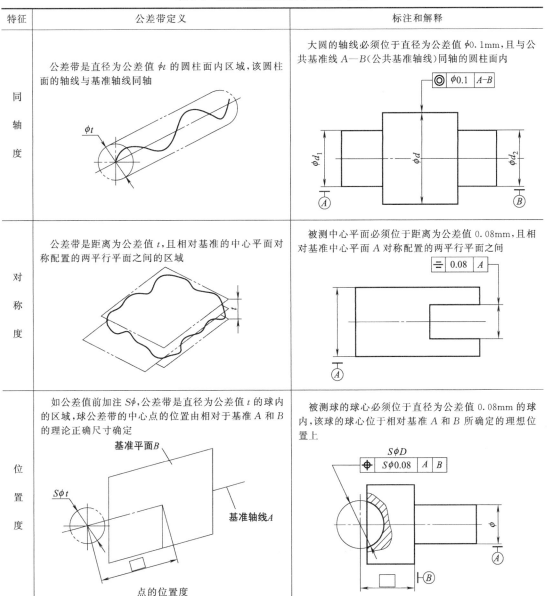

特征	公差带定义	标注和解释
同轴度	公差带是直径为公差值 ϕt 的圆柱面内区域,该圆柱面的轴线与基准轴线同轴	大圆的轴线必须位于直径为公差值 $\phi 0.1mm$,且与公共基准线 $A—B$（公共基准轴线）同轴的圆柱面内
对称度	公差带是距离为公差值 t,且相对基准的中心平面对称配置的两平行平面之间的区域	被测中心平面必须位于距离为公差值 $0.08mm$,且相对基准中心平面 A 对称配置的两平行平面之间
位置度	如公差值前加注 $S\phi$,公差带是直径为公差值 t 的球内的区域,球公差带的中心点的位置由相对于基准 A 和 B 的理论正确尺寸确定	被测球的球心必须位于直径为公差值 $0.08mm$ 的球内,该球的球心位于相对基准 A 和 B 所确定的理想位置上

续表

特征	公差带定义	标注和解释
位置度	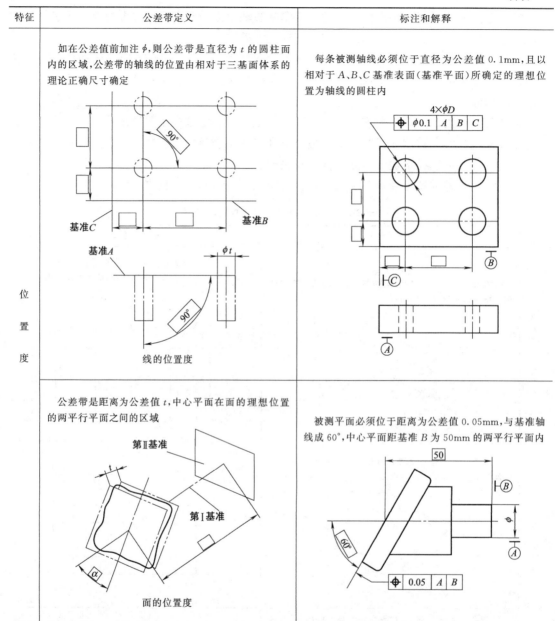	

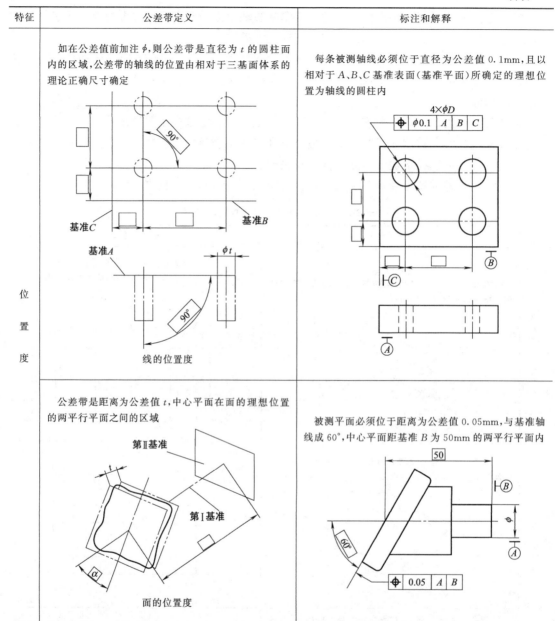

如在公差值前加注 ϕ,则公差带是直径为 t 的圆柱面内的区域,公差带的轴线的位置由相对于三基面体系的理论正确尺寸确定

线的位置度

每条被测轴线必须位于直径为公差值 0.1mm,且以相对于 A、B、C 基准表面(基准平面)所确定的理想位置为轴线的圆柱内

$4\times\phi D$

公差带是距离为公差值 t,中心平面在面的理想位置的两平行平面之间的区域

面的位置度

被测平面必须位于距离为公差值 0.05mm,与基准轴线成 $60°$,中心平面距基准 B 为 50mm 的两平行平面内

3. 跳动公差

（1）跳动公差的概念　跳动公差是关联实际要素绕基准轴线回转一周或连续回转时所允许的最大跳动量。它是以测量方法为依据规定的一种几何公差,用于综合限制被测要素的形状误差和位置误差。

跳动公差与其他形位公差相比具有如下特点：跳动公差带相对于基准轴线有确定的位置；跳动公差带可以综合控制被测要素的位置、方向和形状。

（2）跳动公差的特征项目　跳动公差有圆跳动和全跳动。圆跳动有径向圆跳动、端面圆跳动和斜向圆跳动。全跳动有径向全跳动和端面全跳动。跳动公差带定义、标注和解释见表 3-7。

表 3-7 跳动公差带定义、标注和解释

特征	公差带定义	标注和解释
圆跳动	公差带是在垂直于基准轴线的任一测量平面内半径差为公差值 t,且圆心在基准轴线上的两个同心圆之间的区域 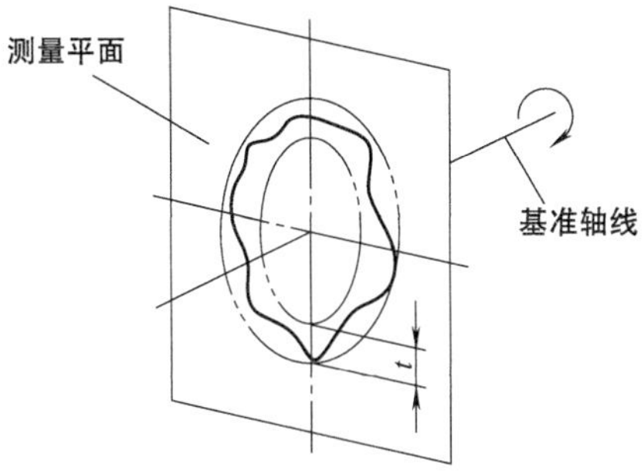 测量平面 基准轴线 径向圆跳动	当被测要素围绕基准线 A(基准轴线)作无轴向移动旋转一周时,在任一测量平面内的径向圆跳动量均不大于 0.05mm 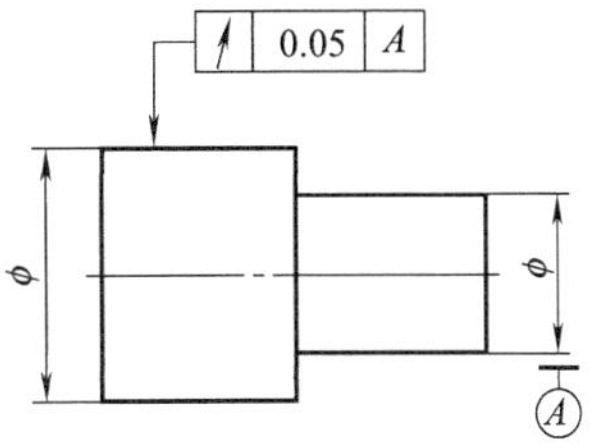 ┃ / ┃ 0.05 ┃ A ┃ ϕ ϕ Ⓐ
	公差带是在与基准同轴的任一半径位置的测量圆柱面上距离为 t 的圆柱面区域 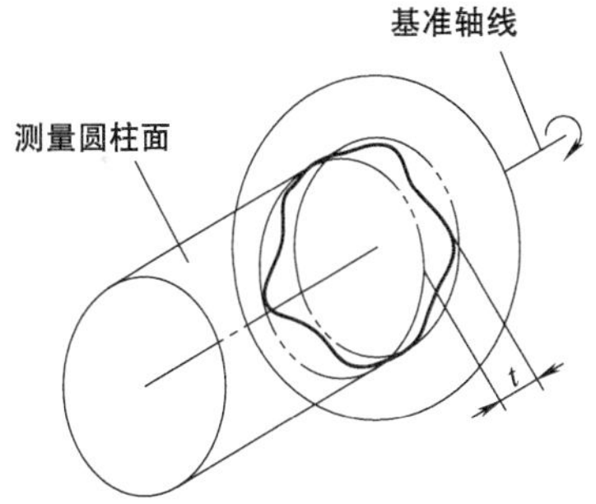 基准轴线 测量圆柱面 端面圆跳动	被测面绕基准线 A(基准轴线)作无轴向移动旋转一周时,在任一测量圆柱面内的轴向跳动量均不得大于 0.06mm 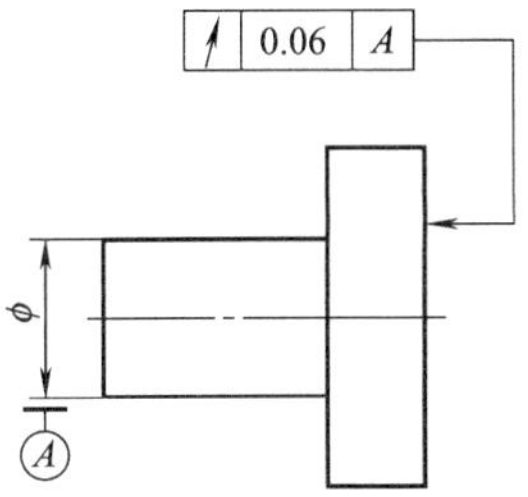 ┃ / ┃ 0.06 ┃ A ┃ ϕ Ⓐ
	公差带是在与基准轴线同轴的任一测量圆锥面上距离为 t 的两圆之间的区域,除另有规定,其测量方向应与被测面垂直 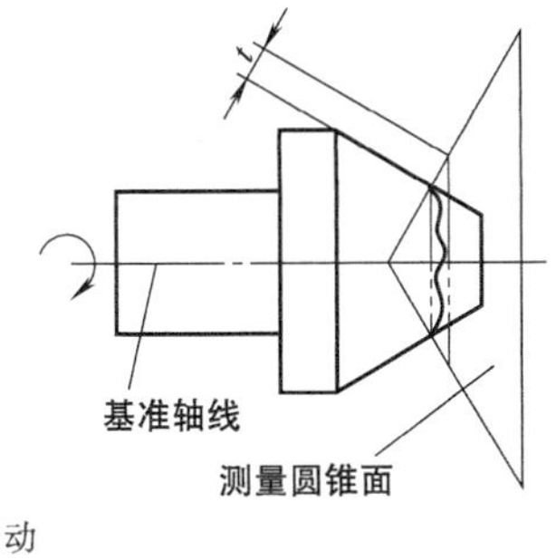 基准轴线 测量圆锥面 斜向圆跳动	被测面绕基准线 A(基准轴线)作无轴向移动旋转一周时,在任一测量圆锥面上的跳动量均不得大于 0.05mm 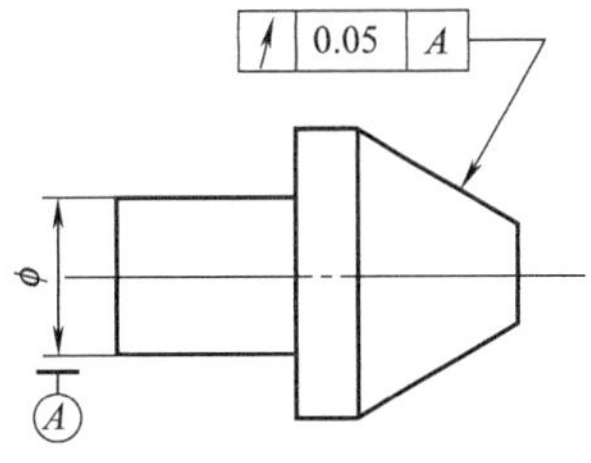 ┃ / ┃ 0.05 ┃ A ┃ ϕ Ⓐ
全跳动	公差带是半径差为公差值 t,且与基准同轴的两圆柱面之间的区域 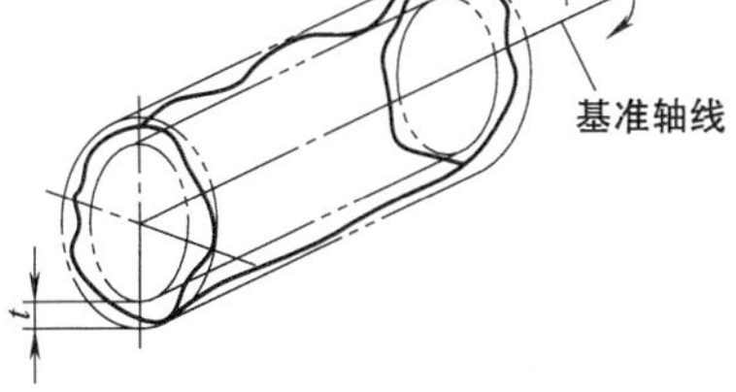 基准轴线 径向全跳动	被测要素围绕基准线 A-B 作若干次旋转,测量仪器与工件间同时作轴向移动,此时在被测要素上各点间的示值差均不得大于 0.2mm,测量仪器或工件必须沿着基准轴线方向并相对于公共基准轴线 A-B 移动 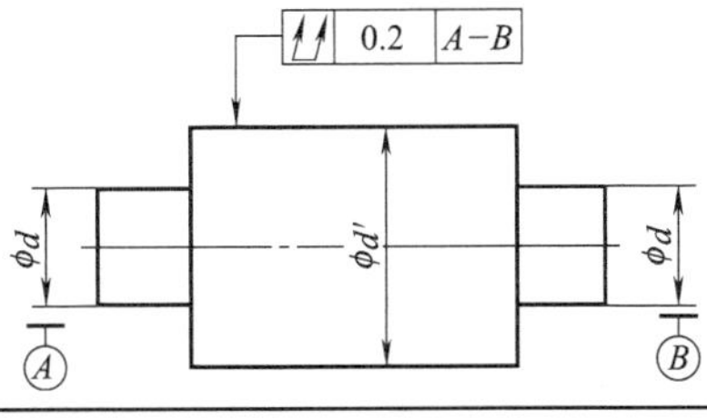 ┃ // ┃ 0.2 ┃ A-B ┃ ϕd $\phi d'$ ϕd Ⓐ Ⓑ

续表

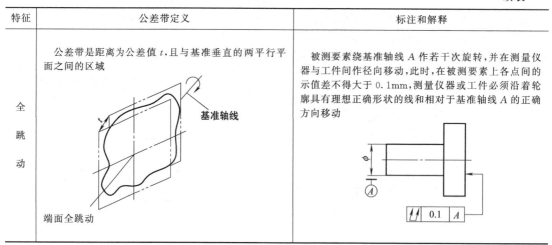

特征	公差带定义	标注和解释
全跳动	公差带是距离为公差值 t，且与基准垂直的两平行平面之间的区域 基准轴线 端面全跳动	被测要素绕基准轴线 A 作若干次旋转，并在测量仪器与工件间作径向移动，此时，在被测要素上各点间的示值差不得大于 0.1mm，测量仪器或工件必须沿着轮廓具有理想正确形状的线和相对于基准轴线 A 的正确方向移动

第四节　公差原则

公差原则是确定形位公差和尺寸公差之间的关系，在实际生产中，根据零部件的使用性能要求来确定两者之间的关系。

一、公差原则的有关术语及定义

1. 局部实际尺寸（简称实际尺寸）

在实际要素的任意横截面中的任一距离，即任何两相对点之间测得的距离为局部实际尺寸。孔的局部实际尺寸用 D_a 表示，轴的局部实际尺寸用 d_a 表示。

2. 体外作用尺寸

（1）单一要素的体外作用尺寸　在配合的全长上，与实际孔体外相接的最大理想轴的尺寸，称为孔的体外作用尺寸，用 D_{fe} 来表示；与实际轴体外相接的最小理想孔的尺寸，称为轴的体外作用尺寸，用 d_{fe} 来表示。孔的体外作用尺寸 D_{fe} 和轴的体外作用尺寸 d_{fe} 分别如图 3-23（a）和（b）所示。体外作用尺寸由对实际工件的测量得到。

（2）关联要素的体外作用尺寸　孔的关联体外作用尺寸是指在结合面的全长上，与实际孔内接的最大理想轴的尺寸，而该理想轴必须与基准要素保持图样上给定的几何关系。轴的关联体外作用尺寸是指在结合面的全长上，与实际轴外接的最小理想孔的尺寸，而该理想孔必须与基准要素保持图样上给定的几何关系，如图 3-24 所示。

从图 3-23 和图 3-24 中可以清楚地看出，弯曲孔的体外作用尺寸小于该孔的实际尺寸，弯曲轴的体外作用尺寸大于该轴的实际尺寸。通俗地讲，由于孔、轴存在形位误差 $t_{形位}$，当孔和轴配合时，孔显得小了，轴显得大了，因此不利于两者的装配。因此，轴的体外作用尺寸和孔的体外作用尺寸分别为

$$d_{fe} = d_a + t_{形位}$$
$$D_{fe} = D_a - t_{形位}$$

3. 体内作用尺寸

（1）单一要素的体内作用尺寸　在配合的全长上，与实际孔体内相接的最小理想轴的尺寸，称为孔的体内作用尺寸，用 D_{fi} 表示；与实际轴体内相接的最大理想孔的尺寸，称为轴

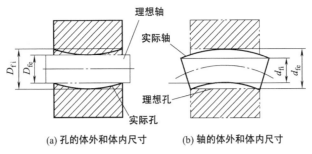

图 3-23 单一要素的作用尺寸

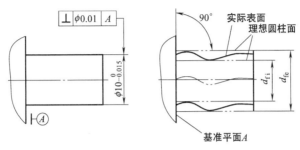

图 3-24 关联要素的作用尺寸

的体内作用尺寸,用 d_{fi} 表示。孔的体内作用尺寸和轴的体内作用尺寸分别如图 3-23 (a) 和 (b) 所示。体内作用尺寸由对实际工件的测量得到。

(2) 关联要素的体内作用尺寸 孔的关联体内作用尺寸是指在结合面的全长上,与实际孔外接的最小理想轴的尺寸,而该理想轴必须与基准要素保持图样上给定的几何关系。轴的关联体内作用尺寸是指在结合面的全长上,与实际轴内接的最大理想孔的尺寸,而该理想孔必须与基准要素保持图样上给定的几何关系。

同理可知,弯曲孔的体内作用尺寸大于该孔的实际尺寸,弯曲轴的体内作用尺寸小于该轴的实际尺寸。因此轴的体内作用尺寸和孔的体内作用尺寸分别为

$$d_{fi} = d_a - t_{形位}$$
$$D_{fi} = D_a + t_{形位}$$

4. 最大实体尺寸

孔或轴具有允许的材料量为最多时的状态,称为最大实体状态(MMC)。在此状态下的极限尺寸,称为最大实体尺寸(MMS),它是孔的最小极限尺寸和轴的最大极限尺寸的统称。轴的最大实体尺寸代号为 d_M,孔的最大实体尺寸代号为 D_M。

显然,根据极限尺寸和最大实体尺寸定义,对于某一图样中的某一轴或孔的有关尺寸应该满足下式:

$$d_M = d_{max}$$
$$D_M = D_{min}$$

5. 最小实体尺寸

孔或轴具有允许的材料量为最少时的状态,称为最小实体状态(简称 LMC)。在此状态下的极限尺寸,称为最小实体尺寸(LMS),它是孔的最大极限尺寸和轴的最小极限尺寸的统称。轴的最小实体尺寸代号为 d_L,孔的最小实体尺寸代号为 D_L。

显然，根据极限尺寸和最小实体尺寸的定义，对于某一图样中的某一轴或孔的有关尺寸应该满足下式：

$$d_L = d_{min}$$
$$D_L = D_{max}$$

6. 最大实体实效尺寸

在配合的全长上，孔、轴为最大实体尺寸，且其轴线的形状（单一要素）或位置误差（关联要素）等于给出公差值时的体外作用尺寸称为最大实体实效尺寸（MMVS）。轴的最大实体实效尺寸代号为 d_{MV}，孔的最大实体实效尺寸代号为 D_{MV}。

显然，根据定义，对于某一图样中的某一轴或孔的有关尺寸应该满足下式：

$$d_{MV} = d_M + t_{形位}$$
$$D_{MV} = D_M - t_{形位}$$

7. 最小实体实效尺寸

在配合的全长上，孔、轴为最小实体尺寸，且其轴线的形状（单一要素）或位置误差（关联要素）等于给出公差值时的体外作用尺寸称为最小实体实效尺寸（LMVS）。轴的最小实体实效尺寸代号为 d_{LV}，孔的最小实体实效尺寸代号为 D_{LV}。

显然，根据定义，对于某一图样中的某一轴或孔的有关尺寸应该满足下式：

$$d_{LV} = d_L - t_{形位}$$
$$D_{LV} = D_L + t_{形位}$$

8. 理想边界

理想边界是由设计给定的具有理想形状的极限包容面。这里需要注意，孔（内表面）的理想边界是一个理想轴（外表面）；轴（外表面）的理想边界是一个理想孔（内表面）。依据极限包容面的尺寸，与最大实体尺寸、最小实体尺寸、最大实体实效尺寸和最小实体实效尺寸相对应，边界的种类有最大实体边界（MMB）、最小实体边界（LMB）、最大实体实效边界（MMVB）和最小实体实效边界（LMVB）。

理想边界是设计时给定的，具有理想形状的极限边界，如图 3-25 所示。

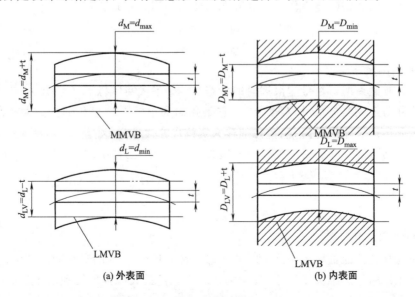

图 3-25　理想形状的极限边界

（1）最大实体边界（MMB边界） 当理想边界的尺寸等于最大实体尺寸时，该理想边界称为最大实体边界。

（2）最大实体实效边界（MMVB边界） 当理想边界尺寸等于最大实体实效尺寸时，该理想边界称为最大实体实效边界。

（3）最小实体边界（LMB边界） 当理想边界的尺寸等于最小实体尺寸时，该理想边界称为最小实体边界。

（4）最小实体实效边界（LMVB边界） 当理想边界尺寸等于最小实体实效尺寸时，该理想边界称为最小实体实效边界。

单一要素的实效边界没有方向或位置的约束；关联要素的实效边界应与图样上给定的基准保持正确的几何关系。

二、独立原则

1. 独立原则的含义和在图样上的表示方法

独立原则是指图样上无论注出的或未注出的尺寸公差与形位公差各自独立，彼此无关，分别满足各自要求的公差原则。

图样上凡是要素的尺寸公差和形位公差没有用特定的关系符号或文字说明它们有联系者，就表示它们遵循独立原则。由于图样上所有的公差中的绝大多数遵守独立原则，故该原则是公差原则中的基本公差原则。

2. 采用独立原则时尺寸公差和形位公差的职能

（1）尺寸公差的职能 尺寸公差仅控制被测要素的实际尺寸的变动量（把实际尺寸控制在给定的极限尺寸范围内），不控制该要素本身的形状误差。

（2）形位公差的职能 形位公差控制实际被测要素对其理想形状、方向或位置的变动量，而与该要素的实际尺寸无关。因此无论要素的实际尺寸大小如何，该要素的实际轮廓应不超出给出的形位公差带的区域，形位公差值不得大于给出的形位公差值。

独立原则的示例如图 3-26 所示。轴的局部实际尺寸应在最大极限尺寸与最小极限尺寸之间，即 $\phi 19.97$mm 至 $\phi 20$mm 之间，轴的素线直线度误差不得超过 0.06mm，其圆度误差不得超过 0.02mm。

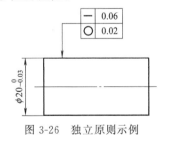

图 3-26 独立原则示例

独立原则一般用于对零件的形位公差有其独特的功能要求的场合。例如，机床导轨的直线度公差、平行度公差，检验平板的平面度公差等。

注意，独立原则无边界限制实际要素变化。

三、包容要求

1. 包容要求的含义

包容要求是指设计时应用边界尺寸为最大实体尺寸的边界（称为最大实体边界 MMB），来控制被测要素的实际尺寸和形状误差的综合结果，要求该要素的实际轮廓不得超出该边界。

应用包容要求时，被测实际要素（单一要素）的实体（体外作用尺寸）应遵守最大实体边界 MMB；被测实际要素的局部实际尺寸受最小实体尺寸所限；形状公差 t 与尺寸公差 T_h （T_s）有关，在最大实体状态下给定的形状公差值为零；当被测实际要素偏离最大实体状

MMC 时，才允许有形位误差存在，其允许值（即补偿值）等于被测实际要素偏离最大实体状态的偏离量，其偏离量的一般计算公式为 $t_2 = |MMS - D_a(d_a)|$；当实际要素处于最小实体状态时，允许的形位误差值最大，其允许值为尺寸公差值（即最大补偿值），即 $t_{2max} = T_h(T_s)$，这种情况下允许形状公差的最大值为 $t_{max} = t_{2max} = T_h(T_s)$。

2. 包容要求的标注标记和合格性判定

（1）单一要素遵守包容要求 当单一要素按包容要求给出公差时，需要在尺寸的上下偏差后面或尺寸公差带代号后面标注符号Ⓔ，如图 3-27 所示。当单一要素采用包容要求时，在最大实体边界 MMB 范围内，该要素的实际尺寸和形状误差相互依赖，所允许的形状误差值完全取决于实际尺寸的大小。

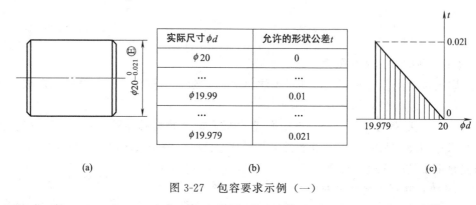

图 3-27 包容要求示例（一）

当轴的实际要素为最大实体尺寸（即轴的最大极限尺寸）$\phi 20$mm 时，则不允许存在形状误差（即补偿值为零）；若轴的实际尺寸偏离最大实体尺寸 $\phi 20$mm 时，如 $\phi 19.99$mm，允许有形状误差存在（0.01mm）；若轴的实际要素为最小实体尺寸（即轴的最小极限尺寸）$\phi 19.979$mm 时，则允许的形状误差最大为 0.021mm（即最大补偿值为尺寸公差值）。

图 3-28 中对轴线直线度公差提出了进一步要求，限制了形状公差的最大允许值。

图 3-28 包容要求示例（二）

（2）关联要素遵守包容要求 关联要素遵守包容要求时，必须在位置公差框格内写0Ⓜ，如图 3-29 所示。关联要素遵守包容要求时，要求其实际轮廓处处不得超越最大实体边界，且该边界应与基准保持图样上给定的几何关系，要素实际轮廓的局部实际尺寸不得超越最小实体尺寸。

3. 符合包容要求零件合格的条件

对于轴（外表面） $\qquad d_{fe} \leqslant d_{max} = d_M \ \text{且} \ d_a \geqslant d_{min} = d_L$

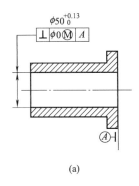

实际尺寸 ϕD	允许的垂直度公差t
$\phi 50$	$\phi 0$
...	...
$\phi 50.03$	$\phi 0.03$
...	...
$\phi 50.13$	$\phi 0.13$

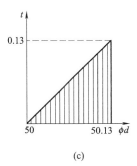

(a)　　　　　　　　　(b)　　　　　　　　　(c)

图 3-29　关联要素遵守包容要求

对于孔（内表面）　　　　$D_{fe} \geqslant D_{min} = D_M$ 且 $D_a \leqslant D_{max} = D_L$

式中　d_{fe}，D_{fe}——轴和孔的体外作用尺寸；

d_a，D_a——轴和孔的实际尺寸。

采用包容要求的单一要素，最大实体边界 MMB 应由极限量规通端控制，该通端的基本尺寸等于最大实体尺寸 MMS，原则上"通规"的长度应等于要素的配合长度，即全形量规。被测要素的局部实际尺寸应由极限量规的止端控制，该量规原则上应符合两点测量法。

4. 包容要求的应用及实例分析

（1）包容要求的应用　采用包容要求既可以控制实际要素的作用尺寸不超出最大实体边界，又可以利用尺寸公差控制要素的形状误差，提高零件的精度，所以常应用在以下几方面。

① 包容要求适用于圆柱面和由两平行平面组成的单一要素。

② 单一要素应用包容要求可以保证配合性质，特别是配合公差较小的精密配合要求，用最大实体边界综合控制实际尺寸和形状误差来保证所需要的最小间隙或最大过盈。

③ 两平行平面应用包容要求，除用于保证配合性质外，还用于只需要保证装配互换性的场合。

（2）实例分析

例 3-1　对图 3-27（a）作出解释。

解

（1）T、t 标注解释

被测轴的尺寸公差 $T_s = 0.021$mm，$d_M = d_{max} = \phi 20$mm，$d_L = d_{min} = \phi 19.979$mm；在最大实体状态下给定形状公差（轴线的直线度）$t = 0$，当被测要素偏离最大实体状态的尺寸时，形状公差获得补偿，当被测要素尺寸为最小实体状态的尺寸 $\phi 19.979$mm 时，形状公差（直线度）获得补偿最多，此时形状公差（轴线的直线度）的最大值可以等于尺寸公差 T_s，即 $t_{max} = 0.021$mm。

（2）动态公差图

动态公差图如图 3-27（c）所示，图形形状为直角三角形。

（3）遵守边界

遵守最大实体边界 MMB，其边界尺寸为 $d_M = \phi 20$mm。

（4）检验与合格条件

对于大批量生产，可采用光滑极限量规检验（用孔型的通规测头——模拟被测轴的最大

实体边界）。其符合条件为

$$d_{fe} \leqslant \phi 20mm \quad 且 \quad d_a \geqslant \phi 19.979mm$$

四、最大实体原则

1. 最大实体原则的含义

最大实体原则是指设计时应用边界尺寸为最大实体实效尺寸的边界（称为最大实体实效边界 MMVB），来控制被测要素的实际尺寸和形位误差的综合结果，要求该要素的实际轮廓不得超出该边界的一种公差原则。适用于中心要素有形位公差要求的情况。

应用最大实体原则时，被测实际要素（多为关联要素）的实际轮廓（体外作用尺寸）应遵守最大实体实效边界 MMVB；被测实际要素的局部实际尺寸同时受最大实体尺寸和最小实体尺寸所限；形位公差 t 与尺寸公差 T_h（或 T_s）有关，在最大实体状态下给定的形位公差值（多为位置公差）t_1 不为零（一定大于零，当为零时，是一种特殊情况——最大实体原则的零形位公差）；当被测实际要素偏离最大实体状态 MMC 时，形位公差获得补偿，其补偿量来自尺寸公差（即被测实际要素偏离最大实体尺寸的量，相当于尺寸公差富余的量，可作为补偿量），其补偿量的一般计算公式为

$$t_2 = |MMS - D_a(d_a)|$$

当被测实际要素为最小实体状态时，形位公差获得补偿量最多，即 $t_{2max} = T_h(T_s)$，这种情况下允许形位公差的最大值为

$$t_{max} = t_{2max} + t_1 = T_h(T_s) + t_1$$

2. 图样标注、合格性判定及应用场合

（1）最大实体原则的图样标注

① 最大实体原则应用于被测要素　当最大实体原则应用于被测要素时，则被测要素的形位公差值是在该要素处于最大实体状态时给定的。常用于需保证装配成功的螺栓或螺钉连接处（即法兰盘上的连接用孔组或轴承盖上的连接用孔组）的中心要素，一般是孔组轴线的位置度，还有槽类的对称度和同轴度。最大实体原则在零件图样上的标注标记是在被测要素的形位公差框格中的形位公差值 t_1 后面加写Ⓜ，如图 3-30 所示。

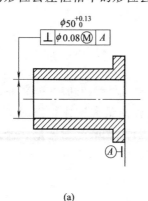

实际尺寸 ϕD	允许的垂直度公差 t
$\phi 50$	$\phi 0.08$
...	...
$\phi 50.03$	$\phi 0.11$
...	...
$\phi 50.13$	$\phi 0.21$

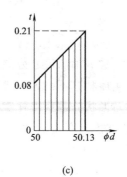

(a)　　　　　　(b)　　　　　　(c)

图 3-30　最大实体要求的应用（一）

② 最大实体原则应用于基准要素　当最大实体原则应用于基准要素，而基准要素本身又要求遵守包容要求时，则被测要素的位置公差值是在该基准要素处于最大实体状态时给定的，其最大实体原则在零件图样上的标注标记是在被测要素的形位公差框格中的基准字母后面加写Ⓜ，如图 3-31 所示。

图 3-31 所示为最大实体原则应用于被测和基准要素，而基准要素又要求遵守包容要求时的应用示例。

图 3-32 所示为最大实体原则应用于被测和基准要素，而基准要素也要求遵守最大实体原则时的应用示例。此时，基准要素应遵守最大实体实效边界。

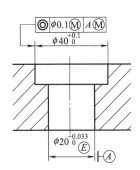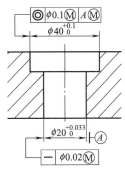

图 3-31 最大实体要求的应用（二）　　　图 3-32 最大实体要求的应用（三）

③ 基准要素采用相关要求、被测要素为成组要素　当最大实体原则应用于成组被测要素，则基准要素偏离最大实体状态（或实效状态）所获得的增加量（即补偿值）只能补偿给整个要素，而不能使各要素间的位置公差值增大。其标注标记也是在被测要素的形位公差框格中的基准字母后面加写Ⓜ，图 3-33 所示为最大实体原则应用于成组被测要素的标注示例。

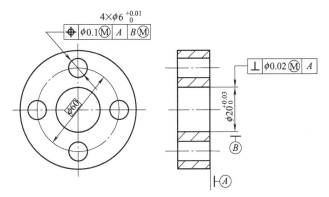

图 3-33 最大实体要求的应用（四）

符合最大实体原则的被测实际要素的零件合格条件如下。

对于孔（内表面）　$D_{fe} \geqslant D_{MV} = D_{min} - t_1$ 且 $D_{min} = D_M \leqslant D_a \leqslant D_L = D_{max}$

对于轴（外表面）　$d_{fe} \leqslant d_{MV} = d_{max} + t_1$ 且 $d_{max} = d_M \geqslant d_a \geqslant d_L = d_{min}$

式中　d_{fe}，D_{fe}——轴和孔的体外作用尺寸；

d_a，D_a——轴和孔的实际尺寸；

d_{MV}，D_{MV}——轴和孔的最大实体实效尺寸。

（2）最大实体原则合格性判断　要判断被测要素是否合格，一是检验被测要素局部实际尺寸是否超出极限尺寸，可采用一般计量器具按两点法进行测量；二是检验被测要素作用尺寸是否超出最大实体实效尺寸，可采用综合量规进行检验。

（3）最大实体原则应用的场合　最大实体原则是在装配互换性基础上建立起来的，因此它主要应用在要求装配互换性的场合。

① 最大实体原则主要用于零件精度比较低（尺寸精度、形位精度较低），配合性质要求

不严,但要求能装配上的场合。

② 最大实体原则只有零件的中心要素(轴线、球心、圆心或中心平面)才具备应用条件。对于平面、素线等非中心要素不存在尺寸公差对形位公差的补偿问题。

③ 凡是零件功能允许,而又适用最大实体原则的部位,都应广泛采用最大实体原则的形位公差标注以获得最大的技术经济效益。

3. 可逆要求用于最大实体原则

可逆要求是指在不影响零件功能的前提下,当被测轴线、中心平面等被测中心要素的形位误差值小于图样上标注的形位公差值时,允许对应被测轮廓要素的尺寸公差值大于图样上标注的尺寸公差值。这表示在被测要素的实际轮廓不超出其最大实体实效边界的条件下,允许被测要素的尺寸公差补偿其形位公差,同时也允许被测要素的形位公差补偿其尺寸公差;当被测要素的形位误差值小于图样上标注的形位公差值或等于零时,允许被测要素的实际尺寸超出其最大实体尺寸,甚至可以等于其最大实体实效尺寸。

可逆要求用于最大实体原则的标注标记是在被测要素的形位公差框格中的位置公差值后面标注双重符号ⓂⓇ,如图 3-34 所示。

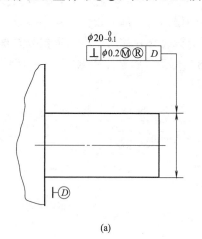

实际尺寸 ϕd	允许的垂直度公差 t
$\phi 20.2$	$\phi 0$
...	...
$\phi 20.1$	$\phi 0.1$
...	...
$\phi 19.95$	$\phi 0.25$
...	...
$\phi 19.9$	$\phi 0.3$

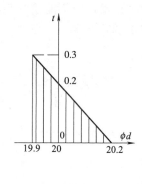

(a)　　　　　　　　　　(b)　　　　　　　　　　(c)

图 3-34　可逆要求用于最大实体原则

4. 最大实体原则的实例分析

例 3-2　对图 3-29 (a) 作出解释。

解

(1) T、t 标注解释

被测孔的尺寸公差 $T_h = 0.13mm$,$D_M = D_{min} = \phi 50mm$,$D_L = D_{max} = \phi 50.13mm$;在最大实体状态下给定形位公差(垂直度)$t_1 = \phi 0mm$,当被测要素偏离最大实体状态的尺寸时,形位公差(垂直度)获得补偿,当被测要素尺寸为最小实体状态的尺寸 $\phi 50.13mm$ 时,形位公差(垂直度)获得补偿最多,此时形位公差(垂直度)的最大值可以等于给定形位公差 t_1 与尺寸公差 T_h 的和,即 $t_{max} = 0 + 0.13 = 0.13mm$。

(2) 动态公差图

动态公差图如图 3-29 (c) 所示,图形形状为直角三角形。

(3) 遵守边界

被测孔遵守最大实体实效边界 MMVB,其边界尺寸为 $D_{MV} = D_{min} - t_1 = \phi 50 - \phi 0 =$

$\phi 50$mm，显然就是最大实体边界。

（4）检验与合格条件

对于大批量生产，可采用位置量规（用轴型通规——模拟被测孔的最大实体实效边界）检验被测要素的体外作用尺寸 D_{fe}，采用两点法检验被测要素的局部实际尺寸 D_a，其符合条件为 $\phi 50$mm$\leqslant D_a \leqslant \phi 50.13$mm 且 $D_{fe} \geqslant \phi 50$mm。

例 3-3 对图 3-30（a）作出解释。

解

（1）T、t 标注解释

被测孔的尺寸公差 $T_h = 0.13$mm，$D_M = D_{min} = \phi 50$mm，$D_L = D_{max} = \phi 50.13$mm；在最大实体状态下给定形位公差（垂直度）$t_1 = \phi 0.08$mm，当被测要素偏离最大实体状态的尺寸时，形位公差获得补偿，当被测要素尺寸为最小实体状态的尺寸 $\phi 50.13$mm 时，形位公差（垂直度）获得补偿最多，此时形位公差（垂直度）的最大值可以等于给定形位公差 t_1 与尺寸公差 T_h 的和，即 $t_{max} = 0.08 + 0.13 = 0.21$mm。

（2）动态公差图

动态公差图如图 3-30（c）所示，图形形状为具有两直角的梯形。

（3）遵守边界

被测孔遵守最大实体实效边界 MMVB，其边界尺寸为 $D_{MV} = D_{min} - t_1 = \phi 50 - 0.08 = \phi 49.92$mm。

（4）检验与合格条件

对于大批量生产，可采用位置量规（用轴型通规——模拟被测孔的最大实体实效边界）检验被测要素的体外作用尺寸 D_{fe}，采用两点法检验被测要素的局部实际尺寸 D_a，其符合条件为 $\phi 50$mm$\leqslant D_a \leqslant \phi 50.13$mm 且 $D_{fe} \geqslant \phi 49.92$mm。

例 3-4 对图 3-34（a）作出解释。

解

（1）T、t 标注解释

此为可逆要求用于最大实体原则的轴线问题。

被测轴的尺寸公差 $T_s = 0.1$mm，即 $d_M = d_{max} = \phi 20$mm，$d_L = d_{min} = \phi 19.9$mm；在最大实体状态下（$\phi 20$mm）给定形位公差 $t_1 = \phi 0.2$mm，当被测要素偏离最大实体状态的尺寸时，形位公差获得补偿，当被测要素尺寸为最小实体状态的尺寸 $\phi 19.9$mm 时，形位公差获得补偿最多，此时形位公差的最大值可以等于给定形位公差 t_1 与尺寸公差 T_s 的和，$t_{max} = 0.2 + 0.1 = 0.3$mm。

（2）可逆解释

在被测要素轴的形位误差（轴向垂直度）小于给定形位公差的条件下，即 $f_\perp < 0.2$mm 时，被测要素的尺寸误差可以超差，即被测要素轴的实际尺寸可以超出极限尺寸 $\phi 20$mm，但不可以超出所遵守的边界（最大实体实效边界）尺寸 $\phi 20.2$mm。图 3-34（c）中横轴的 $\phi 20 \sim 20.2$mm 为尺寸误差可以超差的范围（或称可逆范围）。

（3）动态公差图

动态公差图如图 3-34（c）所示，图形形状为直角三角形。

（4）遵守边界

被测孔遵守最大实体实效边界 MMVB，其边界尺寸为 $D_{MV} = D_{max} + t_1 = \phi 20 +$

$\phi 0.2 = \phi 20.2 \text{mm}$。

（5）检验与合格条件

对于大批量生产，可采用位置量规（用轴型通规——模拟被测孔的最大实体实效边界）检验被测要素的体外作用尺寸 d_{fe}，采用两点法检验被测要素的实际尺寸 d_a，其符合条件为 $\phi 19.9 \text{mm} \leqslant d_a \leqslant \phi 20 \text{mm}$ 且 $d_{fe} \leqslant \phi 20.2 \text{mm}$。当 $f_\perp < 0.2 \text{mm}$ 时，$\phi 19.9 \text{mm} \leqslant d_a \leqslant \phi 20.2 \text{mm}$

五、最小实体原则

1. 最小实体原则的含义

最小实体原则是指设计时应用边界尺寸为最小实体实效尺寸的边界（称为最小实体实效边界 LMVB），来控制被测要素的实际尺寸和形位误差的综合结果，要求该要素的实际轮廓不得超出该边界的一种公差原则，适用于中心要素有形位公差要求的情况。

应用最小实体原则时，被测实际要素（关联要素）的实体（体内作用尺寸）遵守最小实体实效边界 LMVB；被测实际要素的局部实际尺寸同时受最大实体尺寸和最小实体尺寸所限；形位公差 t 与尺寸公差 T_h（或 T_s）有关，在最小实体状态下给定的形位公差值（多为位置公差）t_1 不为零（一定大于零，当为零时，是一种特殊情况——最小实体原则的零形位公差）；当被测实际要素偏离最小实体状态 LMC 时，形位公差获得补偿，其补偿量来自尺寸公差（即被测实际要素偏离最小实体状态的量，相当于尺寸公差富余的量，可作为补偿量），其补偿量的一般计算公式为

$$t_2 = |\text{LMS} - D_a(d_a)|$$

当被测实际要素为最小实体状态时，形位公差获得补偿量最多，即 $t_{2max} = T_h(T_s)$，这种情况下允许形状公差的最大值为

$$t_{max} = t_{2max} + t_1 = T_h(T_s) + t_1$$

2. 图样标注、合格性判定及应用场合

（1）最小实体原则的图样标注

① 最小实体原则应用于被测要素　当最小实体原则应用于被测要素时，被测要素实际轮廓不得超出最小实体实效边界，即其体内作用尺寸不得超出其最小实体实效尺寸，且其局部实际尺寸不超出最大实体尺寸和最小实体尺寸。若被测要素实际轮廓偏离其最小实体状态，即其实际尺寸偏离最小实体尺寸时，形位误差值可超出在最小实体状态下给出的形位公差值，即此时的形位公差值可以增大。常用于需要保证最小壁厚处（如空心的圆柱凸台、带孔的小垫圈等）的中心要素，一般是中心轴线的位置度、同轴度等。最小实体原则在零件图样上的标注标记是在被测要素的形位公差框格中的形位公差值 t_1 后面加写 Ⓛ，如图 3-35 所示。

② 最小实体原则应用于基准要素　当最小实体原则应用于基准要素时，基准要素应遵守相应的边界。若基准要素的实际轮廓偏离相应的边界，即其体内作用尺寸偏离相应的边界尺寸，则允许基准要素在其体内作用尺寸与相应边界尺寸之差的范围内浮动。基准要素的浮动会改变被测要素相对于它的位置误差值。图 3-36、图 3-37 所示为基准要素本身采用最小实体原则的情况。

（2）最小实体原则的零件的合格条件

对于轴（外表面）　$d_{fi} \geqslant d_{LV} = d_{min} - t_1$ 且 $d_{max} = d_M \geqslant d_a \geqslant d_L = d_{min}$

对于孔（内表面）　$D_{fi} \leqslant D_{LV} = D_{max} + t_1$ 且 $D_{min} = D_M \leqslant D_a \leqslant D_L = D_{max}$

式中　d_{fi}，D_{fi}——轴和孔的体内作用尺寸；

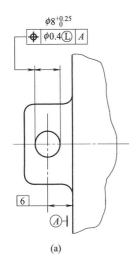

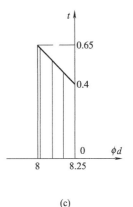

实际尺寸	允许的位置度公差
ϕD	t
$\phi 8.25$	$\phi 0.4$
...	...
$\phi 8.10$	$\phi 0.55$
...	...
$\phi 8$	$\phi 0.65$

(a)　　　　　　　　　　(b)　　　　　　　　　　(c)

图 3-35　最小实体要求应用于被测要素

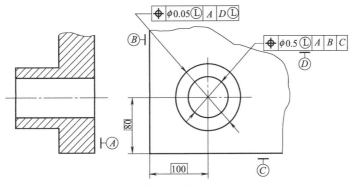

图 3-36　最小实体要求应用于基准要素（一）

d_a，D_a——轴和孔的实际尺寸；

d_{LV}，D_{LV}——轴和孔的最大实体实效尺寸。

（3）最小实体原则应用的场合

① 对于只靠过盈传递转矩的配合零件，无论在装配中孔、轴中心要素的形位误差发生了什么变化也必须保证有一定的过盈量，此时应考虑孔、轴应均采用最小实体原则。

② 最小实体原则仅用于中心要素。应用最小实体原则的目的是保证零件的最小壁厚和设计强度。

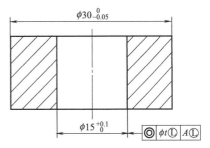

图 3-37　最小实体要求应用于基准要素（二）

3. 最小实体原则的零形位公差

最小实体原则应用于关联要素而给出的最小实体状态下的位置公差值为零，称为最小实体原则的零形位公差。在这种情况下，被测要素的最小实体实效边界就是最小实体边界。对位置公差而言，最小实体原则的零形位公差比起最小实体原则来要更严格。零形位公差必须在位置公差框格内写 0Ⓛ，如图 3-38 所示。

4. 可逆要求用于最小实体原则

可逆要求是指在不影响零件功能的前提下，当被测轴线、中心平面等被测中心要素的形位误差值小于图样上标注的形位公差值时，允许对应被测轮廓要素的尺寸公差值大于图样上

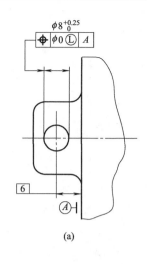

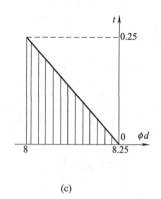

实际尺寸	允许的位置度公差
ϕD	t
$\phi 8.25$	$\phi 0$
...	...
$\phi 8.10$	$\phi 0.15$
...	...
$\phi 8$	$\phi 0.25$

(a)　　　　　　(b)　　　　　　(c)

图 3-38　最小实体要求的零形位公差

标注的尺寸公差值。这表示在被测要素的实际轮廓不超出其最小实体实效边界的条件下，允许被测要素的尺寸公差补偿其形位公差，同时也允许被测要素的形位公差补偿其尺寸公差；当被测要素的形位误差值小于图样上标注的形位公差值或等于零时，允许被测要素的实际尺寸超出其最大实体尺寸，甚至可以等于其最小实体实效尺寸。

可逆要求用于最小实体原则的标注标记是在被测要素的形位公差框格中的位置公差值后面标注双重符号Ⓛ®，如图 3-39 所示。

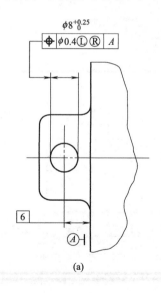

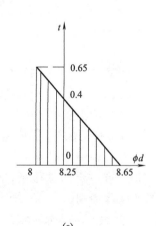

实际尺寸	允许的位置度
ϕd	公差 t
$\phi 8.65$	$\phi 0$
...	...
$\phi 8.45$	$\phi 0.2$
...	...
$\phi 8.1$	$\phi 0.55$
...	...
$\phi 8$	$\phi 0.65$

(a)　　　　　　(b)　　　　　　(c)

图 3-39　可逆要求用于最小实体要求

5. 最小实体原则的实例分析

例 3-5　对图 3-35（a）作出解释。

解

（1）T、t 标注解释

被测孔的尺寸公差 $T_h = 0.25\text{mm}$，$D_M = D_{\min} = \phi 8\text{mm}$，$D_L = D_{\max} = \phi 8.25\text{mm}$；在最小实体状态下给定形位公差（位置度）$t_1 = \phi 0.4\text{mm}$，当被测要素偏离最大实体状态的尺寸 $\phi 8.25\text{mm}$ 时，形位公差位置度获得补偿，当被测要素尺寸为最大实体状态的尺寸 $\phi 8\text{mm}$ 时，

形位公差位置度获得补偿最多，此时形位公差的最大值可以等于形位公差 t_1 与尺寸公差 T_h 的和，即 $t_{max} = 0.4 + 0.25 = 0.65mm$。

（2）动态公差图

动态公差图如图 3-35（c）所示，图形形状为具有两直角的梯形。

（3）遵守边界

被测孔遵守最小实体实效边界 LMVB，其边界尺寸为 $D_{LV} = D_{max} + t_1 = \phi 8.25 + \phi 0.4 = \phi 8.65mm$。

（4）检验与合格条件

被测要素的体内作用尺寸 D_{fi} 和局部实际尺寸 D_a，其符合条件为 $D_{fi} \leqslant \phi 8.65mm$ 且 $8mm \leqslant D_a \leqslant \phi 8.25mm$。

例 3-6 对图 3-38（a）作出解释。

解

（1）T、t 标注解释

最小实体原则的特殊情况中的零形位公差。

被测孔的尺寸公差 $T_h = 0.25mm$，$D_M = D_{min} = \phi 8mm$，$D_L = D_{max} = \phi 8.25mm$；在最小实体状态下给定被测孔的形位公差位置度 $t_1 = 0$，当被测要素尺寸偏离最小实体状态时，形位公差获得补偿，当被测要素尺寸为最大实体状态的尺寸 $\phi 8mm$ 时，形位公差（位置度）获得补偿最多，此时形位公差具有的最大值可以等于定形公差 t_1 与尺寸公差 T_h 的和，即 $t_{max} = 0 + 0.25 = 0.25mm$。

（2）动态公差图

动态公差图如图 3-38（c）所示，图形形状为直角三角形。

（3）遵守边界

被测孔遵守最小实体实效边界 LMVB，其边界尺寸为 $D_{LV} = D_{max} + t_1 = \phi 8.25 + 0 = \phi 8.25mm$。

（4）合格条件

被测要素的体内作用尺寸 D_{fi}，采用两点法检验被测要素的局部实际尺寸 D_a，其符合条件为 $D_{fi} \leqslant \phi 8.25mm$ 且 $8mm \leqslant D_a \leqslant \phi 8.25mm$。

例 3-7 对图 3-39（a）作出解释。

解

（1）T、t 标注解释

此为可逆要求用于最大实体原则的孔的位置度问题。

被测孔的尺寸公差 $T_h = 0.25mm$，即 $D_M = D_{min} = \phi 8mm$，$D_L = D_{max} = \phi 8.25mm$；在最小实体状态下（$\phi 8.25mm$）给定形位公差 $t_1 = \phi 0.4mm$，当被测要素偏离最小实体状态的尺寸时，形位公差获得补偿，当被测要素尺寸为最大实体状态的尺寸 $\phi 8mm$ 时，形位公差获得补偿最多，此时形位公差具有的最大值可以等于给定形位公差 t_1 与尺寸公差 T_h 的和，$t_{max} = 0.25 + 0.4 = 0.65mm$。

（2）可逆解释

在被测要素孔的形位误差（位置度）小于给定形位公差的条件下，即 $f < 0.4mm$ 时，被测要素的尺寸误差可以超差，即被测要素轴的实际尺寸可以超出极限尺寸 $\phi 8.25mm$，但不可以超出所遵守的边界尺寸 $\phi 8.65mm$。图 3-39（c）中横轴的 $\phi 8.25 \sim 8.65mm$ 为孔尺寸

误差可以超差的范围（或称可逆范围）。

（3）动态公差图

动态公差图如图 3-39（c）所示，图形形状为直角三角形。

（4）遵守边界

被测孔遵守最小实体实效边界 LMVB，其边界尺寸为 $D_{LV} = D_{max} + t_1 = \phi 8.25 + \phi 0.4 = \phi 8.65 mm$。

（5）合格条件

被测要素的体内作用尺寸 D_{fi} 和被测要素的局部实际尺寸 D_a，其符合条件为 $D_{fi} \leqslant \phi 8.25 mm$ 且 $8mm \leqslant D_a \leqslant \phi 8.25 mm$。当 $f < 0.4 mm$ 时，$8mm \leqslant D_a \leqslant \phi 8.65 mm$。

第五节　形位公差的选择

形位误差直接影响着零部件的旋转精度、连接强度和密封性以及载荷均匀性等，因此，正确、合理地选用形位公差，对保证机器或仪器的功能要求和提高经济效益具有十分重要的意义。

在对零件规定形位公差时，主要考虑的是规定适当的公差项目、确定采用何种公差原则、给出公差数值、对位置公差还应给定测量基准等，这些要求最后都应该按照国家标准的规定正确地标注在图样上。

一、形位公差特征项目及基准要素的选择

形位公差特征项目的选择原则是：考虑要素的几何特征、结构特点及零件的使用要求，并考虑检测的方便和经济效益。可从以下几个方面考虑。

1. 零件的几何特征

零件几何特征不同，会产生不同的形位误差。如对圆柱形零件，可选择圆度、圆柱度、轴心线直线度及素线直线度等；平面零件可选择平面度；窄长平面可选直线度；槽类零件可选对称度；阶梯轴、孔可选同轴度等。

2. 零件的功能要求

根据零件不同的功能要求，给出不同的形位公差项目。例如圆柱形零件，当仅需要顺利装配时，可选轴心线的直线度；如果孔、轴之间有相对运动，应均匀接触，或为保证密封性，应标注圆柱度公差以综合控制圆度、素线直线度和轴线直线度（如柱塞与柱塞套、阀芯及阀体等）。又如为保证机床工作台或刀架运动轨迹的精度，需要对导轨提出直线度要求；对安装齿轮轴的箱体孔，为保证齿轮的正确啮合，需要提出孔心线的平行度要求；为使箱体、端盖等零件上的螺栓孔能顺利装配，应规定孔组的位置度公差等。

3. 检测的方便性

确定形位公差特征项目时，要考虑到检测的方便性与经济性。例如对轴类零件，可用径向全跳动综合控制圆柱度、同轴度；用端面全跳动代替端面对轴线的垂直度。因为跳动误差检测方便，又能较好地控制相应的形位误差。例如对圆柱体检查时，圆柱度是理想的项目，但是由于圆柱度检查不方便，故可以选用圆度、直线度和素线平行度几个分项等进行控制。又如径向圆跳动可综合控制圆度和同轴度误差，而径向圆跳动检测简单易行，所以在不影响设计要求的前提下，可尽量选用径向圆跳动公差项目。

总之，在满足功能要求的前提下，尽量减少项目，以获得较好的经济效益。设计者只有

在充分地明确所设计的零件的精度要求，熟悉零件的加工工艺和有一定的检测经验的情况下，才能对零件提出合理、恰当的形位公差项目。

二、公差原则的选择

对同一零件上同一要素，既有尺寸公差要求又有形位公差要求时，要确定它们之间的关系，即确定选用何种公差原则或公差要求。

如前所述，当对零件有特殊功能要求时，采用独立原则。例如，对测量用的平板要求其工作面平面度要好，因此提出平面度公差。对检验直线度误差用的刀口直尺，提出其刃口直线度公差。独立原则是处理形位公差和尺寸公差关系的基本原则，应用较为普遍。

为了严格保证零件的配合性质，即保证相配合件的极限间隙或极限过盈满足设计的要求，对重要的配合常采用包容要求。例如齿轮的内孔与轴的配合，如需严格地保证其配合性质时，则齿轮内孔与轴颈都应采用包容要求。当采用包容要求时，形位误差由尺寸公差来控制，若用尺寸公差控制形位误差仍满足不了要求时，可以在采用包容要求的前提下，对形位公差提出更严格的要求，当然，此时的形位公差值只能占尺寸公差值的一部分。

对于仅需保证零件的可装配性，而为了便于零件的加工制造时，可以采用最大实体要求和可逆要求等。例如法兰盘上或箱体盖上孔的位置度公差采用最大实体要求，螺钉孔与螺钉之间的间隙可以给孔间位置度公差以补偿值，从而降低了加工成本，利于装配。而应用最小实体要求的目的是保证零件的最小壁厚和设计强度。

表 3-8 对公差原则的应用场合进行了总结，供选择参考。

表 3-8　公差原则应用场合

公差原则	应 用 场 合
独立原则	尺寸精度与形位精度需要分别满足要求，如齿轮箱体孔、连杆活塞销孔、滚动轴承内圈及外圈滚道
	尺寸精度与形位精度要求相差较大，如滚筒类零件、平板、导轨、汽缸
	尺寸精度与形位精度之间没有联系，如滚子链条的套筒或滚子内、外圆柱面的轴线与尺寸精度，发动机连杆上尺寸精度与孔轴线间的位置精度
	未注尺寸公差或未注形位公差，如退刀槽、倒角、圆角
包容要求	用于单一要素，保证配合性质，如 40H7 孔与 40h7 轴配合，保证最小间隙为零
最大实体要求	用于中心要素，保证零件可装配性，如轴承盖上用于穿过螺钉的通孔，法兰盘上用于穿过螺栓的通孔，同轴度的基准轴线
最小实体要求	保证零件强度和最小壁厚

三、形位公差公差值的选择

形位公差等级的选择原则与尺寸公差等级的选择原则相同，即在满足零件使用要求的前提下，尽可能选用低的公差等级。

形位公差值的选用原则，应根据零件的功能要求，并考虑加工的经济性和零件的结构、刚性等情况。确定公差等级的方法有类比法和计算法两种，一般多采用类比法。按表 3-9～表 3-13 确定零件的公差值。

确定要素的公差值时，还应考虑下列情况。

① 圆柱形零件的形位公差值（轴线的直线度除外）一般情况下应小于其尺寸公差值。

如最大实体状态下，形状公差在尺寸公差之内，形状公差包含在位置公差带内。

② 通常情况下，零件被测要素的形状误差比位置误差小得多，因此给定平行度或垂直度公差的两个平面，其平面度的公差等级，应不低于平行度或垂直度的公差等级；同一圆柱面的圆度公差等级应不低于其径向圆跳动公差等级。

③ 选用形位公差等级时，应考虑到加工的难易程度和除主参数外其他参数的影响，在满足零件功能的要求下，可适当降低 1 到 2 级选用。例如孔相对于轴、细长比较大的轴或孔、距离较大的轴或孔、宽度较大（一般大于 1/2 长度）的零件表面、线对线和线对面相对于面对面的平行度、线对线和线对面相对于面对面的垂直度等。

表 3-9 直线度、平面度公差值（摘自 GB/T 1184—1996） μm

主参数 L/mm	公差等级											
	1	2	3	4	5	6	7	8	9	10	11	12
≤10	0.2	0.4	0.8	1.2	2	3	5	8	12	20	30	60
>10~16	0.25	0.5	1	1.5	2.5	4	6	10	15	25	40	80
>16~25	0.3	0.6	1.2	2	3	5	8	12	20	30	50	100
>25~40	0.4	0.8	1.5	2.5	4	6	10	15	25	40	60	120
>40~63	0.5	1	2	3	5	8	12	20	30	50	80	150
>63~100	0.6	1.2	2.5	4	6	10	15	25	40	60	100	200
>100~160	0.8	1.5	3	5	8	12	20	30	50	80	120	250
>160~250	1	2	4	6	10	15	25	40	60	100	150	300
>250~400	1.2	2.5	5	8	12	20	30	50	80	120	200	400
>400~630	1.5	3	6	10	15	25	40	60	100	150	250	500

注：主参数 L 为轴、直线、平面的长度。

表 3-10 圆度、圆柱度公差值（摘自 GB/T 1184—1996） μm

主参数 d(D)/mm	公差等级												
	0	1	2	3	4	5	6	7	8	9	10	11	12
≤3	0.1	0.2	0.3	0.5	0.8	1.2	2	3	4	6	10	14	25
>3~6	0.1	0.2	0.4	0.6	1	1.5	2.5	4	5	8	12	18	30
>6~10	0.1	0.25	0.4	0.6	1	1.5	2.5	4	6	9	15	22	36
>10~18	0.15	0.25	0.5	0.8	1.2	2	3	5	8	11	18	27	43
>18~30	0.2	0.3	0.6	1	1.5	2.5	4	6	9	13	21	33	52
>30~50	0.25	0.4	0.6	1	1.5	2.5	4	7	11	16	25	39	62
>50~80	0.3	0.5	0.8	1.2	2	3	5	8	13	19	30	46	74
>80~120	0.4	0.6	1	1.5	2.5	4	6	10	15	22	35	54	87
>120~180	0.6	1	1.2	2	3.5	5	8	12	18	25	40	63	100
>180~250	0.8	1.2	2	3	4.5	7	10	14	20	29	46	72	115
>250~315	1.0	1.6	2.5	4	6	8	12	16	23	32	52	81	130
>315~400	1.2	2	3	5	7	9	13	18	25	36	57	89	140
>400~500	1.5	2.5	4	6	8	10	15	20	27	40	63	97	155

注：主参数 d(D) 为轴、孔的直径。

表 3-11 位置度公差值数系（摘自 GB/T 1184—1996） μm

1	1.2	1.5	2	2.5	3	4	5	6	8
1×10^n	1.2×10^n	1.5×10^n	2×10^n	2.5×10^n	3×10^n	4×10^n	5×10^n	6×10^n	8×10^n

注：n 为正整数。

表 3-14～表 3-17 列出了各种形位公差等级的应用举例，供选择参考。

表 3-18 和表 3-19 列出了各种加工方法可达到的公差值，供选择参考。

表 3-12 平行度、垂直度、倾斜度公差值（摘自 GB/T 1184—1996） μm

主参数 L、$d(D)$/mm	公差等级											
	1	2	3	4	5	6	7	8	9	10	11	12
≤10	0.4	0.8	1.5	3	5	8	12	20	30	50	80	120
>10~16	0.5	1	2	4	6	10	15	25	40	60	100	150
>16~25	0.6	1.2	2.5	5	8	12	20	30	50	80	120	200
>25~40	0.8	1.5	3	6	10	15	25	40	60	100	150	250
>40~63	1	2	4	8	12	20	30	50	80	120	200	300
>63~100	1.2	2.5	5	10	15	25	40	60	100	150	250	400
>100~160	1.5	3	6	12	20	30	50	80	120	200	300	500
>160~250	2	4	8	15	25	40	60	100	150	250	400	600
>250~400	2.5	5	10	20	30	50	80	120	200	300	500	800
>400~630	3	6	12	25	40	60	100	150	250	400	600	1000

注：1. 主参数 L 为给定平行度时轴线或平面的长度，或给定垂直度、倾斜度时被测要素的长度。

2. 主参数 $d(D)$ 为给定面对线垂直度时，被测要素的轴（孔）直径。

表 3-13 同轴度、对称度、圆跳动和全跳动公差值（摘自 GB/T 1184—1996） μm

主参数 $d(D)$、B、L/mm	公差等级											
	1	2	3	4	5	6	7	8	9	10	11	12
≤1	0.4	0.6	1.0	1.5	2.5	4	6	10	15	25	40	60
>1~3	0.4	0.6	1.0	1.5	2.5	4	6	10	20	40	60	120
>3~6	0.5	0.8	1.2	2	3	5	8	12	25	50	80	150
>6~10	0.6	1	1.5	2.5	4	6	10	15	30	60	100	200
>10~18	0.8	1.2	2	3	5	8	12	20	40	80	120	250
>18~30	1	1.5	2.5	4	6	10	15	25	50	100	150	300
>30~50	1.2	2	3	5	8	12	20	30	60	120	200	400
>50~120	1.5	2.5	4	6	10	15	25	40	80	150	250	500
>120~250	2	3	5	8	12	20	30	50	100	200	300	600
>250~500	2.5	4	6	10	15	25	40	60	120	250	400	800

注：1. 主参数 $d(D)$ 为给定同轴度时轴直径，或给定圆跳动、全跳动时轴（孔）直径。

2. 圆锥体斜向圆跳动公差的主参数为平均直径。

3. 主参数 B 为给定对称度时槽的宽度。

4. 主参数 L 为给定两孔对称度时孔心距。

表 3-14 直线度、平面度公差等级应用举例

公差等级	应 用 举 例
1,2	精密量具、测量仪器以及精度要求很高的精密机械零件,如 0 级样板平尺、0 级宽平尺、工具显微镜等精密测量仪器的导轨面
3	1 级宽平尺工作面,1 级样板平尺的工作面,测量仪器圆弧导轨,测量仪器的测杆外圆柱面
4	0 级平板,测量仪器的 V 形导轨,高精度平面磨床的 V 形导轨和滚动导轨,轴承磨床及平面磨床的床身导轨
5	1 级平板,2 级宽平尺,平面磨床的纵导轨、垂直导轨、工作台,液压龙门刨床导轨
6	普通机床导轨面,卧式镗床、铣床的工作台,机床主轴箱的导轨,柴油机机体接合面
7	2 级平板,机床的床头箱体,滚齿机床身导轨,摇臂钻底座工作台,液压泵盖接合面,减速器壳体接合面,0.02mm 游标卡尺尺身的直线度
8	自动车床底面,柴油机汽缸体,连杆分界面,汽缸接合面,汽车发动机机盖,曲轴箱接合面,法兰连接面
9	3 级平板,自动车床床身底面,摩托车曲轴箱体,汽车变速箱壳体,车床挂轮的平面

表 3-15　圆度、圆柱度公差等级应用举例

公差等级	应用举例
0,1	高精度量仪主轴,高精度机床主轴,滚动轴承的滚珠和滚柱
2	精密测量仪主轴,外套,套阀,纺锭轴承,精密机床主轴轴颈,针阀圆柱表面,喷油泵柱塞及柱塞套
3	高精度外圆磨床轴承,磨床砂轮主轴套筒,喷油嘴针阀体,高精度轴承内、外圈等
4	较精密机床主轴,主轴箱孔,高压阀门,活塞,活塞销,阀体孔,高压油泵柱塞,较高精度滚动轴承配合轴,铣削动力头箱体孔
5	一般计量仪器主轴,侧杆外圆柱面,一般机床主轴轴颈及轴承孔,柴油机、汽油机的活塞、活塞销,与 P6 级滚动轴承配合的轴颈
6	一般机床主轴及前轴承孔,泵、压缩机的活塞、汽缸,汽油发动机凸轮轴,纺机锭子,减速传动轴轴颈,拖拉机主轴轴颈,与 P6 级滚动轴承配合的外壳孔
7	大功率低速柴油机曲轴轴颈、活塞、活塞销、连杆、汽缸,高速柴油机箱体轴承孔,千斤顶或压力油缸活塞,机车传动轴承,水泵及通用减速器转轴轴颈
8	低速发动机、大功率曲柄轴轴颈,内燃机曲轴轴颈,柴油机凸轮轴承孔
9	空气压缩机缸体,通用机械杠杆与拉杆用套筒销子,拖拉机活塞环、套筒孔

表 3-16　平行度、垂直度、倾斜度、端面圆跳动公差等级应用举例

公差等级	应用举例
1	高精度机床、测量仪器、量具等主要工作面和基准面
2,3	精密机床、测量仪器、量具、夹具的工作面和基准面,精密机床的导轨,精密机床主轴轴向定位面,滚动轴承座圈端面,普通机床的主要导轨,精密刀具、量具的工作面和基准面,光学分度头心轴端面
4,5	普通机床导轨,重要支承面,机床主轴孔对基准的平行度,精密机床重要零件,计量仪器、量具、模具的工作面和基准面,床头箱体重要孔,通用减速机壳体孔,齿轮泵的油孔端面,发动机轴和离合器的凸缘,汽缸支承端面,安装精密滚动轴承壳体孔的凸肩
6,7,8	一般机床的工作面和基准面,压力机和锻锤的工作面,中等精度钻模的工作面,机床一般轴承孔对基准的平行度,变速器箱体孔,主轴花键对定心直径部位表面轴线的平行度,一般导轨、主轴箱体孔、刀架、砂轮架对基准轴线,活塞销孔对活塞中心线的垂直度,滚动轴承内、外圈端面对轴线的垂直度
9,10	低精度零件,柴油机、曲轴颈、花键轴和轴肩端面,带式运输机法兰盘等端面对轴线的垂直度,减速器壳体平面

表 3-17　同轴度、对称度、径向跳动公差等级应用举例

公差等级	应用举例
1,2	旋转精度要求很高,尺寸公差高于 1 级的零件,如精密测量仪器的主轴和顶尖,柴油机喷油嘴针阀
3,4	机床主轴轴颈,汽轮机主轴,测量仪器的小齿轮轴,安装高精度齿轮的轴颈
5	机床主轴轴颈,机床主轴箱孔,计量仪器的测杆,涡轮机主轴,柱塞油泵转子,高精度滚动轴承外圈,一般精度轴承内圈
6,7	内燃机曲轴,凸轮轴轴颈,柴油机机体主轴承孔,水泵轴,油泵柱塞,汽车后桥输出轴,安装一般精度齿轮的轴颈,涡轮盘,普通滚动轴承内圈,印刷机传墨辊的轴颈,键槽
8,9	内燃机凸轮轴孔,水泵叶轮,离心泵体,汽缸套外径配合面对工作面,运输机机械滚筒表面,棉花精梳机前、后滚子,自行车中轴

表 3-18 几种主要加工方法能达到的直线度、平面度的公差等级范围

加工方法		公差等级范围	加工方法		公差等级范围
车	粗车	11～12	磨	粗磨	9～11
	细车	9～10		细磨	7～9
	精车	5～8		精磨	2～7
铣	粗铣	11～12	研磨	粗研	4～5
	细铣	10～11		细研	3
	精铣	6～9		精研	1～2
刨	粗刨	11～12	刮磨	粗刮	6～7
	细刨	9～10		细刮	4～5
	精刨	7～9		精刮	1～3

表 3-19 几种主要加工方法能达到的同轴度公差等级范围

加工方法	车、镗		铰	磨		珩磨	研磨
	孔	轴		孔	轴		
公差等级范围	4～9	3～8	5～7	2～7	1～6	2～4	1～3

④ 形位公差的未注公差值

国家标准形位公差中，对形位公差值分为注出公差和未注公差两类。对于形位公差要求不高，用一般的机械加工方法和加工设备都能保证加工精度，或由线性尺寸公差或角度公差所控制的形位公差已能保证零件的要求时，不必将形位公差在图样上注出，而用未注公差来控制，这样做既可以简化制图，又突出了注出公差的要求。而对于零件形位公差要求较高，或者功能要求允许大于未注公差值，而这个较大的公差值会给工厂带来经济效益时，这个较大的公差值应采用注出公差值。

对于线轮廓度、面轮廓度、倾斜度、位置度和全跳动的未注形位公差，均由各要素的注出或未注线性尺寸公差或角度公差控制，对这些项目的未注公差不必进行特殊的标注。

圆度的未注公差值等于给出的直径公差值，但不能大于表 3-13 中的径向圆跳动值。

对圆柱度的未注公差值不作规定。圆柱度误差由圆度、直线度和相应线的平行度误差组成，而其中每一项误差均由它们的注出公差或未注公差控制。

对于直线度、平面度、垂直度、对称度和圆跳动的未注公差，标准中规定了 H、K、L 三个公差等级，采用时应在技术要求中注出下述内容，如"未注形位公差按 GB/T 1184-K"，表 3-20～表 3-23 给出了常用的形位公差未注公差的分级和数值。

表 3-20 直线度、平面度未注公差值（摘自 GB/T 1184—1996） mm

公差等级	基本长度范围					
	≤10	>10～30	>30～100	>100～300	>300～1000	>1000～3000
H	0.02	0.05	0.1	0.2	0.3	0.4
K	0.05	0.1	0.2	0.4	0.6	0.8
L	0.1	0.2	0.4	0.8	1.2	1.6

表 3-21 垂直度未注公差值（摘自 GB/T 1184—1996） mm

公差等级	基本长度范围			
	≤100	>100～300	>300～1000	>1000～3000
H	0.2	0.3	0.4	0.5
K	0.4	0.6	0.8	1
L	0.6	1	1.5	2

表 3-22 对称度未注公差值（摘自 GB/T 1184—1996） mm

公差等级	基本长度范围			
	≤100	>100~300	>300~1000	>1000~3000
H	0.5			
K	0.6		0.8	1
L	0.6	1	1.5	2

表 3-23 圆跳动度未注公差值（摘自 GB/T 1184—1996） mm

公差等级	圆跳动公差值
H	0.1
K	0.2
L	0.5

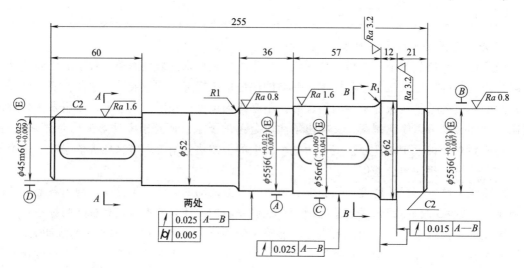

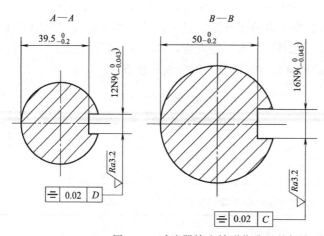

图 3-40 减速器输出轴形位公差的标注示例

⑤ 形位公差选用标准举例

例 3-8 图 3-40 所示为减速器的输出轴，两轴颈 $\phi55j6$ 与 P0 级轴承的内圈相配合，为保证配合性质，采用了包容要求；为保证轴承的旋转精度，在遵循包容要求的前提下，又进一步提出了圆柱度公差的要求，其公差值由 GB/T 275—1993 查得为 0.005mm。该两轴颈上安装滚动轴承后，将分别与减速器箱体的两孔配合，因此需限制两轴颈的同轴度误差，以保证轴承外圈和箱体孔的安装精度，为检测方便，实际给出了两轴颈的径向圆跳动公差为 0.025mm（跳动公差 7 级）。$\phi 62$mm 处的两轴肩都是止推面，起一定的定位作用，为保证定位精度，提出了两轴肩相对于基准轴线的端面圆跳动公差为 0.015mm（由 GB/T 275—1993查得）。$\phi 56$r6 和 $\phi 45$m6 分别与齿轮和带轮配合，为保证配合性质，也采用了包容要求，为保证齿轮的运动精度，对与齿轮配合的 $\phi 56$r6 圆柱又进一步提出了对基准轴线的径向圆跳动公差 0.025mm（跳动公差 7 级）。对 $\phi 56$r6 和 $\phi 45$m6 轴颈上的键槽 16N9 和 12N9 都提出了对称度公差 0.02mm（对称度公差 8 级），以保证键槽的安装精度和安装后的受力状态。

第六节　形位误差及其检测

形位公差带的形状、方向与位置是多种多样的，它取决于被测要素的几何理想要素和设计要求，并以此评定形位误差。若被测实际要素全部位于形位公差带内，零件合格；反之，则不合格。

一、实际要素的体现

将被测实际要素与其理想要素进行比较时，理想要素相对于实际要素处于不同位置，评定的形状误差值也不同，为了使形状误差测量值具有唯一性和准确性，国家标准规定，最小条件是评定形状误差的基本准则。最小条件就是两理想要素包容被测实际要素且其距离为最小。

经实际分析和理论证明，得出了各项形状误差符合最小条件的判断准则。在实际生产中，有时按最小条件判断有一定困难，经生产和订货双方同意，也可以按其他近似于最小条件的方法来评定。

如图 3-41 所示，被测要素的理想要素是直线，与被测实际要素接触的直线的位置可有无穷多个。例如，图 3-41 中直线的位置可处于Ⅰ、Ⅱ、Ⅲ位置，若包容被测实际轮廓的两理想直线之间的距离为 f_1、f_2 和 f_3 中之一，根据上述的最小条件，即包容实际要素的两理想要素所形成的包容区为最小的原则来评定直线度误差，则因 $f_3 < f_2 < f_1$，故Ⅲ位置直线为被测要素的理想要素，应取 f_3 作为直线度误差。

同理可以推出按最小条件评定平面度误差，用包容实际平面且距离为最小的两个平行平面之间的距离来评定。按最小条

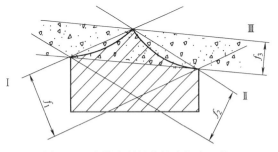

图 3-41　直线度误差的最小包容区域

件评定圆度误差，是用包容实际圆且半径差为最小的两个同心圆之间的半径差来评定的。

将形位误差的评定方法与形位公差带进行对比，不难看出，满足最小条件的包容区的形状与形状公差带的形状是一致的，所不同的是最小包容区的距离必须小于或等于公差数值，形位误差才算合格。

二、形位误差的评定

形位误差是被测实际要素的形状对其理想要素形状的变动量，它不大于相应的形位公差值，则为合格。

1. 直线度误差的评定

（1）最小条件法　在给定平面内，两平行直线与实际线呈高低相间接触状态，即高低高或低高低准则。此理想要素为符合最小条件的理想要素，如图 3-42 所示。

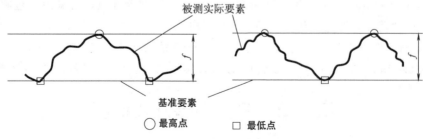

图 3-42　高低高或低高低准则

（2）两端点连线法　以测得的误差曲线首尾两点连线为理想要素，作平行于该连线的两平行直线将被测的实际要素包容，此两平行直线间的纵坐标距离即为直线度误差 f'，如图 3-43 所示。按最小条件得出的直线度误差值显然有 $f' > f$；只有两端点连线在误差图形的一侧时，$f' = f$（此时两端点连线符合最小条件），如图 3-44 所示。

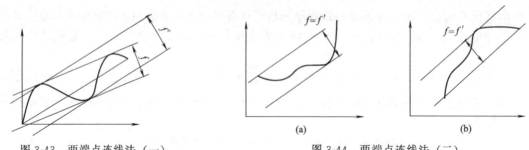

图 3-43　两端点连线法（一）　　　　图 3-44　两端点连线法（二）

例 3-9　用水平仪测量导轨的直线度误差，各点读数（已换算成线值，单位为 μm）分别为 $+20$，-10，$+40$，-20，-10，-10，$+20$，$+20$，试确定其直线度误差值。

解　用水平仪测得值为在测量长度上各等距两点的相对差值，需计算出各点相对零点的高度差值，即各点的累积值，计算结果列入表 3-24 中。

表 3-24　数据处理

测量点	0	1	2	3	4	5	6	7	8
读数值/μm	0	$+20$	-10	$+40$	-20	-10	-10	$+20$	$+20$
累计值/μm	0	$+20$	$+10$	$+50$	$+30$	$+20$	$+10$	$+30$	$+50$

误差图形如图 3-45 所示。

两端点连线法：将 0 点和 8 点的纵坐标 A 点连线，作包容且平行于 0A 的两平行线 I，从坐标图上得到直线度误差 $f' = 58.75\mu m$。

最小条件法：按最小条件判断准则，作两平行直线 II，从坐标图上得到直线度误差 $f = 45\mu m$。

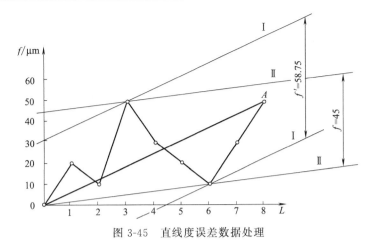

图 3-45　直线度误差数据处理

2. 平面度误差评定

（1）最小条件法　两平行理想平面与被测实际平面接触状态为图 3-46 中的三种情况之一，即为符合最小条件。

① 三角形准则：被测实际平面与两平行理想平面的接触点，投影在一个面上呈三角形，如图 3-46（a）所示，三高夹一低或三低夹一高。

② 交叉准则：被测实际平面与两平行理想平面的接触点，投影在一个面上呈交叉形，如图 3-46（b）所示。

③ 直线准则：被测实际平面与两平行理想平面的接触点，投影在一个面上呈一直线，如图 3-46（c）所示，两高间一低或两低间一高。

在实际测量中，以上三个准则中的高点均为等高最高点，低点均为等高最低点，平面度误差为最高点读数和最低点读数之差的绝对值。

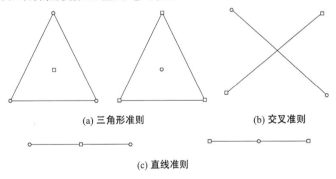

(a) 三角形准则　　　　　　　(b) 交叉准则

(c) 直线准则

图 3-46　平面度误差的最小条件判断准则

○—最高点；□—最低点

（2）三点法　从实际被测平面上任选三点（不在同一直线上）所形成的平面作为测量的理想平面，作平行于该理想平面的两平行平面包容实际平面，该两平行平面的距离即为平面度误差值。

（3）对角线法　过实际被测平面上一对角线且平行于另一对角线的平面为测量的理想平面，作平行于该理想平面的两平行平面包容实际平面，两平行平面间的距离即为平面度误差值。

在实际测量中，任选的三点或两条对角线两端的点的高度应分别相等。平面度误差为测得的最高点读数和最低点读数之差的绝对值。显然，三点法和对角线法都不符合最小条件，是一种近似方法，其数值比最小条件法稍大，且不是唯一的，但由于其处理方法较简单，在生产中有时也应用。

按最小条件法确定的误差值不超过其公差值可判该项要求合格，否则为不合格。按三点法和对角线法确定的误差值不超过其公差值可判该项要求合格，否则既不能确定该项要求合格，也不能判定其不合格，应以最小条件法来仲裁。

例 3-10 用打表法测量平面表面，测量时分别按行、列等间距布 9 个点，测得 9 个点的读数（单位 μm）如图 3-47（a）所示，求平面度误差。

解 图中的读数是在同一测量基面测得的。如果将基面进行转换，例如使基面转到平行于测点 A_3 和 C_1 的连线上，即选取转轴 I-I，使 A_3 的偏差值与 C_1 的偏差值相等，于是得单位旋转量 q 为

$$q = \frac{C_1 \text{点偏差值} - A_3 \text{点偏差值}}{\text{行距数}} = \frac{-10 - (-4)}{2} = -3$$

将 B 行各偏差加一个 q 值，A 行各加 $2q$ 值，得图 3-47（b）所示各点经基面转换后的偏差值。同理，选择轴 II-II，可得图 3-47（c）所示的各点偏差值，从图 3-47（c）中可看出符合交叉准则，故平面度误差 f 为偏差的最大值减去最小值，即 $f = +3 - (-10) = 13\mu m$。

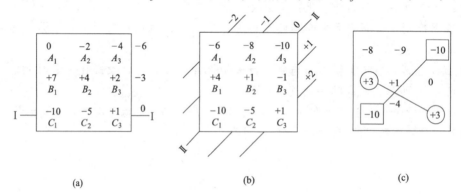

图 3-47 旋转法计算平面度误差的过程

3. 圆度误差的评定

（1）**最小条件法** 两个理想同心圆与被测实际圆至少呈四点相间接触（外-内-外-内），如图 3-48 所示的 a、b、c、d。该两同心圆的半径差为圆度误差值。

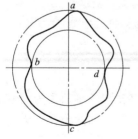

图 3-48 圆度误差最小
条件判定准则

（2）**最小外接圆法** 对被测实际圆作一直径为最小的外接圆，再以此圆的圆心为圆心作一内接圆，则此两同心圆的半径差即为圆度误差值。

（3）**最大内接圆法** 对被测实际圆作一直径为最大的内接圆，再以此圆的圆心为圆心作一外接圆，则此两同心圆的半径差即为圆度误差值。

（4）**最小二乘圆法** 最小二乘圆为被测实际圆上各点至该圆的距离的平方和为最小的圆。以该圆的圆心为圆心，作两个包容实际圆的同心圆，该两同心圆的半径差即为圆度误差值。

上述形状误差的判断方法，其结果是不同的，其中最小条件法得出的数值最小，而且也

是唯一的。而其他三种方法为非最小条件法，若按非最小条件法确定的误差值不超过其公差值，则可认为该项要求合格，否则不能判断其合格与否。最小条件法所得圆度误差值与公差值比较可直接得出该项要求合格与否的结论。在比较先进的圆度仪时，可用分度千分尺表逐点测量圆度误差。

4. 位置误差的评定

位置误差是被测实际要素对一具有确定方向或位置的理想要素的变动量，理想要素的方向或位置由基准或基准和理论正确尺寸确定。

（1）定向误差的评定　定向误差是被测实际要素对一具有确定方向的理想要素的变动量，理想要素的方向由基准确定。

定向误差值用定向最小包容区域（简称定向最小区域）的宽度或直径表示。定向最小区域是指按理想要素的方向来包容被测实际要素时，具有最小宽度 f 或直径 ϕf 的包容区域，如图 3-49 所示。各误差项目定向最小区域的形状和各自的公差带形状一致，但宽度（或直径）由被测实际要素本身决定。

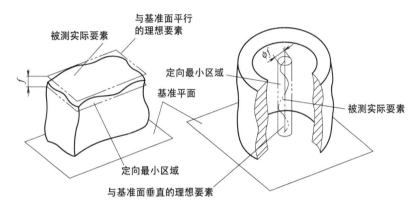

图 3-49　定向最小包容区域

（2）定位误差的评定　定位误差是被测实际要素对一具有确定位置的理想要素的变动量，理想要素的位置由基准和理论正确尺寸（确定被测要素的理想形状、方向、位置的尺寸，该尺寸不附带公差，用加方框的数字表示）确定。

定位误差值用定位最小包容区域（简称定位最小区域）的宽度或直径表示。定位最小区域是指以理想要素定位来包容被测实际要素时，具有最小宽度 f 或直径 ϕf 的包容区域，如图 3-50 所示。各误差项目定位最小区域的形状和各自的公差带形状一致，但宽度（或直径）由被测实际要素本身决定。

（3）跳动误差的评定　圆跳动是被测实际要素绕基准轴线作无轴向移动回转一周时，由位置固定的指示器在给定方向上测得的最大与最小读数之差。给定方向，对圆柱面是指径向，对圆柱面是指法线方向，对端面是指轴向。因此，圆跳动又相应地分为径向圆跳动、斜向圆跳动和端面圆跳动。

全跳动是被测实际要素绕基准轴线作无轴向移动回转，同时指示器沿基准轴线平行或垂直地连续移动（或被测实际要素每回转一周，指示器沿基准轴线平行或垂直地作间断移动），由指示器在给定方向上测得的最大与最小读数之差。给定方向，对圆柱面是指径向，对端面是指轴向。因此，全跳动又分为径向全跳动和端面全跳动。

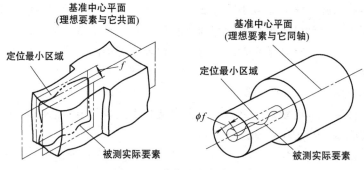

图 3-50　定位最小包容区域

三、形位误差检测原则

形位误差的项目较多，为了能正确地测量形位误差和选择合理的检测方案，在 GB/T 1958—2004《产品几何量技术规范（GPS）形状和位置公差检测规定》中，规定了形位误差的五种检测原则。这些检测原则是各种检测方法的概括，可以按照这些原则，根据被测对象的特点和有关条件，选择最合理的检测方案。也可根据这些检测原则，采用其他的检测方法和测量装置。

1. 与理想要素比较原则

将被测实际要素与其理想要素相比较，从而获得形位误差值。在测量中，理想要素用模

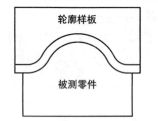

图 3-51　与理想要素比较原则

拟方法来体现，如从平板工作面、水平液面、光束扫描平面等作为理想平面；以一束光线、拉紧的细钢丝等作为理想直线；线、面轮廓度测量中样板也是理想线、面轮廓的体现。根据此原则进行检测，可以得到与定义概念一致的误差值，故该原则是一基本检测原则。量值由直接法或间接法获得。如图 3-51 所示为用轮廓样板测量轮廓度误差。

2. 测量坐标值原则

测量被测实际要素的坐标值（如直角坐标值、极坐标值、圆柱面坐标值），并经过数据处理获得形位误差值。如图 3-52 所示为测量直角坐标值即测量坐标值原则检测示例。

3. 测量特征参数原则

测量被测实际要素上具有代表性的参数（即特征参数）来表示形位误差值。如图 3-53 所示，测取壁厚尺寸 a、b，取它们的差值作为孔的轴线相对于基准中心平面的对称度误差。

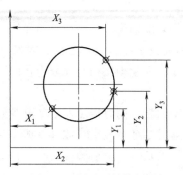

图 3-52　测量坐标值原则

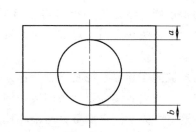

图 3-53　测量特征参数原则

4. 测量跳动原则

被测实际要素绕基准轴线回转过程中，沿给定方向测量其对某参考点或线的变动量。变动量是指指示器最大与最小读数之差。图 3-54 所示为测量径向跳动即测量跳动原则检测示例。

5. 控制实效边界原则

检验被测实际要素是否超过实效边界，以判断合格与否。图 3-55 所示为用综合量规检验同轴度误差即控制实效边界原则检测示例。

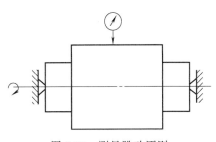

图 3-54　测量跳动原则　　　　　图 3-55　控制实效边界原则

课 后 练 习

3-1　问答题。

（1）形位公差特征项目和符号有几项？它们的名称和符号是什么？

（2）什么是体外作用尺寸？什么是体内作用尺寸？

（3）什么是最大实体状态？什么是最大实体尺寸？

（4）什么是独立原则？常用在哪些场合？

（5）形位公差的选用原则有哪几项？怎样来选用？

（6）什么时候选用未注形位公差？未注形位公差在图样上如何表示？

（7）什么是最小包容区域？

（8）怎样来评定平面度的误差值？

（9）形位误差的检查原则有哪些？怎样正确应用这些原则？

3-2　判断题。

（1）某平面对基准平面的平行度误差为 0.05mm，那么该平面的平面度误差一定不大于 0.05mm。（　　）

（2）某圆柱面的圆柱度公差为 0.03mm，那么该圆柱面对基准轴线的径向全跳动公差不小于 0.03mm。（　　）

（3）对同一要素既有位置公差要求，又有形状公差要求时，形状公差值应大于位置公差值。（　　）

（4）尺寸公差与形位公差采用独立原则时，零件加工的实际尺寸和形位误差中有一项超差，则该零件不合格。（　　）

（5）当包容要求用于单一要素时，被测要素必须遵守最大实体实效边界。（　　）

3-3　单项选择题。

（1）属于形状公差的有_____。

A. 平行度　　　　　B. 平面度　　　　　C. 同轴度　　　　　D. 圆跳动

（2）属于位置公差的有_____。

A. 平行度　　　　　B. 平面度　　　　　C. 圆柱度　　　　　D. 圆度

（3）圆柱度公差可以同时控制_____。

A. 圆度　　　　　B. 轴线对端面的垂直度

C. 径向全跳动　　　D. 同轴度

（4）下列论述正确的有_____。

A. 给定方向上的线位置度公差值前应加注符号 ϕ

B. 空间中，点位置度公差值前应加注符号 $S\phi$

C. 标注圆锥面的圆度公差时，指引线箭头应指向圆锥轮廓面的垂直方向

D. 标注斜向圆跳动时，指引线箭头应与轴线垂直

（5）形位公差带形状是半径差为公差值 t 的两圆柱面之间区域的有_____。

A. 同轴度　　　　B. 径向全跳动　　　C. 任意方向直线度　　D. 任意方向垂直度

（6）形位公差带形状是直径为公差值 t 的圆柱面内区域的有_____。

A. 径向全跳动　　　B. 端面全跳动　　　C. 同轴度　　　　　D. 倾斜度

（7）形位公差带形状是距离为公差值 t 的两平行平面内区域的有_____。

A. 平面度　　　　B. 任意方向的线的直线度

C. 圆跳动　　　　D. 任意方向的线的位置度

3-4　填空题。

（1）圆度和径向圆跳动公差带相同点是_____，不同点是_____。

（2）轴线对基准平面的垂直度公差带形状在给定两个互相垂直方向时是_____。

（3）某轴尺寸为 $\phi40^{+0.041}_{+0.030}$mm，轴线直线度公差为 $\phi0.005$mm，实际测得其局部尺寸为 $\phi40.031$mm，轴线直线度误差为 $\phi0.003$mm，则轴的最大实体尺寸是_____ mm，最大实体实效尺寸是_____ mm，作用尺寸是_____ mm。

（4）某孔尺寸为 $\phi40^{+0.119}_{+0.030}$mm，实际测得其尺寸为 $\phi40.090$mm，则其允许的形位误差数值是_____ mm，当孔的尺寸是_____ mm 时，允许达到的形位误差数值为最大。

3-5　改错题。

（1）改正图 3-56 中各项形位公差标注上的错误（不得改变形位公差项目）。

（2）改正图 3-57 中各项形位公差标注上的错误（不得改变形位公差项目）。

（3）改正图 3-58 中各项形位公差标注上的错误（不得改变形位公差项目）。

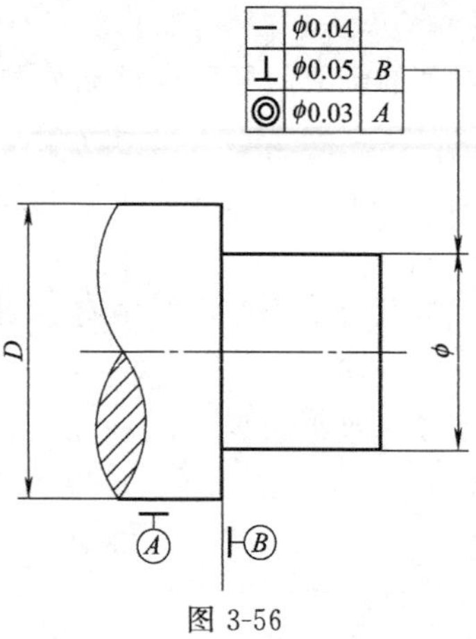

图 3-56

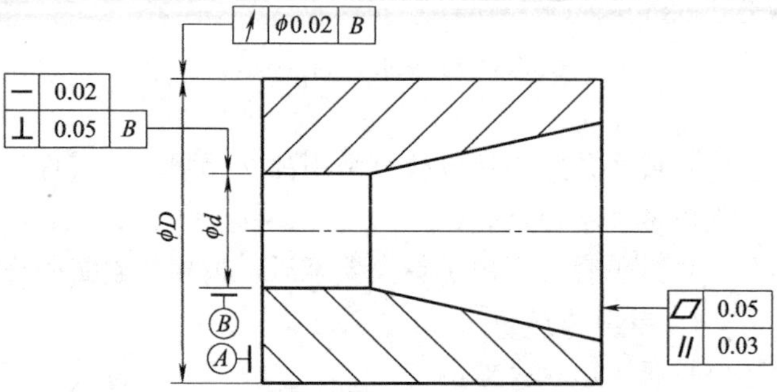

图 3-57

（4）改正图 3-59 中各项形位公差标注上的错误（不得改变形位公差项目）。

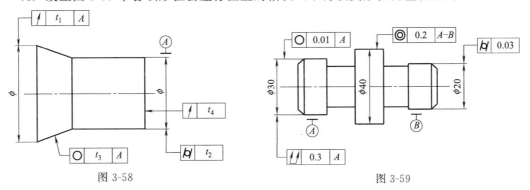

图 3-58　　　　　　　　　　　　　　　　　图 3-59

（5）改正图 3-60 中各项形位公差标注上的错误（不得改变形位公差项目）

（6）改正图 3-61 中各项形位公差标注上的错误（不得改变形位公差项目）。

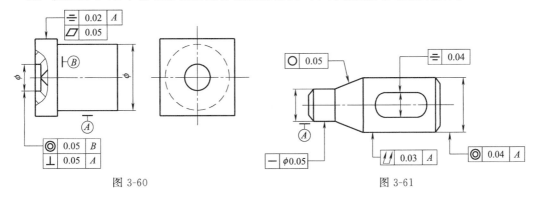

图 3-60　　　　　　　　　　　　　　　　图 3-61

（7）改正图 3-62 中各项形位公差标注上的错误（不得改变形位公差项目）。

（8）改正图 3-63 中各项形位公差标注上的错误（不得改变形位公差项目）。

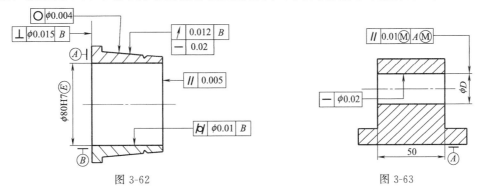

图 3-62　　　　　　　　　　　　　　图 3-63

3-6　将下列技术要求标注在图 3-64 上。

（1）ϕ100h6 圆柱表面的圆度公差为 0.005mm。

（2）ϕ100h6 轴线对 ϕ40P7 孔轴线的同轴度公差为 ϕ0.015mm。

（3）ϕ40P7 孔的圆柱度公差为 0.005mm。

（4）左端的凸台平面对 ϕ40P7 孔轴线的垂直度公差为 0.01mm。

（5）右凸台端面对左凸台端面的平行度公差为 0.02mm。

3-7　将下列技术要求标注在图 3-65 上。

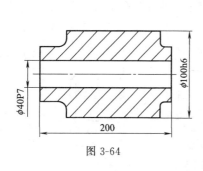

图 3-64

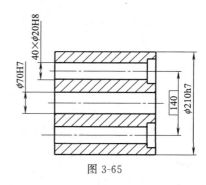

图 3-65

（1）左端面的平面度公差为 0.01mm，右端面对左端面的平行度公差为 0.04mm。

（2）ϕ70H7 孔的轴线对左端面的垂直度公差为 0.02mm。

（3）ϕ210h7 轴线对 ϕ70H7 孔轴线的同轴度公差为 ϕ0.03mm。

（4）4×ϕ20H8 孔的轴线对左端面（第一基准）和 ϕ70H7 孔轴线的位置度公差为 ϕ0.15mm。

3-8　试将下列技术要求标注在图 3-66 上。

（1）大端圆柱面的尺寸要求为 $\phi45_{-0.02}^{0}$mm，并采用包容原则。

（2）小端圆柱面轴线对大端圆柱面轴线的同轴度公差为 0.03mm。

（3）小端圆柱面的尺寸要求为 $\phi25\pm0.007$mm，素线直线度公差为 0.01mm，并采用包容原则。

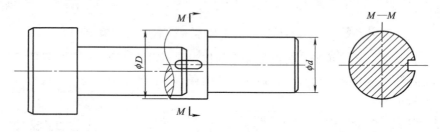

图 3-66

3-9　根据图 3-67 进行形位公差标注，填写表 3-25 中空格的数据。

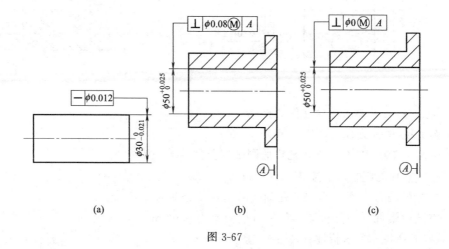

(a)　　　　　　　　　(b)　　　　　　　　　(c)

图 3-67

表 3-25　公差数值

图号	采用的公差原则	最大实体尺寸 /mm	最小实体尺寸 /mm	MMC 时的形位公差值/mm	LMC 时的形位公差值/mm
(a)					
(b)					
(c)					

3-10　分别对图 3-68、图 3-69 作出解释。

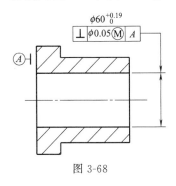

图 3-68

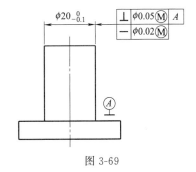

图 3-69

第四章　孔与轴的检测

第一节　光滑工件尺寸的验收

零件制造在车间环境的条件下，通常使用普通计量器具（即采用两点法）测量。但车间的实际情况是，工件的合格与否，一般只按一次测量来判断，对于温度、压陷效应以及计量器具的系统误差等均不进行修正。因此，任何检验都可能存在误判，如果把超出公差界限的废品误判为合格品而接收，称为误收；将接近公差界限的合格品误判为废品而给予报废，称为误废。

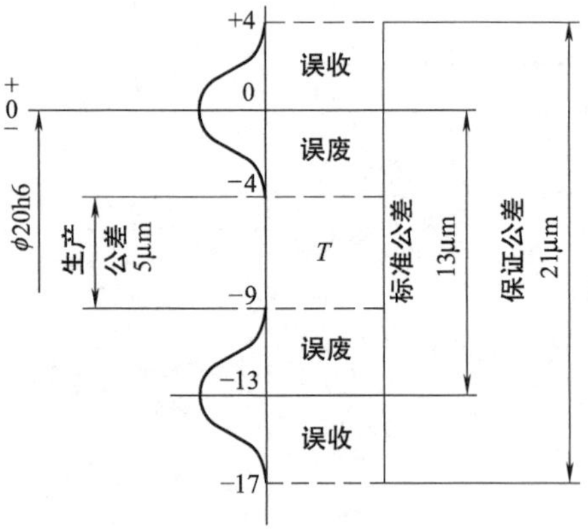

图 4-1　测量误差对测量结果的影响

例如，用示值误差为 $\pm 4\mu m$ 的千分尺验收 $\phi 20h6$ 的轴颈时，若轴颈的尺寸偏差为 $0\sim \pm 4\mu m$ 是不合格的，但由于千分尺的测量误差为 $-4\mu m$，其测得值可能仍小于其上偏差，从而把超出公差界限的废品误判为合格品而接收，即导致误收；反之则会导致误废，如图 4-1 所示。

为了保证产品质量，GB/T 3177—2009《产品几何技术规范（GPS）光滑工件尺寸的检验》规定了光滑工件尺寸检验的验收原则、验收极限、计量器具的测量不确定度允许值和计量器具选用原则。本标准适用于用普通计量器具如游标卡尺、千分尺及车间使用的比较仪等，对图样上注出的公差等级为 6～18 级（IT6～IT18）、基本尺寸至 500mm 的光滑工件尺寸的检验。本标准也适用于对一般公差尺寸的检验。

一、验收极限与安全裕度

把不合格工件判为合格品为误收；而把合格工件判为废品为误废。因此，如果只根据测量结果是否超出图样给定的极限尺寸来判断其合格性，有可能会造成误收或误废。为防止受测量误差的影响而使工件的实际尺寸超出两个极限尺寸范围，必须规定验收极限。验收极限是检验工件尺寸时判断其合格与否的尺寸界限。

1. 内缩方案

光滑工件尺寸的检验标准确定的验收原则是：所用验收方法应只接收位于规定的极限尺寸之内的工件，位于规定的极限尺寸之外的工件应拒收。为此需要根据被测工件的精度高低和相应的极限尺寸，确定其安全裕度（A）和验收极限，如图 4-2 所示。

验收极限是从规定的最大实体尺寸和最小实体尺寸分别向公差带内移动一个安全裕度（A）。

孔尺寸的验收极限：

$$上验收极限 = 最大实体尺寸(MML) - 安全裕度(A)$$
$$下验收极限 = 最小实体尺寸(LML) + 安全裕度(A)$$

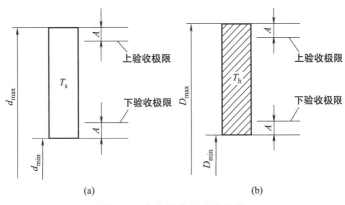

图 4-2　安全裕度与验收极限

轴尺寸的验收极限：

$$上验收极限＝最大实体尺寸（MML）－安全裕度（A）$$
$$下验收极限＝最小实体尺寸（LML）＋安全裕度（A）$$

生产上，要按去掉安全裕度的公差进行加工工件。一般称去掉安全裕度的工件公差为生产公差，它小于工件公差安全裕度 A 值的确定，应综合考虑技术和经济两方面因素。A 值较大时，虽可用较低精度的测量器具进行检验，但减少了生产公差，故加工经济性较差；A 值较小时，加工经济性较好，但要使用精度高的测量器具，故测量器具成本高，所以也提高了生产成本。因此，A 值应按被检验工件的公差大小来确定，一般为工件公差的 1/10。国家标准 GB/T 3177—1997 对 A 值有明确的规定，具体见表 4-1。

2. 不内缩方案

验收极限等于规定的最大实体尺寸和最小实体尺寸，即安全裕度 $A＝0$。此方案使误收和误废都有可能发生。

具体选择哪种方法，要结合工件尺寸功能的要求及其重要程度、尺寸公差等级、测量不确定度和工艺能力等因素综合考虑，一般原则如下。

① 对不合包容要求的尺寸，公差等级高的，其验收极限按方法 1 确定。

② 对非配合和一般尺寸，其验收极限按方法 2 确定。

表 4-1　安全裕度 A 与计量器具的测量不确定度允许值 u_1　　　　　　　μm

公差等级		IT6					IT7					IT8					IT9			
基本尺寸 /mm		T	A	u_1			T	A	u_1			T	A	u_1			T	A	u_1		
大于	至			Ⅰ	Ⅱ	Ⅲ			Ⅰ	Ⅱ	Ⅲ			Ⅰ	Ⅱ	Ⅲ			Ⅰ	Ⅱ	Ⅲ
—	3	6	0.6	0.54	0.9	1.4	10	1.0	0.9	1.5	2.3	14	1.4	1.3	2.1	3.2	25	2.5	2.3	3.8	5.6
3	6	8	0.8	0.72	1.2	1.8	12	1.2	1.1	1.8	2.7	18	1.8	1.6	2.7	4.1	30	3.0	2.7	4.5	6.8
6	10	9	0.9	0.81	1.4	2.0	15	1.5	1.4	2.3	3.4	22	2.2	2.0	3.3	5.0	36	3.6	3.3	5.4	8.1
10	18	11	1.1	1.0	1.7	2.5	18	1.8	1.7	2.7	4.1	27	2.7	2.4	4.1	6.1	43	4.3	3.9	6.5	9.7
18	30	13	1.3	1.2	2.0	2.9	21	2.1	1.9	3.2	4.7	33	3.3	3.0	5.0	7.4	52	5.2	4.7	7.8	12
30	50	16	1.6	1.4	2.4	3.6	25	2.5	2.3	3.8	5.6	39	3.9	3.5	5.9	8.8	62	6.2	5.6	9.3	14
50	80	19	1.9	1.7	2.9	4.3	30	3.0	2.7	4.5	6.8	46	4.6	4.1	6.9	10	74	7.4	6.7	11	17
80	120	22	2.2	2.0	3.3	5.0	35	3.5	3.2	5.3	7.9	54	5.4	4.9	8.1	12	87	8.7	7.8	13	20
120	180	25	2.5	2.3	3.8	5.6	40	4.0	3.6	6.0	9.0	63	6.3	5.7	9.5	14	100	10	9.0	15	23
180	250	29	2.9	2.6	4.4	6.5	46	4.6	4.1	6.9	10	72	7.2	6.5	11	16	115	12	10	17	26
250	315	32	3.2	2.9	4.8	7.2	52	5.2	4.7	7.8	12	81	8.1	7.3	12	18	130	13	12	19	29
315	400	36	3.6	3.2	5.4	8.1	57	5.7	5.1	8.4	13	89	8.9	8.0	13	20	140	14	13	21	32
400	500	40	4.0	3.6	6.0	9.0	63	6.3	5.7	9.5	14	97	9.7	8.7	15	22	155	16	14	23	35

续表

公差等级	IT10					IT11					IT12				IT13			
基本尺寸 /mm	T	A	u_1			T	A	u_1			T	A	u_1		T	A	u_1	
大于　　至			Ⅰ	Ⅱ	Ⅲ			Ⅰ	Ⅱ	Ⅲ			Ⅰ	Ⅱ			Ⅰ	Ⅱ
—　　3	40	4.0	3.6	6.0	9.0	60	6.0	5.4	9.0	14	100	10	9.0	15	140	14	13	21
3　　6	48	4.8	4.3	7.2	11	75	7.5	6.8	11	17	120	12	11	18	180	18	16	27
6　　10	58	5.8	5.2	8.7	13	90	9.0	8.1	14	20	150	15	14	23	220	22	20	33
10　　18	70	7.0	6.3	11	16	110	11	10	17	25	180	18	16	27	270	27	24	41
18　　30	84	8.4	7.6	13	19	130	13	12	20	29	210	21	19	32	330	33	30	50
30　　50	100	10	9.0	15	23	160	16	14	24	36	250	25	23	38	390	39	35	59
50　　80	120	12	11	18	27	190	19	17	29	43	300	30	27	45	460	46	41	69
80　　120	140	14	13	21	32	220	22	20	33	50	350	35	32	53	540	54	49	81
120　　180	160	16	15	24	36	250	25	23	38	56	400	40	36	60	630	63	57	95
180　　250	185	18	17	28	42	290	29	26	44	65	460	46	41	69	720	72	65	110
250　　315	210	21	19	32	47	320	32	29	48	72	520	52	47	78	810	81	73	120
315　　400	230	23	21	35	52	360	36	32	54	81	570	57	51	80	890	89	80	130
400　　500	250	25	23	38	56	400	40	36	60	90	630	63	57	95	970	97	87	150

注：u_1 分Ⅰ、Ⅱ、Ⅲ挡，一般情况下应优先选用Ⅰ挡，其次选用Ⅱ挡和Ⅲ挡。

二、计量器具的选择

选择测量器具时要综合考虑其技术指标和经济指标，以综合效果最佳为原则，主要根据以下三个原则。

1. $u_1' \leq u_1$

按照计量器具所引起的测量不确定度允许值来选择计量器具，以保证测量结果的可靠性。常用的千分尺、游标卡尺、比较仪和指示表的不确定度值列在表 4-2～表 4-4 中。在选择计量器具时，应使所选用的测量器具的不确定度 u_1' 等于或小于按工件公差确定的计量器具不确定度的允许值 u_1 值。

表 4-2　千分尺和游标卡尺的测量不确定度 u_1'　　　　　　　　　　mm

尺寸范围		计算器具类型			
		分度值 0.01mm 的外径千分尺	分度值 0.01mm 的内径千分尺	分度值 0.02mm 的游标卡尺	分度值 0.05mm 的游标卡尺
大于	至	不确定度			
0	50	0.004			0.05
50	100	0.005	0.008		0.05
100	150	0.006			0.05
150	200	0.007		0.020	
200	250	0.008	0.013	0.020	
250	300	0.009		0.020	
300	350	0.010			0.100
350	400	0.011	0.020		0.100
400	450	0.012			0.100
450	500	0.013	0.025		
500	600				
600	700		0.030		
700	1000				0.150

注：采用比较测量法测量时，千分尺和游标卡尺的测量不确定度 u_1' 可减小至表中数值的 60 %。

若没有所选的精度高的仪器，或是现场器具的测量不确定度大于 u_1 值，可以采用比较测量法以提高现场器具的使用精度。

2. $0.4u'_1 \leqslant u_1$

当使用形状与工件形状相同的标准器进行比较测量时，千分尺的测量不确定度 u'_1 降为原来的 40%。

3. $0.6u'_1 \leqslant u_1$

当使用形状与工件形状不相同的标准器进行比较测量时，千分尺的测量不确定度降为原来的 60%。

表 4-3　比较仪的不确定度 u'_1　　　　　　　　　　mm

尺寸范围		所使用的计量器具			
		分度值为 0.0005mm（相当于放大倍数 2000 倍）的比较仪	分度值为 0.001mm（相当于放大倍数 1000 倍）的比较仪	分度值为 0.002mm（相当于放大倍数 500 倍）的比较仪	分度值为 0.005mm（相当于放大倍数 200 倍）的比较仪
大于	至	不确定度			
0	25	0.0006	0.0010	0.0017	0.0030
25	40	0.0007			
40	65	0.0008	0.0011	0.0018	
65	90				
90	115	0.0009	0.0012		
115	165	0.0010	0.0013	0.0019	
165	215	0.0012	0.0014	0.0020	0.0035
215	265	0.0014	0.0016	0.0021	
265	315	0.0016	0.0017	0.0022	

注：测量时，使用的标准器由不多于四块的 1 级（或 4 等）量块组成。

表 4-4　指示表的不确定度 u'_1　　　　　　　　　　mm

尺寸范围		所使用的计量器具			
		分度值为 0.001mm 的千分表（0 级在全程范围内，1 级在 0.2mm 内）；分度值为 0.002mm 的千分表（在 1 转范围内）	分度值为 0.001mm、0.002mm、0.005mm 的千分表（1 级在全程范围内）；分度值为 0.01mm 的百分表（0 级在任意 1mm 内）	分度值为 0.01mm 的百分表（0 级在全程范围内，1 级在任意 1mm 内）	分度值为 0.01mm 的百分表（1 级在全程范围内）
大于	至	不确定度			
0	25	0.005	0.010	0.018	0.030
25	40				
40	65				
65	90				
90	115				
115	165	0.006			
165	215				
215	265				
265	315				

注：测量时，使用的标准器由不多于四块的 1 级（或 4 等）量块组成。

选择计量器具除考虑测量不确定度外，还应考虑以下两点要求。

① 选择计量器具应与被测工件的外形、位置、尺寸的大小及被测参数特性相适应，使所选计量器具的测量范围能满足工件的要求。

② 选择计量器具应考虑工件的尺寸公差，使所选计量器具的不确定度值既能保证测量精度要求，又符合经济性要求。

三、光滑工件尺寸的检测实例

例 4-1　被测工件尺寸为 $\phi 45f8$，试确定验收极限并选择合适的测量器具。并分析该轴可否使用分度值为 0.01mm 的外径千分尺进行比较法测量验收。

解

（1）确定验收极限

该轴精度要求为 IT8 级，采用包容要求，故验收极限按内缩方案确定。由表 4-1 确定安全裕度 A 和测量器具的不确定度允许值 u_1。

该工件的公差为 0.039mm，从表 4-1 查得 $A=0.0039$mm，$u_1=0.0035$mm。

其上、下验收极限分别为

$$上验收极限=d_{max}-A=45-0.025-0.0039=44.9711mm$$
$$下验收极限=d_{min}+A=45-0.064+0.0039=44.9399mm$$

（2）选择测量器具

按工件基本尺寸 45mm，从表 4-3 查得分度值为 0.005mm 的比较仪不确定度 $u_1'=0.0030$mm，小于允许值 $u_1=0.0035$mm，故能满足使用要求。

当现有测量器具的不确定度 u_1' 达不到小于或等于 I 挡允许值 u_1 时，可选用表 4-1 中的第 II 挡 u_1 值，重新选择测量器具，依此类推，第 II 挡 u_1 值满足不了要求时，可选用第 III 挡 u_1 值。

当没有比较仪时，由表 4-2 选用分度值为 0.01mm 的外径千分尺，其不确定度 $u_1'=0.004$mm，大于允许值 $u_1=0.0035$mm，显然，用分度值为 0.01mm 的外径千分尺采用绝对测量法，不能满足测量要求。

用分度值为 0.01mm 的外径千分尺进行比较测量时，使用 45mm 量块作为标准器（标准器的形状与轴的形状不相同），千分尺的不确定度可降为原来的 60%，即减小到 $0.004\times60\%=0.0024$mm，小于允许值 $u_1'=0.0035$mm。所以，用分度值为 0.01mm 外径千分尺进行比较测量，是能满足测量精度的。

（3）结论

该轴即可使用分度值为 0.005mm 的比较仪进行比较法测量；还可使用分度值为 0.01mm 的外径千分尺进行比较法测量，此时验收极限不变。

例 4-2 被测工件尺寸为 $\phi48k7$，安全裕度 $A=0.0025$mm，试确定验收极限和生产公差。如果经测量后，得到的尺寸为 48.185mm，该工件尺寸是否合格？

解

（1）确定验收极限和生产公差

上、下验收极限分别为

$$上验收极限=最大实体尺寸(d_{max})-A=48.027-0.0025=48.0245mm$$
$$下验收极限=最小实体尺寸(d_{min})+A=48.002+0.0025=48.0045mm$$

生产公差为

$$生产公差=上验收极限-下验收极限=48.0245-48.0045=0.020mm$$

（2）合格性检测

使用测长仪进行检测，如图 4-3 所示。检测步骤如下。

接通电源，转动测微目镜的调节环以调节视度，将被测工件放入测长仪测座和尾座的两测量头中间，以尾座测量头为固定测量头，移动测座，通过工作台的调整，使被测尺寸处于测量轴线上，从目镜中观察，可同时看到十等分分划板中刻线，基准线纹尺的毫米数值为 48mm 和 47mm，其中 48mm 指示线在第二圈阿基米德螺旋线双刻线中，则毫米数为 48mm，第二圈在十等分分划板上的位置不足 2 格，则读数为 0.1mm，微米数的数值从螺旋线里圈的圆周上读出为 0.085mm，则整个读数为 48＋0.1＋0.085＝48.185mm。

（3）检测结果

由于测量仪检测的尺寸在验收极限范围（48.0045～48.0245mm）外，所以该工件的尺寸不合格。

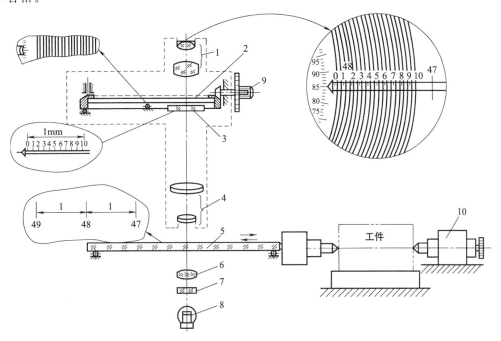

图 4-3　测长仪的读数

1—目镜；2—螺旋分划线；3—十等分分划板；4—物镜；5—基准线纹尺；

6—聚光镜；7—滤光片；8—光源；9—微调手柄；10—尾座

例 4-3　被测工件为 $\phi50H12$（无配合要求），试确定验收极限并选择合适的测量器具。

解

（1）确定验收极限

该孔精度要求不高，为 IT12 级，无配合要求，故验收极限按不内缩方案确定，取安全裕度 $A=0$。

其上、下验收极限分别为

$$上验收极限＝D_{max}-A＝50.25mm$$
$$下验收极限＝D_{min}+A＝50mm$$

（2）选择测量器具

按工件基本尺寸 50mm，工件的公差为 0.25mm，由表 4-1 确定测量器具的不确定度允许值 $u_1'=0.023mm$。由表 4-2 查得分度值为 0.02mm 的游标卡尺的不确定度 $u_1'=0.020mm$，小于允许值 $u_1=0.023mm$，故能满足使用要求。

第二节　光滑极限量规

在机械制造中，零件的尺寸允许在某一范围内变动，检验尺寸一般使用通用计量器具，直接测取工件的实际尺寸，以判定其是否合格。但是，对成批大量生产的工件，采用此测量方法，其效率往往不能满足要求。为提高检测效率，则常常使用光滑极限量规来检验。

光滑极限量规是用来检验某一孔或轴专用的量具，简称量规。

一、光滑极限量规

光滑极限量规是一种无刻度的只能检验工件是否在允许的极限尺寸范围内，而不能测量出工件实际尺寸的专用检验工具。检验孔径的光滑极限量规称为塞规；检验轴径的光滑极限量规称为环规或卡规。图 4-4（a）所示为塞规直径与孔径的关系；图 4-4（b）所示为卡规直径与轴径的关系。

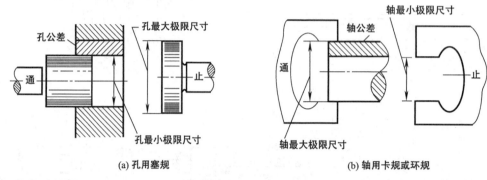

(a) 孔用塞规　　　　　　　　　　(b) 轴用卡规或环规

图 4-4　光滑极限量规

塞规有通规和止规两部分，应成对使用。一个塞规以被测孔的最大实体尺寸（孔的最小极限尺寸）制造，另一个塞规以被测孔的最小实体尺寸（孔的最大极限尺寸）制造。前者称为塞规的通规（或通端），后者称为塞规的止规（或止端）。如果塞规的通规通过被检验孔，表示被测孔径大于最小极限尺寸；塞规的止规塞不进被检验孔，表示被测孔径小于最大极限尺寸，则说明孔的实际尺寸在规定的极限尺寸范围内，即被检验孔合格。

一个卡规按被测轴的最大实体尺寸（轴的最大极限尺寸）制造；另一个卡规按被测轴的最小实体尺寸（轴的最小极限尺寸）制造。前者称为卡规的通规，后者称为卡规的止规。如果卡规的通规能顺利地通过轴径，表示被测轴径比最大极限尺寸小。因此，被测轴的实际尺寸在规定的极限尺寸范围内，即被检验轴合格。

因此，通规通过被测工件，止规通不过被测工件，就可确定被测工件合格；反之则不合格。

二、量规的分类

根据量规的用途，可将其分为工作量规、验收量规和校对量规三类。

1. 工作量规

工作量规是工人在工件的生产过程中用来检验工件的量规。其通规用代号 T 表示，止规用代号 Z 表示。

2. 验收量规

验收量规是检验部门或用户验收产品时使用的量规。国家标准对工作量规的公差带作了规定，而没有规定验收量规的公差，但规定了工作量规与验收量规的使用顺序，即加工者应使用新的或磨损较少的量规；检验部门应使用与加工者具有相同形式且已磨损较多的量规；而用户在用量规验收产品时，通规应接近工件的 MMS，而止规应接近工件的 LMS，这样规定的目的，在于尽量避免工人制造的合格工件，被检验人员或用户误判为不合格品。

3. 校对量规

校对量规是用来检验轴用工作量规在制造中是否符合制造公差，在使用中是否达到磨损极限时所用的量规。因为工作量规在制造和使用过程中常会发生碰撞、变形，且通规经常通过零件还容易磨损，所以轴用工作量规必须进行定期校对。孔用量规虽然也需定期校对，但可以用通用量仪检测，且比较方便，故不需规定专用的校对量规。校对量规有三种，见表4-5。

表 4-5　校对量规

量规形状	检验对象		量规名称	量规代号	功　　能	判断合格的标准
塞规	轴用工作量规	通规	校通-通	TT	防止通规制造时尺寸过小	通过
		止规	校止-通	ZT	防止止规制造时尺寸过小	通过
		通规	校通-损	TS	防止通规使用中磨损过大	不通过

目前，对轴用卡规的校对，当产品批量不是很大时，不少工厂采用量块来代替校对量规，这对量规的制造、使用和保管都较有利。

三、工作量规的设计

光滑极限量规是一种专用量具，它的制造精度比被检验工件要求更高。但它在制造过程中，也不可避免地会产生制造误差，故需对量规的通端和止端规定相同的制造公差 T，其公差带均匀位于被检查工件的尺寸公差带内，以避免将不合格工件判为合格（称为误收），如图4-5所示，可见止端公差带紧靠在最小实体尺寸线上，通端公差带距最大实体尺寸线一段距离，这是因为通端检测时频繁通过合格件，容易磨损，为了保证使其有合格的使用寿命，必须给出一定的最小备磨量，其大小应是上述距离值，它由图中通规公差带中心与工件最大实体尺寸之间的距离 Z 的大小确定，Z 为通端位置要素值。

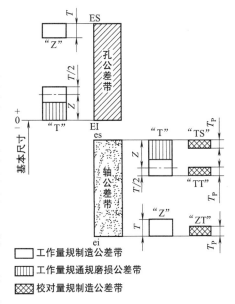

图 4-5　量规公差带

若通规使用一段时间后，其尺寸由于磨损超过了被检工件的最大实体尺寸（通规的磨损极限），通规即报废。而止端检测不应通过工件；故不需要备磨量。T 和 Z 的值均与被检测工件尺寸公差大小有关；其值列于表4-6中。

四、量规设计原则

量规设计的任务就是根据工件的要求，设计出能够把工件尺寸控制在其公差范围内的适用的量具。

量规设计包括结构类型的选择、结构尺寸的确定、工作尺寸的计算及量规工作图的绘制。

1. 量规结构类型及选择

量规的结构类型分为全形规与非全形规。全形规测量面应具有与被测件相应的完整表面，

表 4-6　IT6～IT16 级工作量规制造公差和位置公差　　　　　　μm

工件基本尺寸/mm	IT6		IT7		IT8		IT9		IT10		IT11		IT12		IT13		IT14		IT15		IT16	
	T	Z	T	Z	T	Z	T	Z	T	Z	T	Z	T	Z	T	Z	T	Z	T	Z	T	Z
≤3	1	1	1.2	1.6	1.6	2	2	3	2.4	4	3	6	4	9	6	14	9	20	14	30	20	40
3～6	1.2	1.4	1.4	2	2	2.6	2.4	4	3	5	4	8	5	11	7	16	11	25	16	35	25	50
6～10	1.4	1.6	1.8	2.4	2.4	3.2	2.8	5	3.6	6	5	9	6	13	8	20	13	30	20	40	30	60
10～18	1.6	2	2	2.8	2.8	4	3.4	6	4	8	6	11	7	15	10	24	15	35	25	50	35	75
18～30	2	2.4	2.4	3.4	3.4	5	4	7	5	9	7	13	8	18	12	28	18	40	28	60	40	90
30～50	2.4	2.8	3	4	4	6	5	8	6	11	8	16	10	22	14	34	22	50	34	75	50	110
50～80	2.8	3.4	3.6	4.6	4.6	7	6	9	7	13	9	19	12	26	16	40	26	60	40	90	60	130
80～120	3.2	3.8	4.2	5.4	5.4	8	7	10	8	15	10	22	14	30	20	46	30	70	46	100	70	150
120～180	3.8	4.4	4.8	6	6	9	8	12	9	18	12	25	16	35	22	52	35	80	52	120	80	180
180～250	4.4	5	5.4	7	7	10	9	14	10	20	14	29	18	40	26	60	40	90	60	130	90	200
250～315	4.8	5.6	6	8	8	11	10	16	12	22	16	32	20	45	28	66	45	100	66	150	100	220
315～400	5.4	6.2	7	9	9	12	11	18	14	25	18	36	22	50	32	74	50	110	74	170	110	250
400～500	6	7	8	10	10	14	12	20	16	28	20	40	24	55	36	80	55	120	80	190	120	280

其长度理论上也应等于配合件的长度，以使它在检验时能与被测面全部接触，达到控制整个被测表面作用尺寸的目的。非全形规测量面理论上应制成两点式的，以使它在检验时与被测面成两点式接触，从而控制被测面的局部实际尺寸。

量规测量面类型的选择，对零件的测量结果影响很大，为了保证被测零件的质量，光滑极限量规的结构类型应符合极限尺寸的判断原则，即孔和轴的作用尺寸不允许超过其 MMS；孔和轴在任何位置上的实际尺寸不允许超过其 LMS。

量规通端的功能是控制被测件的作用尺寸，故通规的基本尺寸应等于被测零件的 MMS，形状理论上应为全形规；止端的功能是控制被测件的局部实际尺寸，故其基本尺寸应等于被测件的 LMS，形状理论上应为非全形规。

在量规的实际应用中，由于量规制造和使用方面的原因，要求量规形状完全符合极限尺寸判断原则（泰勒原则）是有一定困难的。因此，国家标准规定，在被检验工件的形状误差不影响配合性质的条件下，允许使用偏离泰勒原则的量规。例如，对于尺寸大于 100mm 的孔，为了不使量规过于笨重，通规很少制成全形轮廓。同样，为了提高检验效率，检验大尺寸轴的通规也很少制成全形环规。此外，全形环规不能检验已装夹在顶尖上的被加工零件以及曲轴零件等。

由于零件总是存在形状误差的，当量规测量面的类型不符合极限尺寸判断原则时，就有可能将不合格的零件误判为合格，如图 4-6 所示。孔的实际轮廓已超出尺寸公差带，应为不合格品。用全形量规检验时不能通过；而用点状止规检验，虽然沿 X 方向不能通过，但沿

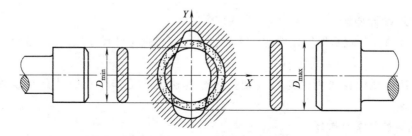

图 4-6　使用偏离极限尺寸判断原则的量规的分析

Y 方向却能通过。于是，该孔被正确地判断为废品。反之，若用两点状通规检验，则可能沿 Y 轴方向通过，用全形止规检验，则不能通过。这样一来，由于量规的测量面形状不符合泰勒原则，结果把该孔误判为合格。为避免这种情况产生，国家标准规定，应在保证被测零件孔的形状误差（尤其是轴线的直线度、圆柱面的圆度误差）不致影响配合性质的条件下，才能使用偏离极限尺寸判断原则的量规结构类型。

2. 量规公差带

（1）工作量规的制造公差和磨损公差　虽然量规是一种精密的检验工具，量规的制造精度比被检验工件的精度要求更高，但在制造时也不可避免地会产生误差，不可能将量规的工作尺寸正好加工到某一规定值。因此，对量规通、止端也都必须规定制造公差。

由于通规在使用过程中经常通过工件，因而会逐渐磨损。为了使通规具有一定的使用寿命，应当留出适当的磨损储备量，因此对通规应规定磨损极限，即将通规公差带从最大实体尺寸向工件公差带内缩一个距离。

止规通常不通过工件，磨损极少，所以不需要留磨损储备量，故将止规公差带放在工件公差带内紧靠最小实体尺寸处。校对量规也不需要留磨损储备量。

（2）量规公差带的分布位置　工作量规的公差带分布如图 4-5 所示，图中 T 为量规制造公差，Z 为位置要素（即通规制造公差带中心到工件最大实体尺寸之间的距离），T、Z 的大小取决于工件公差的大小。由公差带图可知

孔用塞规：通端　$Ts = EI + Z + T/2$　　　$Ti = Ts - T$

　　　　　止端　$Zs = ES$　　　　　　　　　$Zi = ES - T$

轴用环规：通端　$Ts = es - Z + T/2$　　　$Ti = Ts - T$

　　　　　止端　$Zs = ei + T$　　　　　　　$Zi = ei$

校对量规：$TSs = es$　　　　　　　　　　　$TSi = es - T/2$

　　　　　$TTs = Ti + T/2$　　　　　　　　$TTi = Ti$

　　　　　$ZTs = ei + T/2$　　　　　　　　$ZTi = ei$

3. 量规的技术要求

（1）量规材料　量规测量面的材料，可用合金工具钢、渗碳钢、碳素工具钢及其他耐磨材料或在测量表面镀以厚度大于磨损量的镀铬层、氮化层等耐磨材料。

（2）硬度　量规测量表面的硬度对量规使用寿命影响很大，其测量面的硬度应为 58～65HRC。

（3）形位公差　量规的形状公差和位置公差应控制在尺寸公差带内，其形位公差值不大于尺寸公差的 50%，考虑到制造和测量的困难，当量规的尺寸公差小于或等于 0.002mm 时，其形位公差仍取 0.001mm。

（4）表面粗糙度　量规测量面的表面粗糙度按标准选取见表 4-7。校对量规测量面的表面粗糙度比工作量规更小。

为便于制造起见，量规的工作尺寸往往采用基准孔或基准轴的公差带形式标注。即对孔用量规（轴）往往注出它的最大极限尺寸并以负值偏差的形式标注；对轴用量规（孔）则注出最小极限尺寸并以正偏差的形式标注（图 4-7）。

4. 光滑极限量规使用注意事项

量规是一种精密测量器具，使用量规过程中要与工件多次接触，如何保持量规的精度、提高检验结果的可靠性，这与操作者的关系很大，因此必须合理正确地使用量规。

表 4-7   量规测量面的表面粗糙度参数 Ra

工 作 量 规	工件基本尺寸/mm		
	≤120	>120~315	>315~500
	Ra 最大允许值/μm		
IT6 级孔用量规	0.05	0.1	0.2
IT6~IT9 级轴用量规	0.1	0.2	0.4
IT7~IT9 级孔用量规			
IT10~IT12 级孔、轴用量规	0.2	0.4	0.8
IT13~IT16 级孔、轴用量规	0.4	0.8	0.8

注：校对量规测量面的表面粗糙度值比被校对量规测量面的粗糙度值小 50％。

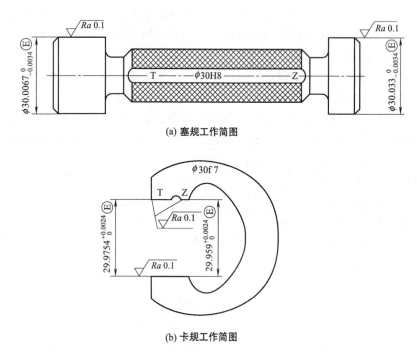

(a) 塞规工作简图

(b) 卡规工作简图

图 4-7   量规工作简图

① 使用前，要认真地进行检查。先要核对图纸，看这个量规是不是与要求的检验尺寸和公差相符，以免发生差错、造成大批废品。同时要检查量规有没有检定合格的标记或其他证明。还要检查量规的工作表面上是否有锈斑、划痕和毛刺等缺陷，因为这些缺陷容易引起被检验工件表面质量下降，特别是公差等级和表面粗糙度较高的有色金属工件更为突出。还要检查量规测头与手柄连接是否牢固可靠。最后还要检查工件的被检验部位（特别是内孔），是否有毛刺、凸起、划伤等缺陷。

② 使用前，要用清洁的细棉纱或软布，把量规的工作表面擦干净，允许在工作表面上涂一层薄油，以减少磨损。

③ 使用前，要辨别哪是通端、哪是止端，不要搞错。

④ 使用时，量规的正确操作方法可归纳为"轻"、"正"、"冷"、"全"四个字。

轻，就是使用量规时要轻拿轻放，稳妥可靠；不能随意丢掷；不要与工件碰撞，工件放稳后再来检验；检验时要轻卡轻塞，不可硬卡硬塞。

正，就是用量规检验时，位置必须放正，不能歪斜，否则检验结果也不会可靠。

冷，就是当被检工件与量规温度一致时才能进行检验，而不能把刚加工完还发热的工件进行检验；精密工件应与量规进行等温。

全，就是用量规检验工件要全面，才能得到正确可靠的检验结果，塞规通端要在孔的整个长度上检验，而且还要在2或3个轴向平面内检验；塞规止端要尽可能在孔的两端进行检验。卡规的通端和止端，都应沿轴和围绕轴不少于4个位置上进行检验。

⑤ 若塞规卡在工件孔内时，不能用普通铁锤敲打、扳手扭转或用力摔砸，否则会使塞规工作表面受到损伤。这时要用木、铜、铝锤或钳工拆卸工具（如拔子或推压器），还要在塞规的端面上垫一块木片或铜片加以保护，然后用力拔或推出来。必要时，可以把工件的外表面稍微加热后，再把塞规拔出来。

⑥ 当机床上装夹的工件还在运转时，不能用量规去检验。

⑦ 不要用量规去检验表面粗糙和不清洁的工件。

⑧ 量规的通端要通过每一个合格的工件，其测量面经常磨损。因此，量规需要定期检定。

对工作量规，当塞规通端接近或超过其最小极限尺寸、卡规（环规）的通端接近或超过其最大极限尺寸时，工件量规要改为验收量规来使用。当验收量规接近或超过磨损限时，应立即报废，停止使用。

⑨ 使用光滑极限量规检验工件，如判定有争议时，应该使用下述尺寸的量规检验；通端应等于或接近工件的最大实体尺寸（即孔的最小极限尺寸、轴的最大极限尺寸）；止端应等于或接近工件的最小实体尺寸（即孔的最大极限尺寸、轴的最小极限尺寸）。

五、量规的设计步骤及极限尺寸计算

1. 量规的选择

检验圆柱形工件的光滑极限量规的形式很多。合理地选择与使用，对正确判断检验结果影响很大。按照国家标准推荐，检验孔时，可用下列几种形式的量规 [图 4-8（a）]：全形塞规、不全形塞规、片状塞规、球端杆规。检验轴时，可用下列形式的量规 [图 4-8（b）]：

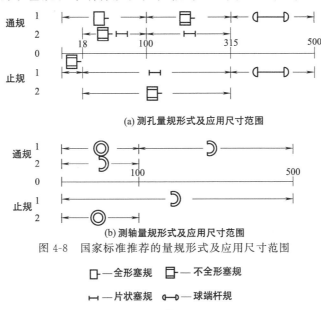

(a) 测孔量规形式及应用尺寸范围

(b) 测轴量规形式及应用尺寸范围

图 4-8　国家标准推荐的量规形式及应用尺寸范围

环规和卡规。

上述各种形式的量规及应用尺寸范围，可供设计时参考。具体结构形式参看标准及有关资料。

2. 量规极限尺寸的计算

光滑极限量规的尺寸及偏差计算步骤如下。

① 查出被测孔和轴的极限偏差。

② 查出工作量规的制造公差 T 和位置要素 Z 值。

③ 确定工作量规的形状公差。

④ 确定校对量规的制造公差。

⑤ 计算在图样上标注的各种尺寸和偏差。

例 4-4 计算 $\phi30H8/f7$ 孔和轴用量规的极限偏差。

解

（1）由国家标准 GB/T 1800—1998 查出孔与轴的上、下偏差

$\phi30H8$ 孔：ES＝＋0.033mm，EI＝0。

$\phi30f7$ 轴：es＝－0.020mm，ei＝－0.041mm。

（2）查出工作量规的制造公差 T 和位置要素 Z

塞规：制造公差 T＝0.0034mm，位置要素 Z＝0.0050mm。

卡规：制造公差 T＝0.0024mm，位置要素 Z＝0.0034mm。

（3）确定工作量规的形状公差

塞规：形状公差 $T/2$＝0.0017mm。

卡规：形状公差 $T/2$＝0.0012mm。

（4）确定校对量规的制造公差

校对量规制造公差 T_p＝$T/2$＝0.0012mm。

（5）计算在图样上标注的各种尺寸和偏差

$\phi30H8$ 孔用塞规：

通规　　　上偏差＝EI＋Z＋T/2＝0＋0.0050＋0.0017＝＋0.0067mm

　　　　　下偏差＝EI＋Z－T/2＝0＋0.0050－0.0017＝＋0.0033mm

　　　　　磨损极限＝D_{min}＝30mm

止规　　　　上偏差＝ES＝＋0.033mm

　　　　　　下偏差＝ES－T＝0.033－0.0034＝＋0.0296mm

$\phi30f7$ 轴用卡规：

通规　　上偏差＝es－Z＋T/2＝－0.020－0.0034＋0.0012＝－0.0222mm

　　　　下偏差＝es－Z－T/2＝－0.020－0.0034－0.0012＝－0.0246mm

磨损极限尺寸＝d_{max}＝29.98mm

止规　　　　上偏差＝ei＋T＝－0.041＋0.0024＝－0.0386mm

　　　　　　下偏差＝ei＝－0.041mm

轴用卡规的校对量规：

校通-通

　　上偏差＝es－Z－T/2＋T_p＝－0.020－0.0034－0.0012＋0.0012＝－0.0234mm

　　下偏差＝es－Z－T/2＝－0.020－0.0034－0.0012＝－0.0246mm

校通-损

$$上偏差＝es＝-0.020mm$$

$$下偏差＝es-T_p＝-0.020-0.0012＝-0.0212mm$$

校止-通

$$上偏差＝ei+T_p＝-0.041+0.0012＝-0.0398mm$$

$$下偏差＝ei＝-0.041mm$$

$\phi30H8/f7$ 孔、轴用量规公差带如图 4-9 所示。

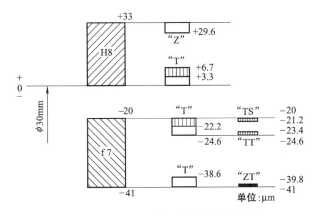

图 4-9　$\phi30H8/f7$ 孔、轴用量规公差带

课 后 练 习

4-1　为什么要规定安全裕度和验收极限？

4-2　光滑极限量规有何特点？如何用它检验工件是否合格？

4-3　量规分几类？各有何用途？孔用工作量规为何没有校对量规？

4-4　用普通计量器具测量下列孔和轴时，试分别确定它们的安全裕度、验收极限以及使用的计量器具的名称和分度值。

(1) $\phi150h11$；(2) $\phi140H10$；(3) $\phi35e9$；(4) $\phi50s6$

4-5　试计算孔 $\phi18H7$ 的工作量规和轴 18p7 的工作量规工作部分的极限尺寸，并画出孔、轴工作量规的尺寸公差带图。

第五章　表面粗糙度及其检测

表面粗糙度主要是指切削加工过程中由于刀具和工件表面之间的强烈摩擦、切屑分离过程中的物料破损残留以及工艺系统的高频振动等原因，在工件表面上引起的具有较小间距和微小峰谷的微观误差现象。这种表面微观几何形状误差与机械零件的配合性质、工作精度、耐磨损性、耐腐蚀性、美观程度等有着十分密切的关系，它直接影响到机器或仪器的可靠性和使用寿命。

为了正确地测量和评定零件的表面粗糙度轮廓，为了在图样上正确标注表面粗糙度的技术要求，以保证零件的互换性，我国自 1997 年以来颁布了一系列新版本的表面结构标准。因新标准相比 20 世纪 80 年代的标准内容变化很大，若根据新国家标准评定旧图样中的表面要求可能会有问题。因此，新国家标准规定：企业需要决定如何将旧图样从旧标准向新标准过渡；旧图样仍可以按旧版本 GB/T 131—1993 解释。

第一节　概　　述

一、表面粗糙度的基本概念

零件表面无论是用机械加工方法还是用其他方法获得，都不可能是绝对光滑平整的，总会存在着由微小间距和微观峰谷组成的微小高低不平的痕迹。这是一种微观几何形状误差，称为微观不平度。这种微观几何形状误差可用表面粗糙度来表达，表面粗糙度值越小，零件的表面越光滑平整。因此，表面粗糙度是评定零件表面质量的一项重要指标。

如图 5-1 所示，零件同一表面存在着叠加在一起的三种误差，即原始轮廓误差（宏观几何形状误差）、波纹度误差和表面粗糙度误差。三者之间，通常可按相邻波峰、波谷之间的波距大小来加以划分：波距在 10mm 以上属表面宏观形状误差，波距在 1～10mm 的属于表面波纹度误差，波距在 1mm 以下属于表面粗糙度误差。

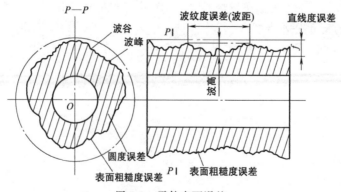

图 5-1　零件表面误差

二、表面粗糙度对零件使用性能的影响

零件表面粗糙度的大小，对零件的使用性能有很大影响，主要表现在以下几个方面。

1. 影响零件表面的耐磨性

表面粗糙度越大，零件工作表面的摩擦磨损和能量消耗越严重。表面越粗糙，摩擦因数就越大，摩擦阻力也越大，零件配合表面的磨损就越快。但是，不能认为表面粗糙度数值越小，耐磨性就越好，因为表面过于光滑，不利于在该表面上存储润滑油，容易使运动表面间形成半干摩擦甚至干摩擦，反而使摩擦因数增大，从而加剧磨损。

2. 影响配合性质的稳定性

对于间隙配合，粗糙的表面会因峰顶很快磨损而使实际间隙逐渐加大；对于过盈配合，由于压合装配时会将微观凸峰挤平，减小了实际有效过盈，降低过盈配合的连接强度。微观凸峰被磨损或挤平的现象，对于那些配合稳定性要求较高、配合间隙或配合过盈量较小的高速重载机械影响更显著，故合理选定表面粗糙度参数值尤为重要。

3. 影响零件的疲劳强度

表面越粗糙，一般表面微观不平的凹痕就越深，交变应力作用下的应力集中就会越严重，越易造成零件抗疲劳强度的降低而导致失效。

4. 影响零件表面的耐腐蚀性

表面越粗糙，腐蚀性气体或液体越易在谷底处聚集，并通过表面微观凹谷渗入到金属内层，造成表面锈蚀。

5. 影响零件表面的密封性

静力密封时，粗糙的零件表面之间无法严密地贴合，容易使气体或液体通过接触面间的微小缝隙发生渗漏。同理，对于动力密封，其配合面的表面粗糙度参数值也不能过低，否则，受压会破坏油膜，从而失去润滑作用。

6. 影响机器或仪器的工作精度

表面越粗糙，表面间接触面积就越小，致使单位面积受力增大，造成峰顶处的局部塑性变形加剧，接触刚度下降，影响机器工作精度和精度的稳定性。

此外，表面粗糙度影响产品的外观、表面涂层的质量和操作人员的使用舒适性，以及对零件的镀涂层、导热性、反射能力等都会产生不同程度的影响。

综上所述，表面粗糙度在零件的几何精度设计中是必不可少的项目，是一种十分重要的零件质量评定指标。为了保证零件的使用性能和寿命，应对零件的表面粗糙度加以合理限制。

第二节　表面粗糙度国家标准

我国参照国际标准（ISO），对表面粗糙度国家标准进行修订和增订后，目前我国执行的标准有 GB/T 3505—2000《产品几何技术规范（GPS）表面结构　轮廓法　表面结构的术语、定义及参数》、GB/T 1031—1995《表面粗糙度　参数及其数值》、GB/T 131—2006《产品几何技术规范（GPS）技术产品文件中表面结构的表示法》。其中，GB/T 1031—1995已于 2009 年 11 月 1 日被 GB/T 1031—2009 所替代。

一、表面粗糙度基本术语

1. 取样长度 l_r

取样长度是用于判别被评定轮廓不规则特征的 X 方向上的一段基准线长度，它在轮廓总的走向上量取，至少包含 5 个微峰和 5 个微谷，如图 5-2 所示。

规定取样长度的目的是为了限制和削弱其他形状误差，特别是波纹度轮廓对表面粗糙度测量结果的影响。如果零件的表面越粗糙，则取样长度 l_r 就应越大。标准取样长度的推荐值见表 5-1，选用时在图样上可省略标注取样长度值；当情况特殊不能选用表 5-1 中的数值时，则应在图样上注出取样长度值。

表 5-1　l_r 和 l_n 的数值

$Ra/\mu m$	$Rz/\mu m$	l_r/mm	$l_n/mm(l_n=5l_r)$
≥0.008~0.02	≥0.025~0.1	0.08	0.4
>0.02~0.1	>0.1~0.5	0.25	1.25
>0.1~2.0	>0.5~10.0	0.8	4.0
>2.0~10.0	>10.0~50.0	2.5	12.5
>10.0~80.0	>50.0~320	8.0	40.0

2. 评定长度 l_n

由于零件实际表面的微观峰、谷存在客观不均匀性，为了更可靠地反映表面粗糙度轮廓特性，应测量连续的几个取样长度上的表面粗糙度轮廓。这些连续的几个取样长度称为评定长度 l_n，它是用于判别被评定轮廓的表面粗糙度特性所需的 X 方向上的长度，如图 5-2 所示。应当指出，评定长度可以只包含一个取样长度，也可包含连续的几个取样长度。标准评定长度为连续的 5 个取样长度。

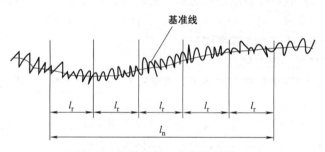

图 5-2　取样长度 l_r 与评定长度 l_n

3. 轮廓中线 m

评定表面粗糙度参数值大小时所用的一条基准线，称为轮廓中线。轮廓中线有以下两种。

（1）轮廓最小二乘中线　轮廓的最小二乘中线根据实际轮廓用最小二乘法来确定。轮廓的最小二乘中线是指具有理想直线形状并划分被测轮廓的基准线，在一个取样长度 l_r 范围内，实际被测轮廓线上的各点至该线的距离（轮廓偏距）的平方和为最小，这条线就是轮廓最小二乘中线，如图 5-3 所示。

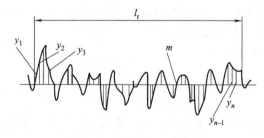

图 5-3　轮廓最小二乘中线

（2）轮廓算术平均中线　如图 5-4 所示，轮廓算术平均中线是指具有理想直线形状并在取样长度内与轮廓走向一致的基准线，该基准线将实际轮廓划分为上下两部分，且使上部分的面积之和等于下部分的面积之和。

最小二乘中线符合最小二乘原则，从理论上讲是理想的基准线。但由于在实际轮廓图形上确定最小二乘中线的位置比较困难，而在实际应用中，最小二乘中线与算术平均中线的差别很小，故常用算术平均中线来代替最小二乘中线。

4. 几何参数

（1）轮廓单元　一个轮廓峰和与其相邻的一个轮廓谷的组合，称为轮廓单元，如图 5-5 所示。

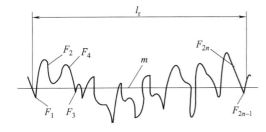

图 5-4　轮廓的算术平均中线

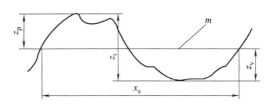

图 5-5　轮廓单元

（2）轮廓峰高 z_p　指零件轮廓与轮廓中线 m 相交，轮廓最高点到轮廓中线的距离。

（3）轮廓谷深 z_v　指零件轮廓与轮廓中线 m 相交，轮廓最低点到轮廓中线的距离。

（4）轮廓单元的高度 z_t　指轮廓单元的轮廓峰高与轮廓谷深之和。

（5）轮廓单元的宽度 x_s　指轮廓中线与轮廓单元相交线段的长度。

（6）在水平位置 c 上轮廓的实体材料长度 $Ml(c)$　如图 5-6 所示，在一个给定的水平位置 c 上，用一条平行于轮廓中线的线与轮廓单元相截，所得的各段截线长度之和，称为轮廓的实体材料长度 $Ml(c)$，c 为水平截距，即轮廓的峰顶线和平行于它并与轮廓相交的截线之间的距离。轮廓的实体材料长度可用公式表示：

$$Ml(c) = \sum_{i=1}^{n} Ml_i$$

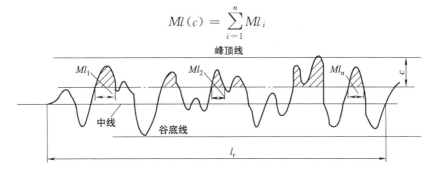

图 5-6　轮廓的实体材料长度

二、表面粗糙度的评定参数

为了能够定量描述零件表面微观几何形状特征，在国家标准中规定了表面粗糙度评定参数及其数值。表面粗糙度的评定参数应从轮廓的算术平均偏差 Ra 和轮廓最大高度 Rz 两个主要评定参数中选取，除这两个参数外，根据表面功能的需要，还可从轮廓单元的平均线高度 Rc、轮廓单元的平均宽度 RS_m 和轮廓的支撑长度率 $R_{mr}(c)$ 三个附加参数中选取。

1. 与高度特性有关的参数（幅度参数）

（1）轮廓的算术平均偏差 Ra　即在一个取样长度 l_r 内，轮廓上各点至基准线的距离的绝对值的算术平均值，如图 5-7 所示。

$$Ra = \frac{1}{l_r} \int_0^{l_r} |z(x)| \, dx$$

或近似为

$$Ra = \frac{1}{n} \sum_{i=1}^{n} |z_i|$$

式中 z——轮廓偏距（轮廓上各点至基准线的距离）；

z_i——第 i 点的轮廓偏距（$i=1, 2, \cdots, n$）。

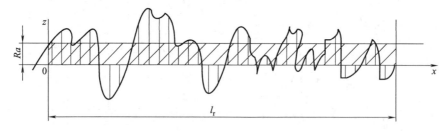

图 5-7 轮廓算术平均偏差 Ra 的确定

Ra 越大，则表面越粗糙。Ra 能客观地反映表面微观几何形状的特征，但因受到计量器具物理功能的限制，通常不可用作过于粗糙表面或过于光滑表面的表面粗糙度评定参数。

轮廓算术平均偏差 Ra 的数值见表 5-2。

表 5-2 轮廓算术平均偏差 Ra 的数值   μm

Ra	0.012 0.025 0.050 0.100	0.20 0.40 0.80 1.60	3.2 6.3 12.5 25	50 100

（2）轮廓的最大高度 Rz 即在一个取样长度 l_r 内，最大轮廓峰高 Z_p 和最大轮廓谷深 Z_v 之和的高度，如图 5-8 所示。

$$Rz = Z_p + Z_v$$

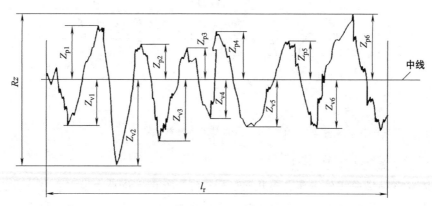

图 5-8 轮廓最大高度 Rz 的确定

轮廓最大高度 Rz 的数值见表 5-3。

表 5-3 轮廓最大高度 Rz 的数值   μm

Rz	0.025 0.050 0.100 0.200	0.4 0.8 1.6 3.2	6.3 12.5 25 50	100 200 400 800	1600

2. 与间距特性有关的参数（间距参数）

轮廓单元的平均宽度 RS_m　如图 5-9 所示，是指在一个取样长度 l_r 内，轮廓单元宽度（轮廓中线与轮廓单元相交线段的长度）的平均值，即

$$RS_m = \frac{1}{n}\sum_{i=1}^{n} x_{si}$$

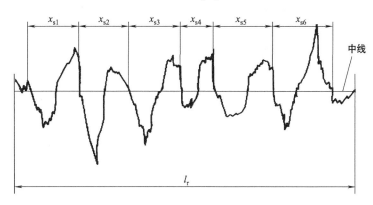

图 5-9　轮廓单元的宽度

轮廓单元的平均宽度 RS_m 的数值见表 5-4。

表 5-4　轮廓单元的平均宽度 RS_m 的数值　　　　mm

RS_m	0.0060	0.1	1.6
	0.0125	0.2	3.2
	0.0250	0.4	6.3
	0.0500	0.8	12.5

3. 与形状特性有关的参数（曲线参数）

轮廓的支撑长度率 $R_{mr}(c)$ 是指在给定水平位置 c 上，轮廓的实体材料长度 $Ml(c)$ 与评定长度 l_n 的比率。

$$R_{mr}(c) = Ml(c)/l_n$$

轮廓的实体材料长度与轮廓的水平截距 c 有关。轮廓的支撑长度率 $R_{mr}(c)$ 应该对应于水平截距 c 给出。c 值多采用轮廓最大高度 Rz 的百分数表示。具体参数系列值见表 5-5。

表 5-5　轮廓支撑长度率 $R_{mr}(c)$ 的数值　　　　%

$R_{mr}(c)$	10	15	20	25	30	40	50	60	70	80	90

轮廓的支撑长度率 $R_{mr}(c)$ 与零件的实际轮廓形状有关，是反映零件表面耐磨性能的指标。对于不同的实际轮廓形状，在相同的评定长度内给出相同的水平截距 c，如果 $R_{mr}(c)$

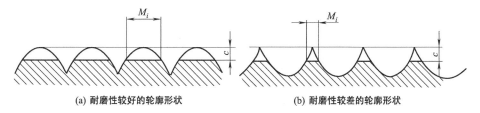

（a）耐磨性较好的轮廓形状　　　　　（b）耐磨性较差的轮廓形状

图 5-10　不同实际轮廓形状的实体材料长度

越大，则表示零件表面凸起的实体部分越大，承载面积越大，因而接触刚度越高，耐磨性能越好。显然，图 5-10（a）所示的耐磨性能较好，图 5-10（b）所示的耐磨性能较差。

由图 5-10 不难看出，此时若采用表面粗糙度高度特性参数或间距特性参数，都很难区分两者表面粗糙度的差异，而采用形状特性参数便很容易加以区分。

第三节　表面粗糙度评定参数及其数值的选择

表面粗糙度参数评定项目的选择首先应考虑零件使用功能的要求，同时也应考虑检测的方便性以及仪器设备条件等因素。在国家标准中给出了 Ra、Rz、RS_m、$R_{mr}(c)$ 等参数，正确地选用参数项目对保证零件表面质量及使用功能十分重要。

一、表面粗糙度评定参数项目的选用

在表面粗糙度的评定参数项目中，Ra、Rz 两个高度参数为基本参数，RS_m、$R_{mr}(c)$ 为附加参数。这些参数分别从不同角度反映了零件的表面形貌特征，但都存在着不同程度的不完整性。因此，在具体选用时要根据零件的功能要求、材料性能、结构特点以及测量条件等情况，适当选用一个或几个作为评定参数。

① 当零件表面没有特殊要求时，一般仅选用高度参数。在高度特性参数常用的参数值范围内，推荐优先选用 Ra 值，因为其既能反映加工表面的微观几何形状特征，又能反映微观凸峰高度，且在测量时便于进行数值处理。但以下情况不宜选用 Ra 值。

a. 在零件加工表面过于粗糙或过于光滑时，应选用 Rz 值。

b. 在零件材料较软时，不能选用 Ra 值，因为 Ra 值一般采用针描法进行测量，如果针描法用于软材料的测量，不仅会划伤被测零件的表面，而且测量所得的结果也不准确。

c. 如果测量面积很小，如锥尖、刀刃及仪表小元件的表面，在取样长度内，轮廓的微峰或微谷少于 5 个时，可以选用 Rz 值。

② 如果零件表面有特殊功能要求，为了保证功能和提高产品质量，可以同时选用几个参数来综合控制表面质量，具体情况如下。

a. 当表面要求耐磨时，可以选用 Ra、Rz 和 $R_{mr}(c)$。

b. 当表面要求承受交变应力时，可以选用 Rz 和 RS_m。

c. 当表面着重要求外观质量和可漆性时，可以选用 Ra 和 RS_m。

二、表面粗糙度主参数值的选用

选用表面粗糙度参数值总的原则是：在满足功能要求的前提下顾及经济性，使参数的允许值尽可能大。应按国家标准 GB/T 1031—2009 规定的参数值系列选取表面粗糙度参数允许值。选用时应优先采用第一系列中的数值。

在实际应用中，常用类比法来确定。具体选用时，可先根据经验统计资料初步选定表面粗糙度参数值，然后再对比工作条件进行适当调整。调整时应考虑以下几点。

① 同一零件上，工作表面的粗糙度值应比非工作表面小。

② 摩擦表面的粗糙度值应比非摩擦表面小；滚动摩擦表面的粗糙度值应比滑动摩擦表面小。

③ 运动速度高、单位面积压力大的表面，受交变应力作用的重要零件的圆角、沟槽表面的粗糙度值都应该小。

④ 配合性质要求越稳定，其配合表面的粗糙度值应越小；配合性质相同时，小尺寸结合面的粗糙度值应比大尺寸结合面小；同一公差等级时，轴的粗糙度值应比孔的小。

⑤ 表面粗糙度参数值应与尺寸公差及形状公差相协调。

⑥ 防腐性、密封性要求高，外表美观等表面的粗糙度值应较小。

⑦ 凡有关标准已对表面粗糙度要求作出规定（如与滚动轴承配合的轴颈和外壳孔、键槽、各级精度齿轮的主要表面等），则应按标准规定的表面粗糙度参数值选用。

表 5-6 和表 5-7 列出了常用表面粗糙度的表面特征、经济加工方法、应用举例，以及不同表面粗糙度参数值所适用的零件表面应用场合，供选择时参考。

表 5-6　表面粗糙度的表面特征、经济加工方法及应用举例

表面微观特性		$Ra/\mu m$	$Rz/\mu m$	加工方法	应用举例
粗糙表面	可见刀痕	$>20\sim40$	$>80\sim160$	粗车、粗刨、粗铣、钻、毛镗、锯断	半成品粗加工过的表面。非配合的加工表面。如轴端面、倒角、钻孔、齿轮和带轮侧面、键槽底面。垫圈接触面等
	微见刀痕	$>10\sim20$	$>40\sim80$		
半光表面	可见加工痕迹	$>5\sim10$	$>20\sim40$	车、刨、铣、镗、钻、粗铰	轴上不安装轴承，齿轮处的非配合表面，坚固件的自由装配表面。轴和孔的退刀槽等
	微见加工痕迹	$>2.5\sim5$	$>10\sim20$	车、刨、铣、镗、磨、拉、粗刮、滚压	半精加工表面，箱体，支架，盖面，套筒等和其他零件接合而无配合要求的表面，需要发蓝的表面等
	看不清加工痕迹方向	$>1.25\sim2.5$	$>6.3\sim10$	车、刨、铣、镗、磨、拉、刮、压、铣齿	接近于精加工表面，箱体上安装轴承的镗孔表面，齿轮的工作面
光表面	可辨加工痕迹方向	$>0.63\sim1.25$	$>3.2\sim6.3$	车、镗、磨、拉、刮、精铰、磨齿、滚压	圆柱销、圆锥销与滚动轴承配合的表面，卧式车床等铣面。内、外花键定位表面
	微辨加工痕迹方向	$>0.32\sim0.63$	$>1.6\sim3.2$	精铰、精镗、磨刮、滚压	要求配合性质稳定的配合表面。工作时受交变应力的重要零件。较高精度车床的导轨面
	不可辨加工痕迹方向	$>0.16\sim0.32$	$>0.8\sim1.6$	精磨、珩磨、研磨、超精加工	精密机床主轴锥孔、顶尖圆锥面、发动机曲轴、凸轮轴工作表面，高精度齿轮齿面
棱光表面	暗光泽面	$>0.08\sim0.16$	$>0.4\sim0.8$	精磨、研磨、普通抛光	精密机床主轴颈表面，一般量规工作表面。汽缸套内表面，活塞销表面等
	亮光泽面	$>0.04\sim0.08$	$>0.2\sim0.4$	超精磨、精抛光、镜面磨削	精密机床主轴颈表面，滚动轴承的滚珠。高压液压泵中柱塞与柱塞配合的表面
	镜状光泽面	$>0.02\sim0.04$	$>0.1\sim0.2$		
	雾状镜面	$>0.01\sim0.02$	$>0.05\sim0.1$	镜面磨削、超精研	高精度量仪、量块的工作表面，光学仪器中的金属镜面
	镜面	$\leqslant0.01$	$\leqslant0.05$		

表 5-7　表面粗糙度 Ra 的推荐选用值　　　　　　　　μm

应用场合		基本尺寸/mm					
		$\leqslant50$		$>50\sim120$		$>120\sim500$	
	公差等级	轴	孔	轴	孔	轴	孔
经常装拆零件的配合表面	IT5	$\leqslant0.2$	$\leqslant0.4$	$\leqslant0.4$	$\leqslant0.8$	$\leqslant0.4$	$\leqslant0.8$
	IT6	$\leqslant0.4$	$\leqslant0.8$	$\leqslant0.8$	$\leqslant1.6$	$\leqslant0.8$	$\leqslant1.6$
	IT7	$\leqslant0.8$		$\leqslant1.6$		$\leqslant1.6$	
	IT8	$\leqslant0.8$	$\leqslant1.6$	$\leqslant1.6$	$\leqslant3.2$	$\leqslant1.6$	$\leqslant3.2$

续表

应用场合			基本尺寸/mm					
过盈配合	压入装配	IT5	≤0.2	≤0.4	≤0.4	≤0.8	≤0.4	≤0.8
		IT6～IT7	≤0.4	≤0.8	≤0.8	≤1.6	≤1.6	
		IT8	≤0.8	≤1.6	≤1.6	≤3.2	≤3.2	
	热装	—	≤1.6	≤3.2	≤1.6	≤3.2	≤1.6	≤3.2
滑动轴承的配合表面		公差等级	轴			孔		
		IT6～IT9	≤0.8			≤1.6		
		IT10～IT12	≤1.6			≤3.2		
		液体湿摩擦条件	≤0.4			≤0.8		
圆锥结合的工作面			密封结合		对中结合		其他	
			≤0.4		≤1.6		≤6.3	
密封材料处的孔、轴表面		密封类型	速度/m·s^{-1}					
			≤3		3～5		≥5	
		橡胶圈密封	0.8～1.6(抛光)		0.4～0.8(抛光)		0.2～0.4(抛光)	
		毛毡密封	0.8～1.6(抛光)					
		迷宫式密封	3.2～6.3					
		涂油槽式密封	3.2～6.3					
精密定心零件的配合表面		径向跳动	2.5	4	6	10	16	25
	IT5～IT8	轴	≤0.05	≤0.1	≤0.1	≤0.2	≤0.4	≤0.8
		孔	≤0.1	≤0.2	≤0.2	≤0.4	≤0.8	≤1.6
V带轮和平带轮工作表面			带轮直径/mm					
			≤120		>120～315		>315	
			1.6		3.2		6.3	
箱体分界面（减速箱）		类型	有垫片		无垫片			
		需要密封	3.2～6.3		0.8～1.6			
		不需要密封	6.3～12.5					

表面粗糙度参数值应与尺寸公差及形位公差相协调。绝大多数情况下，其公差数值由大到小的参考顺序为：尺寸公差、表面位置公差、表面形状公差、表面粗糙度公差。但是在实际生产中也有特殊情况，如机床手柄的表面，它们的尺寸公差和表面形状公差数值很大，但表面粗糙度数值却要求很小，所以，它们之间并不存在确定的函数关系。一般来说，它们之间有一定的对应关系。设表面形状公差值为 T，尺寸公差值为 IT，则它们之间可参照以下对应关系：若 $T≈0.6IT$，则 $Ra≤0.05IT$，$Rz≤0.2IT$；若 $T≈0.4IT$，则 $Ra≤0.025IT$；$Rz≤0.1IT$；若 $T≈0.25IT$，则 $Ra≤0.012IT$；$Rz≤0.05IT$。

第四节　表面粗糙度符号、代号及其标注方法

确定了表面粗糙度的评定参数及其数值后，应按标准规定，把表面粗糙度要求正确地标注在零件图样上。GB/T 131—2006 对技术产品文件中表面结构的表示法作了详细规定，现将其基本内容介绍如下。

一、表面粗糙度图形符号及含义

按照 GB/T 131—2006 标准，在技术产品文件中表示表面结构的图形符号有五种，具体符号及其说明见表 5-8。

表 5-8　表面粗糙度符号

符　　号	意义及说明
	基本图形符号，表示表面可用任何方法获得，由两条不等长的与标注表面成 60°夹角的直线构成，表示对表面结构有要求的符号。基本图形符号仅适用于简化代号标注，当通过一个注释加以解释时方可单独使用，在没有补充说明时不能单独使用
	扩展图形符号，用于去除材料方法获得的表面。在基本图形符号上加一短横，表示指定表面是用去除材料的方法获得，如通过车、铣、刨、磨等机械加工获得的表面。仅当其含义是"被加工并去除材料的表面"时方可单独使用
	扩展图形符号，用于不允许去除材料方法获得的表面。在基本图形符号上加一个小圆，表示指定表面是用不去除材料的方法获得，如通过铸、锻、冲压变形、热轧冷轧、粉末冶金等。也可用于保持原供应状况（包括保持上道工序形成的）表面
(a)　(b)　(c)	完整图形符号，简称完整符号。在上述三个符号的长边上加一横线，用于对表面结构有补充要求时标注有关参数和说明。当需要在文本中用文字表达完整符号时，用 APA 表示符号（a），用 MRR 表示符号（b），用 NMR 表示符号（c）
	对工件轮廓各表面都有效的图形符号。在上述三个符号上均可加一个小圆，表示零件的所有表面具有相同的表面粗糙度要求。如果采用该标注方法可能引起歧义时，各表面应分别标注

二、表面粗糙度图形符号的画法

GB/T 131—2006 规定：使用表面结构的图形符号标注时，应附加对表面结构的补充要求；在特殊情况下采用相应措施之后，图形符号可在图样中单独使用，以表达特殊的意义。表面结构图形符号的画法如图 5-11 所示。

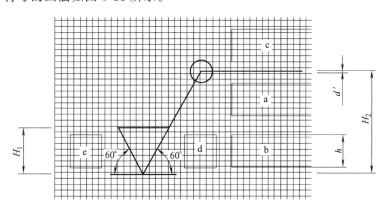

图 5-11　表面结构图形符号的画法

位置 a：注写表面结构的单一要求，包括表面结构参数（粗糙度）代号、极限值、传输带（长波滤波器与短波滤波器之间的波长范围，参见 GB/T 18618）或取样长度等。为了避免误解，在参数代号和极限值之间应插入空格。

位置 a 和 b：注写两个或多个表面的结构要求。在位置 a 处注写第一个表面结构要求，在位置 b 处注写第二个表面结构要求；如果要注写更多个表面结构要求，图形符号应在垂直方向扩大，以空出足够的空间，且 a 和 b 的位置随之上移。

位置 c：注写加工方法、表面处理、涂层或其他加工工艺要求等。

位置 d：注写所要求的表面纹理的标注方向符号（参见表 5-9）。

位置 e：注写所要求的加工余量（mm）。

表 5-9　加工纹理符号及说明

符　号	示　意　图	符　号	示　意　图
=	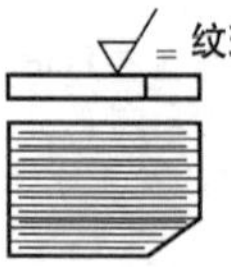 纹理平行于标注代号的投影面	X	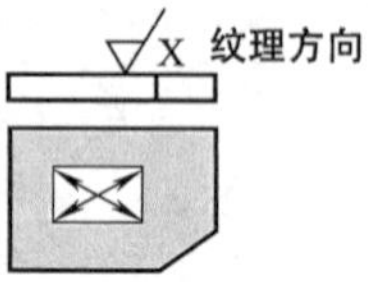 纹理呈两相交的方向
⊥	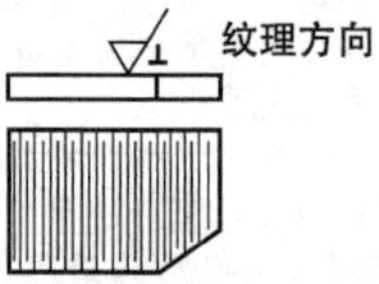 纹理垂直于标注代号的投影面	C	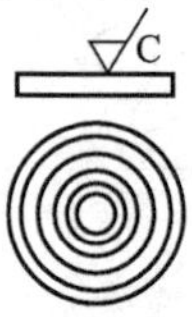 纹理近似为以表面的中心为圆心的同心圆
P	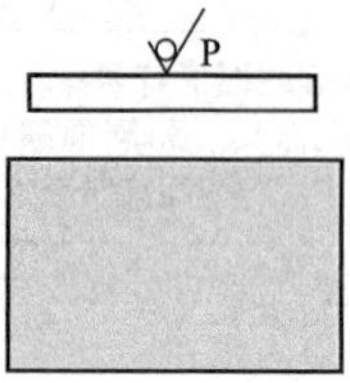 纹理无方向或呈凸起的细粒状	R	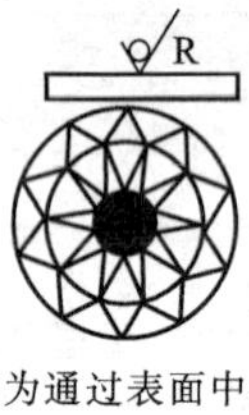 纹理近似为通过表面中心的辐线

三、表面粗糙度代号示例

表面粗糙度代号中各种要求和数值的标注方法及其意义见表 5-10。

表 5-10　表面粗糙度高度参数的标注及其意义

序号	符　号	含义/解释
1	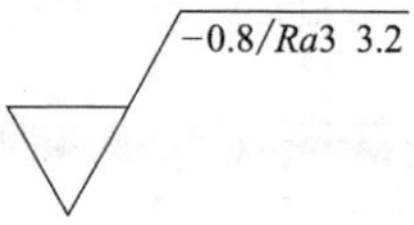 $-0.8/Ra3\ 3.2$	表示去除材料，单向上限值，传输带：根据 GB/T 6062，取样长度 $0.8\mu m$（λ_s 默认 $0.0025mm$），R 轮廓，算术平均偏差 $3.2\mu m$，评定长度包含 3 个取样长度，"16％规则"（默认）
2	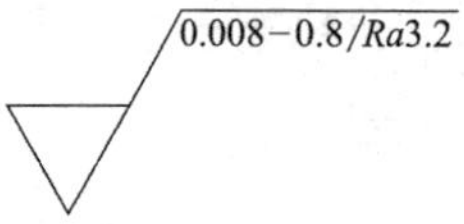 $0.008-0.8/Ra3.2$	表示去除材料，单向上限值，传输带 $0.008\sim0.8mm$，R 轮廓，算术平均偏差 $3.2\mu m$，评定长度为 5 个取样长度（默认），"16％规则"（默认）
3	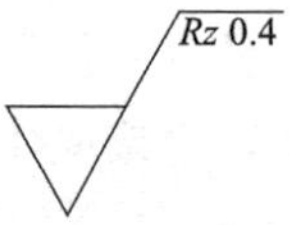 $Rz\ 0.4$	表示去除材料，单向上限值，默认传输带，R 轮廓，粗糙度的最大高度 $0.4\mu m$，评定长度为 5 个取样长度（默认），"16％规则"（默认）

续表

序号	符　　号	含义/解释
4	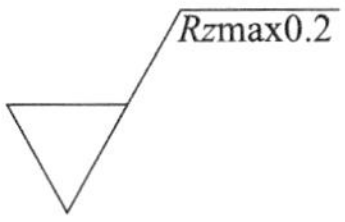 $\overline{Rzmax0.2}$	表示去除材料,单向上限值,默认传输带,R 轮廓,粗糙度最大高度的最大值 0.2μm,评定长度为 5 个取样长度(默认),"最大规则"
5	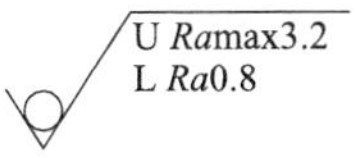 U $Ramax3.2$ L $Ra0.8$	表示不允许去除材料,双向极限值,两极限值均使用默认传输带,R 轮廓。上限值:算术平均偏差 3.2μm,评定长度为 5 个取样长度(默认),"最大规则"。下限值:算术平均偏差 0.8μm,评定长度为 5 个取样长度(默认),"16%规则"(默认)

四、表面粗糙度在图样上的标注方法

1. 标注的基本原则

国家标准规定,图样上的任何零件表面,其表面结构代号只标注一次,并应尽可能标注在尺寸与公差相对集中的同一视图上。除非另有说明,所标注的表面结构代号是指对完工零件表面的要求。

2. 标注的位置和方向

表面结构代号的标注位置与方向,总的原则是使表面结构要求的注写方向与图样尺寸的识读方向保持一致。

3. 表面粗糙度要求在图样中的标注方法

表面粗糙度在图样中的注法示例及解释见表 5-11。

表 5-11　表面结构要求在图样中的注法示例及解释

序号	标 注 示 例	解　　释
1	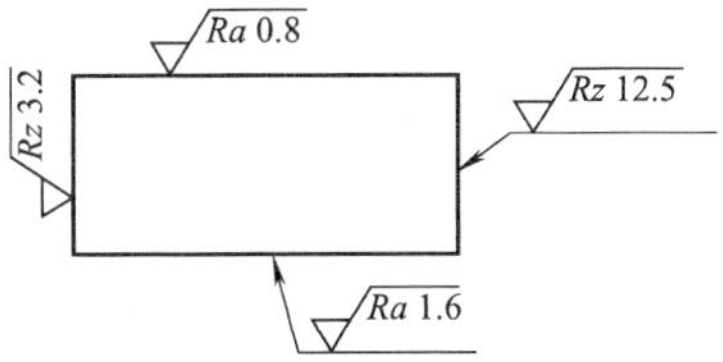	表面结构符号、代号的标注方向,总的原则是与尺寸的注写和读取方向一致
2	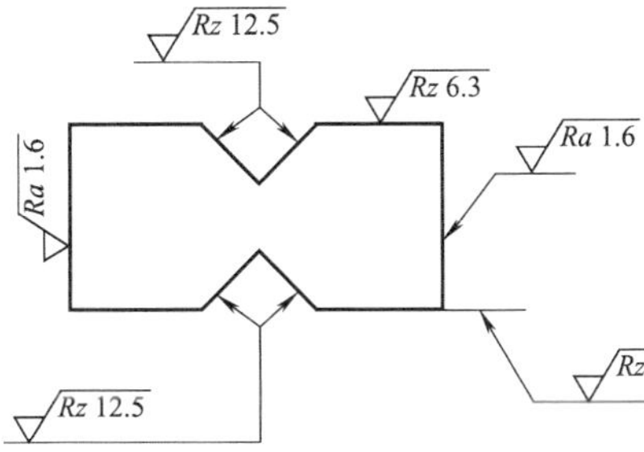	表面结构要求可标注在轮廓线上,其符号应从材料外指向材料表面并接触表面,必要时表面结构符号也可以用带箭头或黑点的指引线引出标注
3	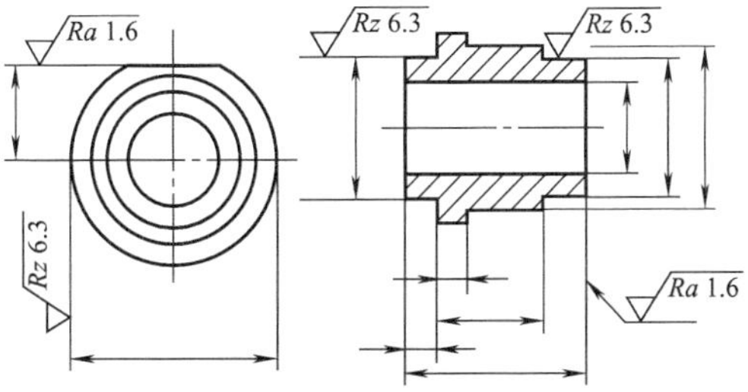	①圆柱和棱柱的表面结构要求只标注一次 ②表面结构可直接标注在延长线上,或用带箭头的指引线引出标注

序号	标 注 示 例	解 释
4	铣 ▽Rz 3.2 车 ▽Rz 3.2 φ28	表面结构符号可以用带箭头或黑点的指引线标注
5	φ120h7 ▽Rz 12.5 φ120h6 ▽Rz 6.3	在不致引起误解时,表面结构要求可以标注在给定的尺寸线上
6	▽Ra 3.2 ▽Rz 1.6 ▽Ra 6.3 ▽Ra 3.2	如果棱柱的每个表面有不同的表面结构要求,应分别单独标注

4. 表面结构要求的简化注法

表面结构的简化注法示例及其解释,见表5-12。

表 5-12　表面结构的简化注法示例及其解释

序号	标 注 示 例	解 释
1	▽Rz 6.3 ▽Rz 1.6 ▽Rz 3.2 (▽) 图(a)	如果工件的多数表面具有相同的表面结构要求,则可统一标注在图样的标题栏附近。此时表面结构要求的符号后面应有: 在圆括号内给出无任何其他标注的基本符号[图(a)] 在圆括号内给出不同的表面结构要求[图(b)] 不同的表面结构要求应直接标注在图样中[图(a)和图(b)]
2	▽Rz 6.3 ▽Rz 1.6 ▽Ra 3.2 (▽Rz 1.6 ▽Rz 6.3) 图(b)	

序号	标 注 示 例	解　释
3	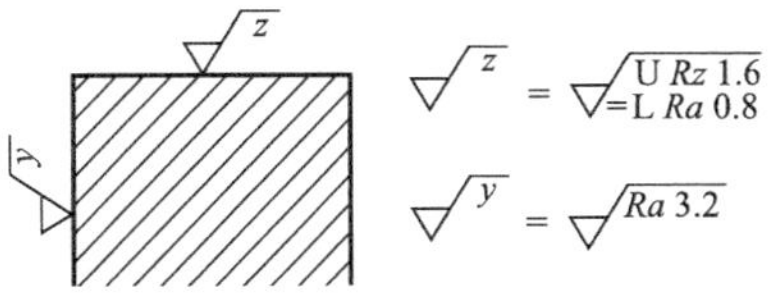	当多个表面具有相同的表面结构要求或图纸空间有限时,可用带字母的完整符号,以等式的形式,在图样或标题栏附近,对有相同表面结构要求的表面进行简化标注
4	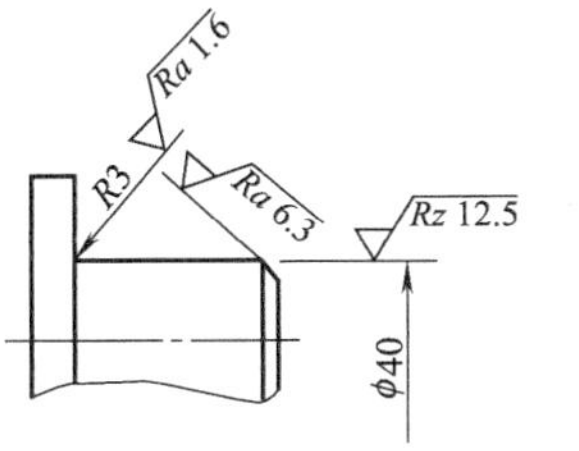	表面结构要求和尺寸可以同时标注在延长线上,也可以分别标注在轮廓线和尺寸界线上
5	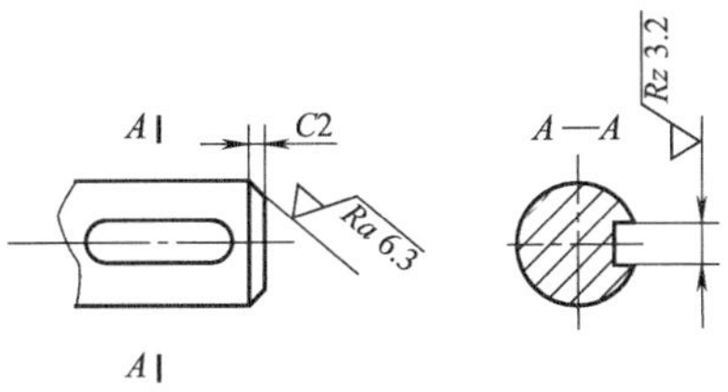	表面结构要求和尺寸可以标注在同一尺寸线上,见键槽侧壁的表面粗糙度和倒角的表面粗糙度
6	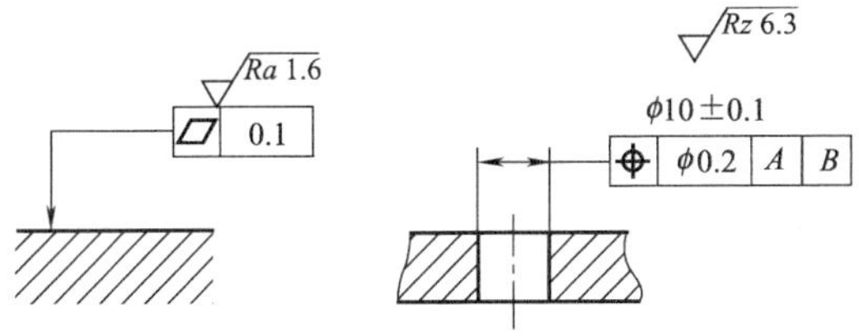	表面结构要求可以标注在形位公差框格的上方,也可以标注在位于形位公差框格上方的尺寸的上方
7	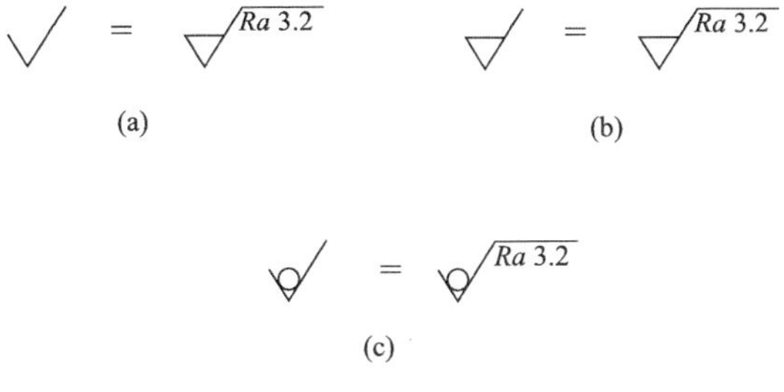	只有表面结构符号的简化标注法:可用左图所示三种符号以等式的形式给出多个表面共同的表面结构要求
8	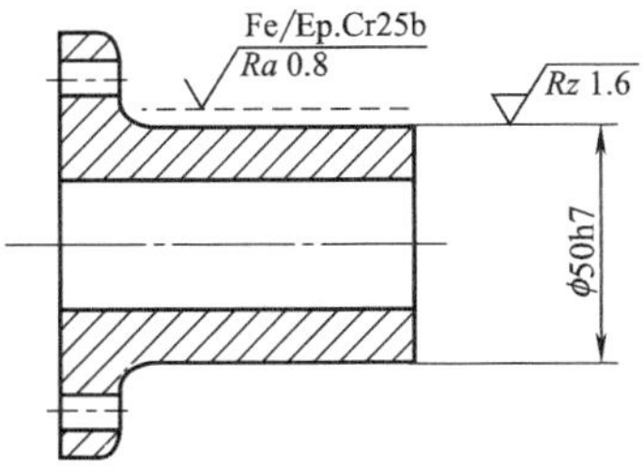	多种工艺获得同一表面的注法:由几种不同的工艺方法获得的同一表面,当需要明确每种工艺方法的表面结构要求时,可按图示方法标注。左图给出了镀铬前、后的表面结构要求

第五节　表面粗糙度的检测

目前常用的表面粗糙度的检测方法主要有比较法、光切法、针描法。

一、比较法

比较法是用已知其高度参数值的粗糙度样块（图 5-12）与被测表面相比较，通过人的感官，也可借助放大镜、显微镜来判断被测表面粗糙度的一种检测方法。

比较法具有简单易行的优点，适合在车间使用。缺点是评定的可靠性很大程度取决于检验人员的经验，仅适用于评定表面粗糙度要求不高的工件。

图 5-12　表面粗糙度样块

二、光切法

光切法是应用光切原理测量表面粗糙度的一种测量方法。常用仪器是光切显微镜（又称双管显微镜）。该仪器适宜于测量用车、铣、刨等加工方法所加工的金属零件的平面或外圆表面。光切法主要用于测量 Rz 值，测量范围为 $2.0 \sim 63 \mu m$（相当于 Ra 值 $0.32 \sim 10 \mu m$）的平面和外圆柱面。

光切法的测量原理可用图 5-13 来说明。在图 5-13（a）中，P_1、P_2 阶梯面表示被测表面，其阶梯高度为 h。A 为一扁平光束，当它从 45°方向投射在阶梯表面上时，就被折射成 S_1 和 S_2 两段，经 B 方向反射后，就可在显微镜内看到 S_1 和 S_2 两段光带的放大像 S_1'' 和 S_2''；同样，S_1 和 S_2 之间的距离 h，也被放大为 h''，只要用测微目镜测出 h'' 就可以根据放大关系算出 h。图 5-13（b）所示为双管式光切显微镜的光学系统。显微镜有照明管和观察管，两管轴线互成 90°。在照明管中，光源通过聚光镜、窄缝和透镜，以 45°方向投射在被测工件表面上，形成一狭细光带。光带边缘的形状，即为光束与工件表面相交的曲线，工件在 45°截面上的表面形状，此轮廓曲线的波峰在 S_1 点反射，波谷在 S_2 点反射，通过观察管的透镜，分别成像在分划板上的 S_1'' 点和 S_2'' 点，h'' 是峰、谷影像的高度差。

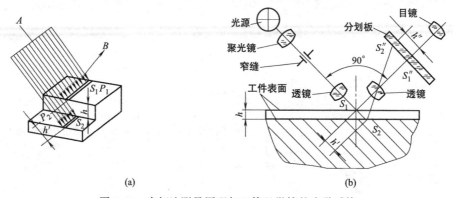

(a)　　　　　　　　　　　　(b)

图 5-13　光切法测量原理与双管显微镜的光学系统

　　测量笨重零件及内表面（如孔、槽等表面）的粗糙度时，可用石蜡、低熔点合金或其他印模材料压印在被检验表面上，取得被检表面的复制模型，放在双管显微镜上间接地测量被检表面的粗糙度。

　　用双管显微镜可测量车、铣、刨或其他类似方法加工的金属零件的表面，但不便于检验用磨削或抛光等方法加工的零件表面。

三、针描法

　　针描法是利用仪器的测针在被测表面上轻轻划过，测出表面粗糙度 Ra 值及其他众多参数的一种测量方法。常用的是电动轮廓仪（图 5-14），其测量范围一般为 $Ra0.025\sim6.3\mu m$，$Rz0.1\sim25\mu m$。

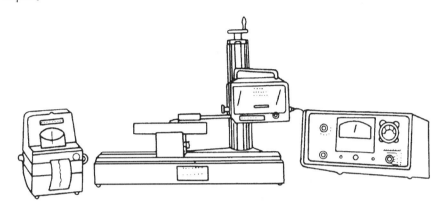

图 5-14　电动轮廓仪外观

1. 电动轮廓仪的工作原理

　　如图 5-15 所示，触针和定位块（导头）在驱动装置的驱动下沿工件表面滑行，触针随着表面的不平而上下移动，与触针相连的杠杆另一端的铁芯也随之运动，使接入电桥两臂的电感发生变化，从而使电桥输出与触针位移成比例的信号。测量信号经放大和相敏检波后，形成能反映触针位置（大小和方向）的信号。该信号经过直流功率放大，推动记录笔，便可在记录纸上得到工件表面轮廓的放大图。信号经 A/D 转换后，可由计算机采集、计算，输出表面粗糙度各评定参数和轮廓曲线。接触式粗糙度测量仪的缺点是：受触针圆弧半径（可小到 $1\sim2mm$）的限制，难以探测到表面实际轮廓的谷底，影响测量精度，且被测表面可能被触针划伤。

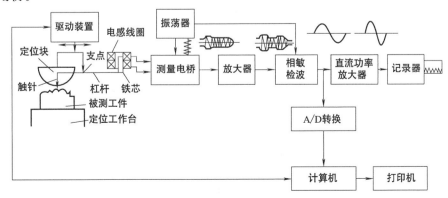

图 5-15　电动轮廓仪的工作原理

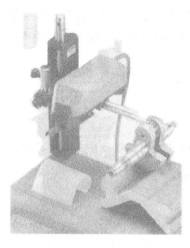

图 5-16 电动轮廓仪检测表面粗糙度

2. 电动轮廓仪测量表面粗糙度

图 5-16 所示为电动轮廓仪触针尖端在被测表面上垂直于加工纹理方向的截面上，作水平移动测量，从指示仪表直接得出一个测量行程 Ra 值。用电动轮廓仪检测连杆轴颈表面粗糙度方法如下。

① 将曲轴放入电动轮廓仪工作台的 V 形槽内。

② 因连杆轴颈的表面粗糙度值应选用 $Ra1.6\mu m$，所以根据国家标准规定，选择取样长度为 0.8mm。

③ 用圆弧导头触针的中点与连杆轴颈母线接触。

④ 使圆弧导头触针在 0.8mm 的取样长度范围内水平移动测量。

⑤ 按仪器指示表直接读取被测表面的 Ra 值或用仪器的记录装置，描绘粗糙度轮廓曲线的放大图，再计算出 Ra 值。

检测时，应在被测表面的三个以上不同部位水平移动测量，取其平均值作为最终测量结果。若不同部位的 Ra 值差别很大，则应补偿若干部位取其平均值，或分别给出各部位的 Ra 值。

这类仪器的优点是：可以直接测量某些难以测量的零件表面（如孔、槽等）的粗糙度；可以直接测出算术平均偏差 Ra 等评定参数；可以给出被测表面的轮廓图形；使用简便，测量效率高。

课 后 练 习

5-1 轮廓中线的作用是什么？

5-2 为什么规定了取样长度后，又规定评定长度，两者之间有什么关系？

5-3 表面粗糙度的检测方法有哪几种，各种方法的特点是什么？

5-4 比较下列两组中两孔应选用的表面粗糙度值的大小，并说明原因。

（1） $\phi40H7$ 和 $\phi80H7$。

（2） $\phi40H6/f5$ 和 $\phi40H6/s5$ 中的两个 H6 孔。

5-5 按新标准 GB/T 131—2006，指出图 5-17 中的表面粗糙度标注的错误，并加以改正。

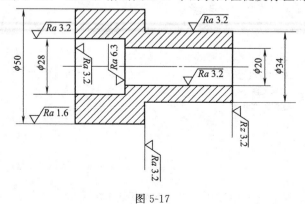

图 5-17

5-6　试将图 5-18 中的表面粗糙度旧标准代号，替换成符合新国家标准的标注，并解释图中新标注代号的含义。

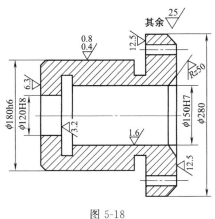

图 5-18

5-7　如图 5-19 所示的机床操作手柄，应如何选用和检测其表面粗糙度值？

图 5-19　机床手轮

第六章　普通螺纹公差与检测

螺纹连接在机电产品中应用十分广泛，是一种最典型的具有互换性的连接结构。

按连接性质和使用要求不同，螺纹可分为如下三类。

① 普通螺纹　用于连接或紧固零件，如螺栓与螺母的连接，螺钉与机件的连接，是使用最广泛的一种螺纹结合，分粗牙与细牙两种。对这种螺纹连接的主要要求是可旋合性和连接的可靠性。

② 传动螺纹　用于传递精确的位移、动力或运动，如机床中的丝杠和千分尺中的测微螺纹等。对这种螺纹连接的主要要求是传动比恒定、传递动力可靠、螺纹牙接触良好及耐磨等。另外，还必须有足够的传动灵活性与效率，有良好的稳定性、较小的空程误差和一定的间隙。

③ 紧密螺纹　用于密封的螺纹连接，如用螺纹密封的管螺纹。对这类螺纹的主要要求是具有良好的旋合性及密封性，不漏水，不漏气，不漏油。

第一节　普通螺纹的基本牙型和主要几何参数

一、普通螺纹的基本牙型

螺纹的几何参数取决于螺纹轴向剖面内的基本牙型。基本牙型是将原始三角形（两条底边连接着且平行于螺纹轴线的等边三角形，其高用 H 表示）的顶部截去 $H/8$ 和底部截去 $H/4$ 所形成内外螺纹共有的理论牙型（图 6-1）。它是确定螺纹设计牙型的基础。

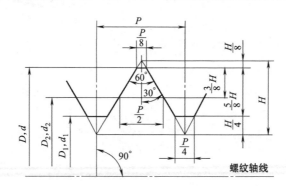

图 6-1　公制普通螺纹的基本牙型

二、普通螺纹的主要几何参数

1. 基本大径（D，d）

在基本牙型上与外螺纹牙顶或内螺纹牙底相重合的假想圆柱面的直径，称为基本大径。国家标准规定，普通螺纹的基本大径作为螺纹的公称直径。

2. 基本小径（D_1，d_1）

在基本牙型上与外螺纹牙底或内螺纹牙顶相重合的假想圆柱面的直径，称为基本小径。

为了应用方便，与牙顶相重合的直径又被称为顶径，与牙底相重合的直径称为底径。

3. 中径（D_2，d_2）

中径是一个假想圆柱的直径。该圆柱的母线通过牙型上沟槽宽度和凸起宽度相等的地方，此直径称为中径。

4. 单一中径（D_a，d_a）

单一中径是一个假想圆柱体的直径，该假想圆柱体的母线通过螺牙牙型上沟槽宽度等于基本螺距一半的地方。当螺距无偏差时，单一中径就等于中径的大小；当螺距有偏差时，则两者不相等，如图 6-2 所示，ΔP 为螺距误差。

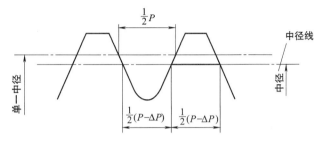

图 6-2　螺纹的单一中径与中径

5. 作用中径

作用中径是指在规定的旋合长度内，恰好包容实际螺纹牙型的一个假想螺纹的中径。这个假想螺纹具有理想的螺距、牙型半角及牙型高度，并另在牙顶处和牙底处留有间隙，以保证包容时不与实际螺纹牙型的大径、小径发生干涉。螺纹的作用中径如图 6-3 所示。

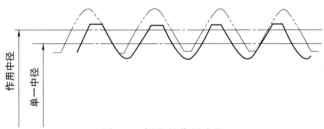

图 6-3　螺纹的作用中径

6. 螺距（P）**和导程**（P_h）

螺距是指相邻两牙在中径线上对应两点间的轴向距离。导程是指同一条螺旋线上的相邻两牙在中径线上对应两点间的轴向距离。对单线螺纹，导程与螺距同值；对多线螺纹，导程等于螺距 P 与螺纹线数 n 的乘积，即导程 $P_h = nP$。

7. 牙型角（α）**与牙型半角**（$\alpha/2$）

牙型角 α 是指螺纹牙型上相邻两牙侧间的夹角。公制普通螺纹的牙型角为 60°。牙型半角 $\alpha/2$ 是指牙侧与螺纹轴线的垂线间的夹角。公制普通螺纹的牙型半角为 30°。普通螺纹的牙型角和牙型半角如图 6-4 所示。

牙型角正确时，牙型半角仍可能有误差，如两半角分别为 29°和 31°，故对牙型半角的控制尤为重要。

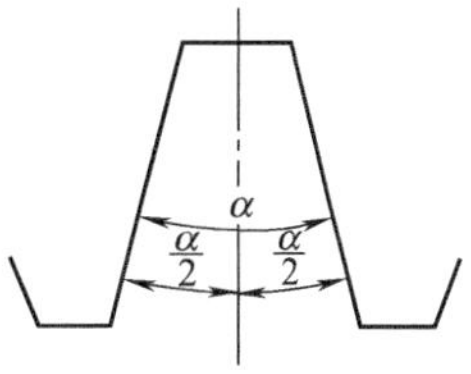

8. 螺纹旋合长度

螺纹旋合长度是指两个相互配合的螺纹，沿螺纹轴线方向相互旋合部分的长度。

图 6-4　普通螺纹的

牙型角和牙型半角

普通螺纹的基本尺寸见表 6-1。

表 6-1　普通螺纹的基本尺寸（摘自 GB/T 196—2003）　　　　　　mm

大径 D,d			螺距 P	中径	小径	大径 D,d			螺距 P	中径	小径
第一系列	第二系列	第三系列				第一系列	第二系列	第三系列			
6			1	5.350	4.917			15	1.5	14.026	13.376
			0.75	5.513	5.188				(1)	14.350	13.917
			(0.5)	5.675	5.459						
		7	1	6.350	5.917	16			2	14.701	13.835
			0.75	6.513	6.188				1.5	15.026	14.376
			0.5	6.675	6.459				1	15.350	14.917
8			1.25	7.188	6.647				(0.75)	15.513	15.188
			1	7.350	6.917				(0.5)	16.675	15.459
			0.75	7.513	7.188			17	1.5	16.026	15.376
			(0.5)	7.675	7.459				(1)	16.350	15.917
		9	(1.25)	8.188	7.647		18		2.5	16.376	15.294
			1	8.350	7.917				2	16.701	15.835
			0.75	8.513	8.188				1.5	17.026	16.376
			(0.5)	8.675	8.459				1	17.350	16.917
10			1.5	9.026	8.376				(0.75)	17.513	17.188
			1.25	9.188	8.647				(0.5)	17.675	17.459
			1	9.350	8.917	20			2.5	18.376	17.294
			0.75	9.513	9.188				2	18.701	17.835
			(0.5)	9.675	9.459				1.5	19.026	18.376
		11	(1.5)	10.026	9.376				1	19.350	18.917
			1	10.350	9.917				(0.75)	19.513	19.188
			0.75	10.513	10.188				(0.5)	19.675	19.459
			0.5	10.675	10.459		22		2.5	20.376	19.294
12			1.75	10.853	10.106				2	20.701	19.835
			1.5	11.026	10.376				1.5	21.026	20.376
			1.25	11.188	10.647				1	21.350	20.917
			1	11.350	10.917				(0.75)	21.513	21.188
			(0.75)	11.513	11.188				(0.5)	21.675	21.459
			(0.5)	11.675	11.459	24			3	22.051	20.752
	14		2	12.701	11.835				2	22.701	21.835
			1.5	13.026	12.375				1.5	23.026	22.376
			(1.25)	13.188	12.647				1	23.350	22.917
			1	13.350	12.917				(0.75)	23.513	23.188
			(0.75)	13.513	13.188			25	2	23.701	22.835
			(0.5)	13.675	13.459				1.5	24.026	23.376
									(1)	24.350	23.917

注：1. 直径优先选用第一系列，其次是用第二系列。第三系列尽可能不用。
　2. 括号内的螺距尽可能不用。

第二节　普通螺纹几何参数偏差对互换性的影响

　　普通螺纹的主要几何参数有大径、小径、中径、螺距和牙型半角，这些参数的误差对螺纹互换性的影响不同，由于螺纹的大径和小径处均留有间隙，一般不会影响其配合性质。因而，影响螺纹互换性的主要几何参数是中径、螺距和牙型半角。

一、直径偏差对螺纹互换性的影响

　　中径偏差是指中径实际尺寸与中径基本尺寸的代数差。假设其他参数处于理想状态，若外螺纹的中径偏差大于内螺纹的中径偏差，内外螺纹就会产生干涉而影响螺纹旋合性；如果外螺纹的中径过小，内螺纹的中径过大，则会削弱其连接强度。可见，中径偏差的大小直接影响着螺纹的互换性。

二、螺距偏差对螺纹互换性的影响

对紧固螺纹来说，螺距误差主要影响螺纹的可旋合性和连接的可靠性；对传动螺纹来说，螺距误差直接影响传动精度，影响螺牙上负荷分布的均匀性。

螺距偏差分单个螺距偏差和螺距累积偏差两种。前者是指单个螺距的实际尺寸与其基本尺寸的代数差，与旋合长度无关。后者是指旋合长度内，任意个螺距的实际尺寸与其基本尺寸的代数差，与旋合长度有关。后者的影响更为明显。为保证可旋合性，必须对旋合长度范围内的任意两螺牙间螺距的最大累积偏差加以控制。

螺距偏差和螺距累积偏差对旋合性的影响如图 6-5 所示。

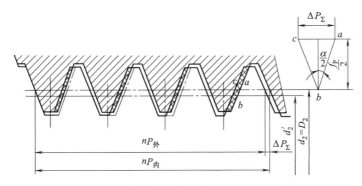

图 6-5　螺距累积偏差对旋合性的影响

图 6-5 中，假定内螺纹具有基本牙型，外螺纹的中径及牙型半角与内螺纹相同，但外螺纹螺距有偏差，并假设外螺纹的螺距比内螺纹的小，假定在 n 个螺牙长度上，螺距累积误差为 ΔP_Σ，则内外螺纹的牙型产生干涉（图中交叉剖面线部分），外螺纹将不能自由旋入内螺纹。为了使螺距有偏差的外螺纹仍可自由旋入标准的内螺纹，在制造中可把外螺纹实际中径减小一个数值 f_P（或者将标准内螺纹加大一个数值 f_P），这样可以防止干涉或消除此干涉区。这个 f_P 就是补偿螺距偏差的影响而折算到中径上的数值，称为螺距偏差的中径当量。从图 6-5 中几何关系可得

$$f_P = |\Delta P_\Sigma| \cot \frac{\alpha}{2}$$

对普通螺纹 $\alpha/2 = 30°$ 故 $f_P = 1.732 \Delta P_\Sigma$。

三、牙型半角偏差对螺纹互换性的影响

牙型半角偏差同样会影响螺纹的可旋合性和连接强度。

假设内螺纹具有基本牙型，外螺纹中径及螺距与内螺纹相同且没有误差，但外螺纹牙型半角有偏差，如图 6-6 所示。

当外螺纹的牙型半角小于［图 6-6（a）］或大于［图 6-6（b）］内螺纹的牙型半角时，在牙侧处将产生干涉（图中剖面线部分）。为使内、外螺纹能旋合，应把外螺纹的实际中径减小 $f_{\frac{\alpha}{2}}$ 值或把内螺纹的实际中径增加 $f_{\frac{\alpha}{2}}$ 值。$f_{\frac{\alpha}{2}}$ 值称为半角误差的中径当量。可推得公式如下：

$$f_{\frac{\alpha}{2}} = 0.073 P \left(K_1 \left| \Delta \frac{\alpha_1}{2} \right| + K_2 \left| \Delta \frac{\alpha_2}{2} \right| \right)$$

式中　　$f_{\frac{\alpha}{2}}$——半角偏差的中径当量，μm；

$\Delta \dfrac{\alpha_2}{2}$，$\Delta \dfrac{\alpha_1}{2}$——左右半角偏差，$(\prime)$；

　　K_1，K_2——系数。

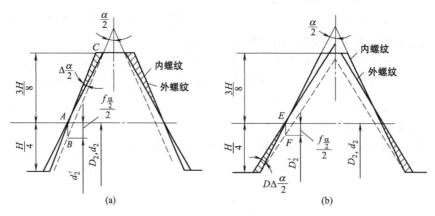

图 6-6　牙型半角偏差对旋合性的影响

　　系数 K_1、K_2 的数值，对外螺纹，半角偏差为正值时，K_1（或 K_2）取 2；当半角偏差为负值时，K_1（或 K_2）取 3。对内螺纹，当半角偏差为正值时，K_1（或 K_2）取 3；半角偏差为负值时，K_1（或 K_2）取 2。

四、作用中径、中径公差及保证螺纹互换性的条件

1. 作用中径与中径（综合）公差

　　实际上，螺距偏差 ΔP、牙型半角偏差 $\Delta \dfrac{\alpha}{2}$ 和中径偏差 Δd_{2a}（ΔD_{2a}）是同时存在的。螺距偏差和牙型半角偏差可折算成中径补偿值（f_P 和 $f_{\frac{\alpha}{2}}$），即折算成中径误差的一部分。因而，即使螺纹测得的中径合格，由于有 ΔP 和 $\Delta \dfrac{\alpha}{2}$，还是不能确定螺纹是否合格。为了保证旋合性，外螺纹当有 ΔP 和 $\Delta \dfrac{\alpha}{2}$ 后，只能与一个中径较大的内螺纹旋合，其效果相当于外螺纹的中径增大了，这个增大了的假想中径称为外螺纹的作用中径，它是与内螺纹旋合时起作用的中径，其值为

$$d_{2m} = d_{2a} + (f_P + f_{\frac{\alpha}{2}}) \tag{6-1}$$

　　内螺纹当有 ΔP 和 $\Delta \dfrac{\alpha}{2}$ 后，只能与一个中径较小的外螺纹旋合，其效果相当于内螺纹的中径减小了，这个减小了的假想中径称为内螺纹的作用中径，它是与外螺纹旋合时起作用的中径，其值为

$$D_{2m} = D_{2a} - (f'_P + f'_{\frac{\alpha}{2}}) \tag{6-2}$$

　　国家标准对作用中径的定义：作用中径是在规定的旋合长度内，正好包络实际螺纹的一个假想的理想螺纹的中径，这个假想螺纹具有基本牙型的螺距、半角以及牙型高度，并在牙顶和牙底留有间隙，以保证不与实际螺纹的大、小径发生干涉。

　　实际中径 D_{2a}（d_{2a}）用螺纹的单一中径代替。母线是通过牙型上沟槽宽度等于 1/2 基本螺距的地方的一个假想圆柱的直径，即为单一中径。

　　由于螺距及牙型半角偏差的影响均可折算为中径当量，因而只规定了一个中径公差

（T_{D2}、T_{d2}）。这个公差同时用来控制实际中径（单一中径）偏差、螺距偏差和牙型半角偏差的共同影响。可见，中径公差是一项综合公差。

2. 保证螺纹互换性的条件

由上分析可知，螺纹中径是衡量螺纹互换性的主要指标。螺纹中径合格性判断准则应遵循泰勒原则，即螺纹的作用中径不能超出最大实体牙型的中径，任意位置的实际中径（单一中径）不能超出最小实体牙型的中径。最大与最小实体牙型是指在螺纹中径公差范围内，分别具有材料量最多和最少且基本牙型形状一致的螺纹牙型。

对外螺纹：作用中径不大于中径最大极限尺寸，任意位置的实际中径（单一中径）不小于中径最小极限尺寸，即

$$d_{2m} \leqslant d_{2max}, \; d_{2a} \geqslant d_{2min}$$

对内螺纹：作用中径不小于中径最小极限尺寸，任意位置的实际中径（单一中径）不大于中径最大极限尺寸，即

$$D_{2m} \geqslant D_{2min}, \; D_{2a} \leqslant d_{2max}$$

第三节　普通螺纹的公差与配合

螺纹公差带是沿基本牙型的牙侧、牙顶和牙底分布的牙型公差带，由其大小（公差等级）和相对于基本牙型的位置（基本偏差）两个要素构成。国家标准 GB/T 197—2003 对其作了有关规定，以实现互换性，满足使用要求。

一、普通螺纹的公差带及旋合长度

1. 公差带大小和公差等级

螺纹公差带大小由公差值确定，并按公差值大小分为若干等级，见表 6-2。各公差等级中 3 级最高，等级依次降低，9 级最低，其中 6 级是基本级。

内、外螺纹中径公差值 T_{D2}、T_{d2} 和顶径公差值 T_{D1}、T_d 可分别从表 6-3 和表 6-4 查取。在同一公差等级中，内螺纹中径公差 T_{D2} 是外螺纹中径公差 T_{d2} 的 1.32 倍，原因是内螺纹加工比较困难。

对外螺纹小径和内螺纹大径（即螺纹底径），没有规定公差值，而只规定该处的实际轮廓不得超越按基本偏差所确定的最大实体牙型，即应保证旋合时不发生干涉。由于螺纹加工时，外螺纹中径和小径、内螺纹中径和大径是同时由刀具切出的，其尺寸由刀具保证，故在正常情况下，外螺纹的大径和小径之间不会产生干涉，以满足旋合性的要求。

表 6-2　螺纹公差等级

螺 纹 直 径	公 差 等 级	螺 纹 直 径	公 差 等 级
外螺纹中径 d_2	3,4,5,6,7,8,9	内螺纹中径 D_2	4,5,6,7,8
外螺纹大径 d	4,6,8	内螺纹小径 D_1	4,5,6,7,8

2. 公差带位置和基本偏差

螺纹的公差带位置是由基本偏差确定的。基本偏差为公差带两极限偏差中靠近零线的那个偏差，它确定公差带相对基本牙型的位置。对外螺纹，基本偏差为上偏差（es）；对内螺纹，基本偏差为下偏差（EI）。

标准对内螺纹规定了代号为 G 和 H 两种基本偏差，如图 6-7（a）、（b）所示。

表 6-3 普通螺纹中径公差（摘自 GB/T 197—2003） μm

公称直径		螺距	内螺纹中径公差 T_{D2}					外螺纹中径公差 T_{d2}						
>	≤	P /mm	公差等级					公差等级						
			4	5	6	7	8	3	4	5	6	7	8	9
5.6	11.2	0.75	85	106	132	170	—	50	63	80	100	125	—	—
		1	95	118	150	190	236	56	71	90	112	140	180	224
		1.25	100	125	160	200	250	60	75	95	118	150	190	236
		1.5	112	140	180	224	280	67	85	106	132	170	212	295
11.2	22.4	1	100	125	160	200	250	60	75	95	118	150	190	236
		1.25	112	140	180	224	280	67	85	106	132	170	212	265
		1.5	118	150	190	236	300	71	90	112	140	180	224	280
		1.75	125	160	200	250	315	75	95	118	150	190	236	300
		2	132	170	212	265	335	80	100	125	160	200	250	315
		2.5	140	180	224	280	355	85	106	132	170	212	265	335
22.4	45	0.75	95	118	150	190	—	56	71	90	112	140	—	—
		1	106	132	170	212	—	63	80	100	125	160	200	250
		1.5	125	160	200	250	315	75	95	118	150	190	236	300
		2	140	180	224	280	355	85	106	132	170	212	265	335
		3	170	212	265	335	425	100	125	160	200	250	315	400
		3.5	180	224	280	355	450	106	132	170	212	265	335	425
		4	190	236	300	375	475	112	140	180	224	280	355	450
		4.5	200	250	315	400	500	118	150	190	236	300	375	475

表 6-4 普通螺纹基本偏差和顶径公差（摘自 GB/T 197—2003） μm

螺距 P /mm	内螺纹的基本偏差 EI		外螺纹的基本偏差 es				内螺纹小径公差 T_{D1}				外螺纹大径公差 T_d		
	G	H	e	f	g	h	公差等级				公差等级		
							5	6	7	8	4	6	8
1	+26		−60	−40	−26		190	236	300	375	112	180	280
1.25	+28		−63	−42	−28		212	265	335	425	132	212	335
1.5	+32	0	−67	−45	−32	0	236	300	375	475	150	236	375
1.75	+34		−71	−48	−34		265	335	425	530	170	265	425
2	+38		−71	−52	−38		300	375	475	600	180	280	450
2.5	+42		−80	−58	−42		355	450	560	710	212	335	530
3	+48		−85	−63	−48		400	500	630	800	236	375	600

外螺纹规定了代号为 e、f、g、h 四种基本偏差。其中径和大径的基本偏差是相同的，而小径只规定了最大极限尺寸，如图 6-7（c）、（d）所示。

基本偏差数值见表 6-4，选择基本偏差主要依据螺纹表面涂镀层的厚度及螺纹件的装配间隙。

3. 螺纹的旋合长度

为了满足普通螺纹不同使用性能的要求，国家标准规定螺纹的旋合长度分三组，分别为短旋合长度组（S）、中等旋合长度组（N）和长旋合长度组（L）。一般采用中等旋合长度组。其数值见表 6-5。

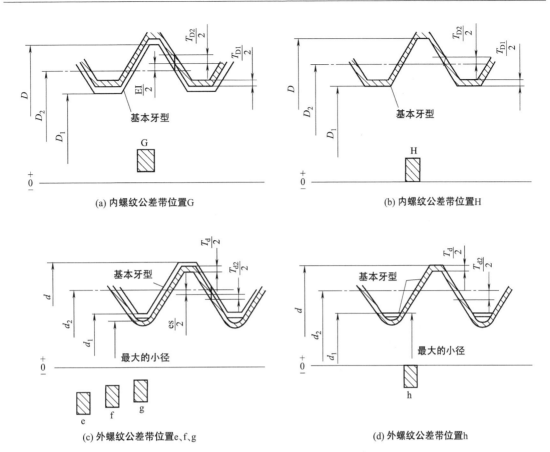

(a) 内螺纹公差带位置G

(b) 内螺纹公差带位置H

(c) 外螺纹公差带位置e、f、g

(d) 外螺纹公差带位置h

图 6-7　内外螺纹基本偏差

T_{D1}—内螺纹小径公差；T_{D2}—内螺纹中径公差；T_d—外螺纹大径公差；T_{d2}—外螺纹中径公差

表 6-5　**螺纹的旋合长度**（摘自 GB/T 197—2003）　　　　　　　mm

基本大径 D、d		螺距 P	旋 合 长 度			
			S	N		L
>	≤		≤	>	≤	>
5.6	11.2	0.75	2.4	2.4	7.1	7.1
		1	3	3	9	9
		1.25	4	4	12	12
		1.5	5	5	15	15
11.2	22.4	1	3.8	3.8	11	11
		1.25	4.5	4.5	13	13
		1.5	5.6	5.6	16	16
		1.75	6	6	18	18
		2	8	8	24	24
		2.5	10	10	30	30
22.4	45	1	4	4	12	12
		1.5	6.3	6.3	19	19
		2	8.5	8.5	25	25
		3	12	12	36	36
		3.5	15	15	45	45
		4	18	18	53	53
		4.5	21	21	63	63

二、螺纹的选用公差带与精度等级

1. 螺纹连接精度与旋合长度的确定

对标准规定的普通螺纹连接的精密、中等和粗糙三种精度等级，其应用情况如下。

① 精密级　用于精密连接螺纹，要求配合性质稳定和保证一定的定心精度的螺纹连接。

② 中等级　用于一般用途的螺纹。

③ 粗糙级　用于制造螺纹有困难的场合，如在深盲孔内和热轧棒料上加工螺纹。

实际选用时，还必须考虑螺纹的工作条件、尺寸大小、工艺结构、加工难易程度等情况。例如，当螺纹的承载较大，且为交变载荷或有较大的振动，则应选用精密级；对于小直径的螺纹，为了保证连接强度，也必须提高其连接精度；而对于加工难度较大的，虽是一般要求，此时也需降低其连接精度。

螺纹的精度不仅取决于螺纹直径的公差等级，而且与旋合长度密切相关。当公差等级一定时，旋合长度越长，加工时产生的螺距累积偏差和牙型半角偏差就可能越大，以同样的中径公差值加工就越困难。因此，公差等级相同而旋合长度不同的螺纹的精度等级就不相同，衡量螺纹的精度应包括旋合长度。为此，按螺纹公差等级和旋合长度规定了三种精度等级，分别称为精密级、中等级和粗糙级。螺纹精度等级的高低，代表螺纹加工的难易程度。同一精度级，随旋合长度的增加应降低螺纹的公差等级（表 6-6、表 6-7）。

表 6-6　内螺纹的推荐公差带 (摘自 GB/T 197—2003)

公差等级	公差带位置 G			公差带位置 H		
	S	N	L	S	N	L
精密	—	—	—	4N	5H	6H
中等	(5G)	**6G**	(7G)	**5H**	6H	**7H**
粗糙		(7G)	(8G)		7H	8H

注：公差带优先选用顺序为粗字体公差带、一般字体公差带、括号内公差带。带方框的粗字体公差带用于大量生产的紧固件螺纹。

表 6-7　外螺纹的推荐公差带 (摘自 GB/T 197—2003)

公差等级	公差带位置 e			公差带位置 f			公差带位置 g			公差带位置 h		
	S	N	L	S	N	L	S	N	L	S	N	L
精密	—	—	—	—	—	—	(4g)	(5g4g)	(3h4h)	**4h**	(5h4h)
中等	—	**6e**	(7e6e)		**6f**	—	(5g6g)	6g	(7g6g)	(5h6h)	6h	(7h6h)
粗糙		(8e)	(9e8e)					(9g8g)				

注：公差带优先选用顺序为粗字体公差带、一般字体公差带、括号内公差带。带方框的粗字体公差带用于大量生产的紧固件螺纹。

2. 旋合长度的选择

一般用中等旋合长度。只有当结构和强度上有特殊要求时，才可采用短旋合长度或长旋合长度。应注意的是，尽可能缩短旋合长度，改变那种认为螺纹旋合长度越长，其密封性、可靠性就越好的错误认识。实践证明，旋合长度过长，不仅结构笨重，加工困难，而且由于螺距累积误差的增大，降低了承载能力，造成螺牙强度和密封性的下降。

3. 公差带的确定

不同的螺纹公差等级（3～9 级）和不同的基本偏差（G、H、e、f、g、h）可以组成各种不同的公差带。在生产中，为了减少螺纹刀具和螺纹量规的规格和数量，对公差带的种类应加以限制。标准规定了内、外螺纹的选用公差带，见表 6-6、表 6-7。

4. 配合的选择

从原则上讲，表 6-6 所列的内螺纹公差带和表 6-7 所列的外螺纹公差带可以任意组合成各种配合。但是为了保证有足够的接触高度，最好组成 H/g、H/h、G/h 的配合。为了保证旋合性，内、外螺纹应具有较高的同轴度，并有足够的接触高度和结合强度，通常采用H/h 配合，其配合的最小间隙为零。H/g 与 G/h 配合保证具有间隙，用于如下几种情况：要求很容易装拆的螺纹，高温下工作的螺纹，需要涂镀层的螺纹和用于补偿因长旋合长度螺纹的螺距累积误差而产生干涉的螺纹。

三、普通螺纹的标记

完整的螺纹标记由螺纹特征代号、尺寸代号、公差带代号及其他有必要进一步说明的个别信息组成。

1. 特征代号及尺寸代号

普通螺纹特征代号用字母"M"表示。

（1）单线螺纹　尺寸代号为"公称直径×螺距"，公称直径和螺距数值的单位为 mm。对粗牙螺纹，可以省略标注其螺距项。

例如：公称直径为 8mm、螺距为 1mm 的单线细牙螺纹表示为"M8×1"；公称直径为8mm、螺距为 1.25mm 的单线粗牙螺纹"M8"。

（2）多线螺纹　尺寸代号为"公称直径×P_h 导程 P 螺距"，公称直径、导程和螺距数值的单位为毫米。如果要进一步表明螺纹的线数，可在后面增加括号说明（使用英语进行说明。双线为 two starts；三线为 three starts；四线为 four starts）。

例如：公称直径为 16mm、螺距为 1.5mm、导程为 3mm 的双线螺纹表示为"M16×P_h3P1.5"或"M16×P_h3P1.5（two starts）"。

2. 公差带代号

公差带代号包含中径公差带代号和顶径公差带代号。中径公差带代号在前，顶径公差带代号在后。各直径的公差带代号由表示等级的数值和表示公差带位置的字母（内螺纹用大写字母，外螺纹用小写字母）组成。如果中径公差带代号与顶径公差带代号相同，则应只标注一个公差带代号。螺纹尺寸代号与公差带代号间用"-"号分开。

例如：公称直径为 8mm、螺距为 1mm、中径公差带为 5g、顶径公差带为 6g 的细牙外螺纹表示为"M8×1-5g6g"；公称直径为 8mm、中径公差带和顶径公差带为 6g 的粗牙外螺纹表示为"M8-6g"；公称直径为 8mm、螺距为 1mm、中径公差带 5H、顶径公差带为 6H的细牙内螺纹表示为"M8×1-5H6H"；公称直径为 8mm、中径公差带和顶径公差带为 6H的粗牙内螺纹表示为"M8-6H"。

在下列情况下，中等公差精度螺纹不标注其公差带代号。

内螺纹：

-5H　公称直径小于或等于 1.4mm 时；

-6H　公称直径大于或等于 1.6mm 时。

对螺距为 0.2mm 的螺纹，其公差等级为 4 级。

外螺纹：

-6h　公称直径小于或等于 1.4mm 时；

-6g　公称直径大于或等于 1.6mm 时。

例如：公称直径为 10mm，中径公差带和顶径公差带为 6g、中等公差精度的粗牙外螺纹表示为"M10"；公称直径为 10mm，中径公差带和顶径公差带为 6H、中等公差精度的粗牙内螺纹表示为"M10"。

表示组成配合的内、外螺纹时，内螺纹公差代号在前，外螺纹公差带代号在后，中间用斜线分开。

例如：公称直径为 20mm、螺距为 2mm、公差带为 6H 的内螺纹与公差带为 5g6g 的外螺纹组成的配合表示为"M20×2-6H/5g6g"；公称直径为 6mm、公差带为 6H 的内螺纹与公差带为 6g 的外螺纹组成的配合（中等公差精度，粗牙）表示为"M6"。

3. 其他信息

对短旋合长度组和长旋合长度组的螺纹，宜在公差带代号后分别标注"S"和"L"代号。旋合长度代号与公差带代号间用"-"号分开。中等旋合长度组螺纹不标注旋合长度代号"N"。

例如：公称直径为 20mm、螺距为 2mm、公差带为 5H，短旋合长度的内螺纹表示为"M20×2-5H-S"；公称直径为 6mm、公差带分别为 7H 和 7g6g 的长旋合长度的内、外螺纹表示为 M6-7H/7g6g-L；公称直径为 6mm 的中等旋合长度的外螺纹（粗牙、中等精度的 6g 公差带）表示为"M6"。

对左旋螺纹，应在旋合长度代号之后标注"LH"代号。旋合长度代号与旋向代号间用"-"号分开。右旋螺纹不标注旋向代号。

例如以下几个左旋螺纹：M8×1-LH（公差带代号和旋合长度代号被省略）；M6×0.75-5h6h-S-LH；M14×P_h6P2-7H-L-LH 或 M14×P_h6P2（three starts）-7H-L-LH。

右旋螺纹：M6（螺距、公差带代号、旋合长度代号和旋向代号被省略）。

四、螺纹的表面粗糙度

螺纹牙侧表面的粗糙度，主要按用途和中径公差等级来确定，见表 6-8。

表 6-8　螺纹牙侧表面粗糙度 Ra　　　　　　　　μm

螺纹工作表面	螺纹公差等级		
	4,5	6,7	7～9
螺栓、螺钉、螺母	1.6	3.2	3.2～6.3
轴及套上的螺纹	0.8～1.6	1.6	3.2

例 6-1　查表确定 M20×2-6H/5g6g 螺纹副各直径的极限尺寸。

解　本题用列表法将各计算值列在表 6-9 中。

表 6-9　M20×2-6H/5g6g 螺纹副各直径的极限尺寸　　　　　　mm

名　称		内　螺　纹		外　螺　纹	
基本尺寸	大径	$D=d=20$			
	中径	$D_2=d_2=18.701$			
	小径	$D_1=d_1=17.835$			
极限偏差		ES	EI	es	ei
大径		—	0	−0.038	−0.318
中径		0.212	0	−0.038	−0.163
小径		0.375	0	−0.038	按牙底形状
极限尺寸		最大极限尺寸	最小极限尺寸	最大极限尺寸	最小极限尺寸
大径		—	20	19.962	19.682
中径		18.913	18.701	18.663	18.538
小径		18.210	17.835	<17.797	牙底轮廓不超出 $H/8$ 削平线

（1）确定外螺纹的大径 d、中径 d_2 和小径 d_1 的基本尺寸

已知公称直径为螺纹大径的基本尺寸，即 $D=d=20\text{mm}$。外螺纹的中径和小径可直接表 6-1 中查出。

（2）确定外螺纹的极限偏差

外螺纹的极限偏差可以根据螺纹的公称直径和外螺纹的公差带代号，由表 6-3 和表 6-4 中查出。

（3）计算外螺纹的极限尺寸

由外螺纹的各基本尺寸及各极限偏差计算出极限尺寸。

例 6-2　M20-6g 的外螺纹，实测 $d_{2\text{单}-}=18.230\text{mm}$，牙型半角误差为 $\Delta\dfrac{\alpha}{2}_{(左)}=+30'$，$\Delta\dfrac{\alpha}{2}_{(右)}=-45'$，螺距累积误差 $\Delta P_\Sigma=+50\mu\text{m}$。试求该螺纹的作用中径，并判别其合格性。

解

（1）求螺纹中径的基本尺寸及极限尺寸

查表 6-1，知 $d=20\text{mm}$，粗牙螺距 $P=2.5\text{mm}$，得 $d_2=18.376\text{mm}$。查表 6-3、表 6-4 得螺纹中径的上偏差 $\text{es}=-42\mu\text{m}$，下偏差 $\text{ei}=\text{es}-T_{d2}=-42-170=-212\mu\text{m}$，则中径的极限尺寸为 $d_{2\text{max}}=18.334\text{mm}$，$d_{2\text{min}}=18.164\text{mm}$。

（2）求中径当量 f_P 及 $f_{\frac{\alpha}{2}}$

$f_P=1.732\Delta P_\Sigma=1.732\times50=86.6\mu\text{m}$

$f_{\frac{\alpha}{2}}=0.073P\left(K_1\left|\Delta\dfrac{\alpha_1}{2}\right|+K_2\left|\Delta\dfrac{\alpha_2}{2}\right|\right)=0.073\times2.5\times(2\times|30'|+3\times|-45'|)$

$=35.6\mu\text{m}$

（3）求作用中径 d_2

$$d_{2\text{作用}}=d_{2\text{单}-}+(f_P+f_{\frac{\alpha}{2}})=18.230+(0.0866+0.0356)=18.352\mu\text{m}$$

（4）螺纹合格性判断

由极限尺寸判断原则可知，对外螺纹，螺纹互换性合格的条件为 $d_{2\text{作用}}\leqslant d_{2\text{max}}$，$d_{2\text{单}-}\geqslant d_{2\text{min}}$，但该螺纹的 $d_{2\text{作用}}\geqslant d_{2\text{max}}$，即该螺纹的作用中径超出了最大实体尺寸，故该螺纹不合格。该螺纹的 $d_{2\text{单}-}$、$d_{2\text{作用}}$ 与公差带的关系如图 6-8 所示。

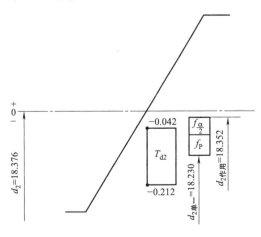

图 6-8　螺纹合格性的判断

第四节　普通螺纹的检测

在普通螺纹生产中，需要检测螺纹各参数误差的综合质量是否符合螺纹的使用性能要求并保证其互换性，常用两种方法进行检测，一种是综合检验，另一种是单项检验。

一、螺纹的综合检验

螺纹的综合检验是检查螺纹各参数误差的综合质量是否符合螺纹的使用性能要求。生产中主要用螺纹量规来进行综合检验。用螺纹量规检验螺纹，检验效率高，适用于成批生产。外螺纹的大径和内螺纹的小径分别用光滑极限环规（或卡规）和光滑极限塞规检查，其他参数均用螺纹量规（图 6-9）检查。

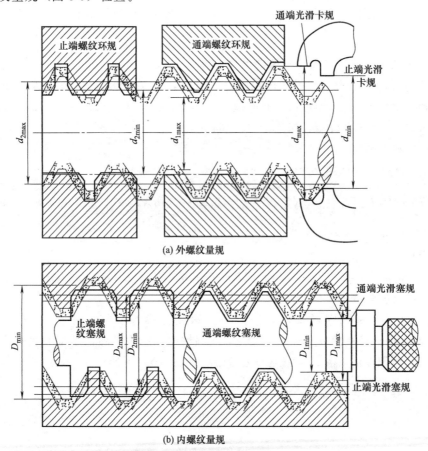

图 6-9　螺纹量规的测量方法

根据螺纹中径合格性判断原则，螺纹量规通端和止端在螺纹长度和牙型上的结构特征是不相同的。螺纹量规通端主要用于检查作用中径使其不得超出最大实体牙型中径（同时控制螺纹的底径），应该有完整的牙型，且其螺纹长度至少要等于工件螺纹的旋合长度的 80%。当螺纹通规可以和螺纹工件自由旋合时，就表示螺纹工件的作用中径未超出最大实体牙型。螺纹量规止端只控制螺纹的实际中径不得超出其最小实体牙型中径，为了消除螺距误差和牙型半角误差的影响，其牙型应做成截短牙型，且螺纹长度只有 2～3.5 牙。当螺纹量规止端不能旋合或不完全旋合时，则说明螺纹的实际中径没有超出最小实体牙型。

螺纹通规能自由旋过工件，螺纹止规不能旋入工件（或旋入工件不超过两圈），这样则表示工件合格。

二、螺纹的单项测量

螺纹的单项测量用于螺纹工件的工艺分析或螺纹量规及螺纹刀具的质量检查。单项测量即分别测量螺纹的每个参数，主要是螺距、中径和牙型半角，其次是顶径和底径，有时还需要测量牙底的形状。下面介绍螺距、中径和牙型半角的测量。

1. 钢直尺测量外螺纹螺距

钢直尺测量外螺纹的螺距如图 6-10 所示。

（1）检测所需量具

钢直尺或游标卡尺。

（2）检测步骤

用钢直尺沿着外螺纹轴线的方向量出 5 个牙的螺距长度，读出钢直尺的螺距长度为 50mm。

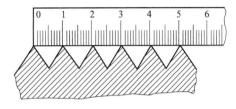

图 6-10　测量外螺纹的螺距

（3）检验评定结果

计算出外螺纹的螺距 $P = 50/5 = 10$mm，因被加工的螺纹螺距长度为 2mm，则该螺纹的螺距不符合要求。

2. 三针量法和螺纹千分尺测量外螺纹中径

（1）三针量法测量外螺纹中径　三针量法主要用于测量精密外螺纹（如螺纹塞规、丝杆等）的中径（d_2），该法所用的量针是量具厂专门生产的。它是用三根直径相等的精密量针

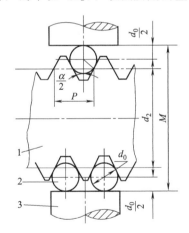

图 6-11　三针量法测中径

1—被测螺纹；2—量针；3—外径千分尺

放在螺纹沟槽中，用光学或机械量仪（机械测微仪、光学计、测长仪、外径千分尺等）量出尺寸 M（图 6-11），然后根据被测螺纹已知的螺距 P、牙型半角 $\alpha/2$ 及量针直径 d_0，按其几何关系可计算出螺纹中径的实际尺寸（d_2）。

$$d_2 = M - d_0 \left(1 + \frac{1}{\sin \frac{\alpha}{2}} \right) + \frac{P}{2} \cot \frac{\alpha}{2}$$

对于普通公制螺纹，$\alpha = 60°$，则

$$d_2 = M - 3d_0 + 0.866P$$

上列各式中的螺距 P、牙型半角 $\alpha/2$ 及量针直径 d_0 均按理论值代入。

为消除牙型半角误差对测量结果的影响，应使量针在中径线上与牙侧接触，这样的量针直径称为最佳量针直径 $d_{0最佳}$，$d_{0最佳} = 0.5P/\cot \frac{\alpha}{2}$。对公制螺纹 $\alpha = 60°$，则 $d_{0最佳} = 0.577P$。

（2）螺纹千分尺测量外螺纹中径　螺纹千分尺是测量低精度外螺纹中径的常用量具。它的结构与一般外径千分尺基本相同，只是在测量砧和测量头上装有特殊的测头（图 6-12），测头是成对配套的，适用于不同牙型和不同螺距。用螺纹千分尺来直接测量外螺纹的中径，测量时可由螺纹千分尺直接读出螺纹中径的实际尺寸。

3. 检测外螺纹的牙型角

（1）检测所需量具

牙型角样板。

（2）检测步骤

用布把被检外螺纹牙侧和牙型角样板的两侧面擦干净，把牙型角样板沿着通过工件轴线的方向嵌入螺旋槽中，用光隙法检测外螺纹的牙型角，如图 6-13 所示。

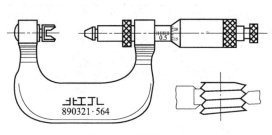

图 6-12　螺纹千分尺

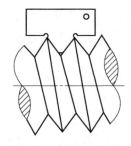

图 6-13　检测外螺纹的牙型角

（3）检验评定结果

如果样板的两侧面和外螺纹的牙侧完全吻合，则说明被测螺纹的牙型角是正确的。否则，应根据光线通过狭缝时呈现的各种不同颜色，并对照标准光隙颜色与间隙的关系表，判断出牙型角误差的大小。

课 后 练 习

6-1　以外螺纹为例，试比较其中径、单一中径、作用中径的异同点，三者在什么情况下是相等的？

6-2　影响普通螺纹互换性的主要因素有哪些？

6-3　如何计算螺纹的作用中径？如何判断螺纹中径是否合格？

6-4　查出 M20×2-7g6g 螺纹基本尺寸、基本偏差和公差，画出中径和顶径的公差带图，并在图上标出相应的偏差值。

第七章　滚动轴承的公差与配合

滚动轴承是广泛应用于机械装置中起支承作用并使被支承件实现旋转运动的标准件，其结构如图 7-1 所示。它一般由外圈、内圈、滚动体和保持架组成。通常情况下，内圈、外圈成对使用，轴承内圈与轴颈一起旋转，轴承外圈与轴承座孔固定不动；特殊情况下，也有一些机械装置轴承外圈与轴承座孔一起旋转，而内圈与轴颈固定不动。无论哪种情况，轴承内圈的内径和外圈的外径都是滚动轴承与结合件配合的基本尺寸。

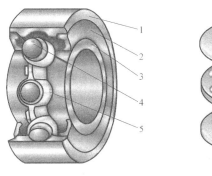

(a) 深沟球轴承　　　　　　　　　　　(b) 推力球轴承

图 7-1　滚动轴承

1—外圈；2—密封；3—内圈；4—滚动体；5—保持架；6—上圈；7—下圈

滚动轴承的形式很多，按滚动体的形状不同，可分为球轴承和滚子轴承；按承受负荷作用的方向不同，可分为向心轴承（主要承受径向载荷）、推力轴承（承受轴向载荷）、向心推力轴承（能同时承受径向载荷和轴向载荷）。为便于在机械上安装和更新轴承，滚动轴承内圈与轴颈的结合、外圈与壳体孔的结合应采用完全互换性，而轴承内部各零件间的装配尺寸则采用分组装配，为不完全互换。

滚动轴承工作时，要求运转平稳、旋转精度高、噪声小、使用寿命长。其工作性能与使用寿命不仅与其本身制造精度有关，还与滚动轴承和轴颈、壳体孔之间的配合有关。

第一节　滚动轴承的公差等级及其应用

一、滚动轴承公差等级

滚动轴承的精度是指滚动轴承主要尺寸的公差值及旋转精度。根据滚动轴承的结构尺寸、公差等级和技术性能等产品特征，国家标准 GB/T 307.3—2005《滚动轴承通用技术规则》将滚动轴承公差等级按精度等级由低至高分为 0、6（6x）、5、4、2。不同种类的滚动轴承公差等级稍有不同，具体如下：向心轴承（圆锥滚子轴承除外）公差等级共分为五级，即 0、6、5、4 和 2 级；圆锥滚子轴承公差等级共分为四级，即 0、6x、5 和 4 级；推力轴承公差等级共分为四级，即 0、6、5 和 4 级。

二、各公差等级的滚动轴承的应用

常用精度为 0 级精度，属普通精度，在机械制造业中应用最广，主要用于旋转精度要求不高的机械中，如卧式车床变速箱和进给箱、汽车和拖拉机的变速箱、普通电机、水泵、压缩机和涡轮机等。

除 0 级外，其余各级轴承统称高精度轴承，主要用于高线速度或高旋转精度的场合，这类精度的轴承在各种金属切削机床中应用较多，普通机床主轴的前轴承多采用 5 级轴承，后轴承多采用 6 级轴承；用于精密机床主轴上的轴承精度应为 5 级及其以上级；而对于数控机床、加工中心等高速、高精密机床的主轴支承，则需选用 4 级及其以上级超精密轴承。主轴轴承作为机床的基础配套件，其性能直接影响到机床的转速、回转精度、刚性、抗颤振性能、切削性能、噪声、温升及热变形等，进而影响到加工零件的精度、表面质量等。因此，高性能的机床必须配用高性能的轴承，具体参见表 7-1。

表 7-1   机床主轴轴承精度等级

轴承类型	精度等级	应 用 情 况
深沟球轴承	4	高精度磨床、丝锥磨床、螺纹磨床、磨齿机、插齿刀磨床
角接触球轴承	5	精密镗床、内圆磨床、齿轮加工机床
	6	卧式车床、铣床
单列圆柱滚子轴承	4	精密丝杠车床、高精度车床、高精度外圆磨床
	5	精密车床、精密铣床、转塔车床、普通外圆磨床、多轴车床、镗床
	6	卧式车床、自动车床、铣床、立式车床
向心短圆柱滚子轴承、调心滚子轴承	6	精密车床及铣床的后轴承
圆锥滚子轴承	4	坐标镗床（2）、磨齿机（4）
	5	精密车床、精密铣床、镗床、精密转塔车床、滚齿机
	6x	铣床、车床
推力球轴承	6	一般精度车床

第二节   滚动轴承内径、外径公差带特点

滚动轴承的公差带是滚动轴承国家标准 GB/T 307.1—2005、GB/T 307.2—2005、GB/T 307.3—2005 规定的特殊公差带，它与别的偶件组成配合时，都是以滚动轴承作为配合基准件来选择基准制的。例如，滚动轴承的内圈内径与轴颈的配合采用基孔制，滚动轴承的外圈外径与外壳孔的配合采用基轴制。即国家标准规定以滚动轴承作为基准件构成外互换性：滚动轴承的内圈内孔为基准孔、滚动轴承的外圈外径为基准轴，它们的公差带是与 GB/T 1800.3—1998 中的有关规定明显不同的特殊的基准件公差带。

国家标准规定，滚动轴承外圈外径的单一平面平均直径公差带的上偏差为零，如图 7-2 所示，与一般基准轴公差带的分布位置相同，但数值不同（表 7-2）。滚动轴承国家标准还规定，轴承内圈内径的单一平面平均直径公差带的上偏差也为零，如图 7-2 所示，这项规定与一般基准孔的公差带分布位置截然相反，数值也完全不同（表 7-3）。国家标准的这些规定，主要是考虑轴承配合的特殊需要：滚动轴承是标准件，为使轴承便于互换和大量生产，轴承内圈与轴的配合采用基孔制，但内圈的公差带位置却和一般的基准孔相反，如图 7-2 所

示，公差带都位于零线以下，即上偏差为零，下偏差为负值。因为通常情况下，轴承的内圈是随轴一起转动的，为防止内圈和轴颈之间的配合产生相对滑动而导致结合面磨损，影响轴承的工作性能，因此要求两者的配合应具有一定的过盈，但由于内圈是薄壁零件，容易弹性变形胀大，且一定时间后又要拆换，故过盈量不能太大。且当它与一般过渡配合的轴相配时，不但能保证获得不大的过盈，

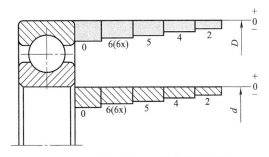

图 7-2　滚动轴承内径与外径的公差带

而且还不会出现间隙，从而满足了轴承内圈与轴的配合要求，同时又可按标准偏差来加工轴。将滚动轴承内圈内径的公差带配置在零线的下方，使其上偏差为零、下偏差为负值，当其与任何基本偏差的轴组成配合时，所得到的配合性质均有不同程度的变紧，可以满足滚动轴承配合的特殊需要。

此外，滚动轴承的内、外圈都是薄壁零件，精度要求很高，在制造、保管过程中极易产生变形（如变成椭圆形），但当轴承内圈与轴颈、外圈与外壳孔装配后，其内、外圈的圆度，将受到轴颈及外壳孔形状的影响，这种变形比较容易纠正。因此，国家标准 GB/T 4199—2003《滚动轴承公差定义》不仅规定了两种尺寸公差，还规定了两种形状公差，其目的是控制轴承的变形程度、控制轴承与轴和外壳孔配合的精度。

两种尺寸公差：轴承单一内径与外径的偏差；轴承的单一平面平均内径与外径的偏差（Δ_{dmp}、Δ_{Dmp}）。

两种形状公差：轴承单一径向平面内，内径与外径的变动量（V_{dsp}、V_{Dsp}）；轴承平均内径与外径的变动量（V_{dmp}、V_{Dmp}）。

向心轴承内径、外径的尺寸公差和形状公差以及轴承的旋转精度公差，分别见表 7-2 和表 7-3。从 0 级精度至 2 级精度的平均直径公差相当于 IT7 至 IT3 级的尺寸公差。

表 7-2　向心轴承的内圈公差（摘自 GB/T 307.1—2005）　　　　μm

d/mm	精度等级	Δ_{dmp}		Δ_{ds}[④]		V_{dsp}[①] 直径系列			V_{dmp}	K_{ia}	S_d	S_{ia}[③]	Δ_{Bs}			V_{Bs}
						9	0、1	2、3、4					全部	正常	修正[②]	
		上偏差	下偏差	上偏差	下偏差	最大			最大	最大	最大	最大	上偏差	下偏差		最大
>18~30	0	0	−10	—	—	13	10	8	8	13	—	—	0	−120	−250	20
	6	0	−8	—	—	10	8	6	6	8	—	—	0	−120	−250	20
	5	0	−6	—	—	6	5	5	3	4	8	8	0	−120	−250	5
	4	0	−5	0	−5	5	4	4	2.5	3	4	4	0	−120	−250	2.5
	2	0	−2.5	0	−2.5	—	2.5	2.5	1.5	2.5	1.5	2.5	0	−120	−250	1.5
>30~50	0	0	−12	—	—	15	12	9	9	15	—	—	0	−120	−250	20
	6	0	−10	—	—	13	10	8	8	10	—	—	0	−120	−250	20
	5	0	−8	—	—	8	6	6	4	5	8	8	0	−120	−250	5
	4	0	−6	0	−6	6	5	5	4	4	4	4	0	−120	−250	3
	2	0	−2.5	0	−2.5	—	2.5	2.5	1.5	2.5	1.5	2.5	0	−120	−250	1.5

① 直径系列 7、8 无规定值。
② 指用于成对或成组安装时单个轴承的内圈宽度公差。
③ 仅适用于沟型球轴承。
④ 表中 4、2 级公差值仅适用于直径系列 0，1，2，3 及 4。
注：表中"—"表示均未规定公差值。

表 7-3　向心轴承的外圈公差（摘自 GB/T 307.1—2005）　　　　　　　　　　μm

D/mm	精度等级	Δ_{Dmp} 上偏差	Δ_{Dmp} 下偏差	Δ_{Ds}① 上偏差	Δ_{Ds}① 下偏差	V_{Dsp}② 开型轴承 9	开型 0,1	开型 2,3,4	闭型 2,3,4	闭型 0,1	V_{Dmp} 最大	K_{ea} 最大	S_D 最大	S_{ea}③ 最大	Δ_{Cs} 上偏差	Δ_{Cs} 下偏差	V_{Cs} 最大
>50~80	0	0	−13	—	—	16	13	10	20	—	10	25	—	—			与同一轴承内圈的 V_{Bs} 相同
	6	0	−11	—	—	14	11	8	16	16	8	13	—	—	与同一轴承内圈的 Δ_{Bs} 相同		与同一轴承内圈的 V_{Bs} 相同
	5	0	−9	—	—	9	7	7	—	—	5	8	8	10			6
	4	0	−7	0	−7	7	5	5	—	—	3.5	5	4	5			3
	2	0	−4	0	−4	—	4	4	4	4	2	4	1.5	4			1.5
>80~120	0	0	−15	—	—	19	19	11	26	—	11	35	—	—			与同一轴承内圈的 V_{Bs} 相同
	6	0	−13	—	—	16	16	10	20	20	10	18	—	—	与同一轴承内圈的 Δ_{Bs} 相同		与同一轴承内圈的 V_{Bs} 相同
	5	0	−10	—	—	10	10	8	—	—	5	10	9	11			8
	4	0	−8	0	−8	8	6	6	—	—	4	6	5	6			4
	2	0	−5	0	−5	—	5	5	5	5	2.5	5	2.5	5			2.5

① 仅适用于 4、2 级轴承直径系列 0，1，2，3 及 4。
② 对 0、6 级轴承，用于内、外环安装前或拆卸后，直径系列 7 和 8 无规定值。
③ 仅适用于沟型球轴承。
注：表中"—"表示均未规定公差值。

　　表 7-2 和表 7-3 中，K_{ia} 和 K_{ea} 为成套轴承内、外圈的径向圆跳动的允许值；S_{ia} 和 S_{ea} 为成套轴承内、外圈的轴向跳动的允许值；S_d 为内圈端面对内孔垂直度的允许值；S_D 为外圈外表面对端面垂直度的允许值；V_{Bs} 为内圈宽度变动的允许值；V_{Cs} 为外圈宽度变动的允许值；Δ_{Bs} 为内圈单一宽度偏差的允许值；Δ_{Cs} 为外圈宽度偏差的允许值。表中同一内径的轴承，由于使用场合不同，所需承受的载荷大小和寿命极限也就不相同，必须使用直径大小不同的滚动体，因而使滚动轴承的外径和宽度也随之改变，这种内径相同但外径不相同的结构变化，称为滚动轴承的直径系列。

第三节　滚动轴承与轴颈和外壳孔的配合

　　滚动轴承的配合是指成套轴承的内孔与轴和外径与外壳孔的尺寸配合。合理选择配合对于充分发挥轴承的技术性能，保证机器正常运转，提高机械效率，延长使用寿命都有极其重要的意义。

一、轴颈和外壳孔的公差带

　　滚动轴承国家标准 GB/T 275—1993 规定了与滚动轴承相配合的轴颈和外壳孔的尺寸公差带、形位公差以及配合选择的基本原则和要求，这些公差带分别选自国家标准 GB/T 1800.3—1998 中的规定。由于滚动轴承属于标准件，所以轴承内圈孔径和外圈轴径公差带在制造时已确定，因此轴承与轴颈和外壳孔的配合，需由轴颈和外壳孔的公差带决定。

　　滚动轴承国家标准 GB/T 275—1993 推荐了与 0 级、6 级、5 级、4 级轴承相配合的轴颈和壳体孔的公差带，列于表 7-4 中。

　　国家标准规定了与滚动轴承配合的 16 种外壳孔公差带和 17 种轴颈公差带，这些滚动轴承配合的常用公差带如图 7-3 所示。

表 7-4　与滚动轴承相配合的轴颈和外壳孔的公差带

轴承精度	轴颈公差带		壳体孔公差带		
	过渡配合	过盈配合	间隙配合	过渡配合	过盈配合
0	g8、h7 g6、h6、j6、js6 g5、h5、j5	k6、m6、n6、 p6、r6、k5、m5	H8 G7、H7 H6	J7、JS7、K7、M7、N7 J6、JS6、K6、M6、N6	P7 P6
6	g6、h6、j6、js6 g5、h5、j5	k6、m6、n6、p6、 r6、k5、m5	H8 G7、H7 H6	J7、JS7、K7、M7、N7 J6、JS6、K6、M6、N6	P7 P6
5	h5、j5、js5	k6、m6 k5、m5	H6	JS6、K6、M6	
4	h5、js5 h4	k5、m5		K6	

注：1. 孔 N6 与 0 级精度轴承（外径 $D<150$mm）和 6 级精度轴承（外径 $D<315$mm）的配合为过盈配合。

2. 轴 r6 用于内径 $d>120\sim150$mm；轴 r7 用于内径 $d>180\sim500$mm。

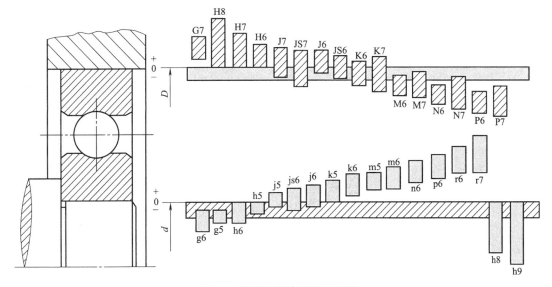

图 7-3　轴颈和外壳孔的公差带

　　滚动轴承内圈与轴颈的配合比 GB/T 1801—1999 中普通基孔制同名配合偏紧一些。如常用配合中，h5、h6、h7、h8 轴颈和轴承内圈的配合已变成过渡配合；k5、k6、m5、m6 轴颈和轴承内圈的配合已变成过盈量较小的过盈配合；而滚动轴承外圈与外壳孔的配合与 GB/T 1801—1999 圆柱公差标准规定的基轴制同类配合相比较，虽然尺寸公差值有所不同，但配合性质基本一致，只是由于轴承外径的公差值较小，因而配合也稍紧，如 H6、H7、H8 已成为过渡配合。

二、滚动轴承与轴和外壳孔配合的选择

　　选择滚动轴承与轴颈、外壳孔的配合时应考虑的主要因素如下。

1. 轴承套圈相对于负荷的类型

　　（1）套圈相对于负荷方向固定　作用于轴承上的合成径向负荷与套圈相对静止，即负荷方向始终不变地作用在套圈滚道的局部区域上，该套圈所承受的这种负荷性质，称为局部负荷。图 7-4（a）所示不旋转的外圈和图 7-4（b）所示不旋转的内圈，受到方向始终不变的

负荷 F_0 的作用。前者称为固定的外圈负荷，后者称为固定的内圈负荷。如减速器转轴两端的滚动轴承的外圈，汽车、拖拉机车轮轮毂中滚动轴承的内圈，都是局部负荷的典型实例。此时套圈相对于负荷方向静止的受力特点是负荷作用集中，套圈滚道局部区域容易产生磨损。当套圈承受局部负荷时，该套圈与轴颈或外壳孔的配合应稍松些，以便在摩擦力矩的带动下，它们可以作非常缓慢的相对滑动，从而避免套圈滚道局部磨损。

（2）套圈相对于负荷方向旋转　作用于轴承上的合成径向负荷与套圈相对旋转，即合成负荷方向依次作用在套圈滚道的整个圆周上，该套圈所承受的这种负荷性质，称为循环负荷。图 7-4（a）所示旋转的内圈和图 7-4（b）所示旋转的外圈，此时相当于套圈相对负荷方向旋转，受到方向旋转变化的负荷 F_0 的作用。前者称为旋转的内圈负荷，后者称为旋转的外圈负荷。如减速器转轴两端的滚动轴承的内圈，汽车、拖拉机车轮轮毂中滚动轴承的外圈，都是循环负荷的典型实例。此时套圈相对于负荷方向旋转的受力特点是负荷呈周期作用，套圈滚道产生均匀磨损。当套圈承受循环负荷时，套圈与轴颈或外壳孔的配合应稍紧一些，避免它们之间产生相对滑动，从而实现套圈滚道均匀磨损。

（3）套圈相对于负荷方向摆动　作用于轴承上的合成径向负荷与套圈在一定区域内相对摆动，即合成负荷向量按一定规律变化，往复作用在套圈滚道的局部圆周上，该套圈所承受的这种负荷性质，称为摆动负荷。如图 7-4（c）和图 7-4（d）所示，轴承套圈受到一个大小和方向均固定的径向负荷 F_0 和一个旋转的径向负荷 F_1，两者合成的负荷大小将由小到大，再由大到小，周期性地变化。当套圈承受摆动负荷时，其配合要求与承受循环负荷时相同或略松一些，以提高轴承的使用寿命。

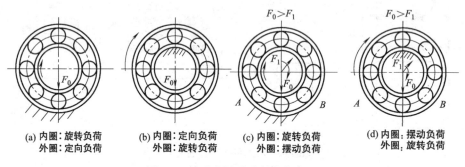

图 7-4　轴承套圈承受负荷的类型

2. 负荷的大小

滚动轴承套圈与轴颈和外壳孔的配合，与轴承套圈所承受的负荷大小有关。国家标准 GB/T 275—1993 根据当量径向动负荷 P_r 与轴承产品样本中规定的额定动负荷 C_r 的关系，将当量径向动负荷 P_r 分为轻负荷、正常负荷和重负荷三种类型，见表 7-5。轴承在重负荷和冲击负荷的作用下，套圈容易产生变形，使配合面受力不均匀，引起配合松动。因此，负荷愈大，过盈量应选得愈大，且承受变化的负荷应比承受平稳的负荷选用更紧的配合。

表 7-5　当量径向动负荷 P_r 的类型

负荷类型	P_r 值的大小		
	球轴承	滚子轴承（圆锥轴承除外）	圆锥滚子轴承
轻负荷	$P_r \leqslant 0.07C_r$	$P_r \leqslant 0.08C_r$	$P_r \leqslant 0.13C_r$
正常负荷	$0.07C_r < P_r \leqslant 0.15C_r$	$0.08C_r < P_r \leqslant 0.18C_r$	$0.13C_r < P_r \leqslant 0.26C_r$
重负荷	$>0.15C_r$	$>0.18C_r$	$>0.26C_r$

3. 其他因素

滚动轴承一般在低于100℃的温度下工作，如在高温下工作，其配合应予以调整。一般情况下，轴承的旋转精度越高，旋转速度越高，则应选择越紧的配合。

三、轴颈和外壳孔几何精度的确定

1. 轴颈和外壳孔几何精度

轴颈和外壳孔几何精度包括它们的尺寸的标准公差等级和基本偏差（公差带）、形位公差以及表面粗糙度参数值。GB/T 275—1993 规定了与各种轴承配合的轴颈和外壳孔的形位公差。轴颈和外壳孔的公差带影响滚动轴承配合的因素很多，通常难以用计算法确定，所以实际生产中可采用类比法选择轴承的配合。类比法确定轴颈和外壳孔的公差带时，参考表7-6～表7-9，按照表列条件进行选择。

表 7-6　安装向心轴承的轴颈（圆柱形）公差带

内圈工作条件			应用举例	深沟球轴承、调心球轴承和角接触球轴承	圆柱滚子轴承和圆锥滚子轴承	调心滚子轴承	公差带
运动状态	负荷类型			轴承公称内径			
内圈相对于负荷方向静止	各类负荷	内圈必须在轴向容易移动	静止轴上的各种轮子	所有尺寸			g6
		内圈不需要在轴向移动	张紧滑轮、绳索轮	所有尺寸			h6
纯轴向负荷			所有应用场合	所有尺寸			j6 或 js6
圆锥孔轴承(带锥形套)							
所有负荷			火车和电车的轴箱	装在推卸套上的所有尺寸			h8(IT6)[①]
			一般机械或传动轴	装在紧定套上的所有尺寸			h9(IT7)[②]

① 凡有较高的精度或转速要求的场合，应选用 h7（轴颈形状公差 IT5）代替 h8 (IT6)。
② 尺寸大于或等于 500mm，轴颈形状公差为 IT7。
注：1. 对精度有较高要求的场合，应选j5、k5 等分别代替j6、k6 等。
2. 单列圆锥滚子轴承和单列角接触轴承的配合对内部游隙影响不大，可用 k6、m6 分别代替k5、m5。
3. 重负荷下轴承径向游隙应选用大于 0 组。

表 7-7　安装向心轴承的外壳孔公差带

外圈工作条件				应用举例	外壳孔公差带[①]	
运动状态	负荷类型	轴向位移的限度	其他情况			
外圈相对于负荷方向静止	轻、正常和重负荷	轴向容易移动	轴处于高温场合	烘干筒、有调心滚子轴承的大电动机	G7	
			采用剖分式外壳	一般机械、铁路车辆轴箱	H7	
	冲击负荷	轴向能移动	整体式或剖分式外壳	铁路车辆轴箱轴承	J7、JS7	
外圈相对于负荷方向摆动	轻和正常负荷			电动机、泵、曲轴主轴承		
	正常和重负荷				K7	
	重冲击负荷		整体式外壳	牵引电动机	M7	
外圈相对于负荷方向旋转	轻负荷	轴向不移动		张紧滑轮	J7	K7
	正常和重负荷			装有球轴承的轮毂	K7、M7	M7、N7
	重冲击负荷		薄壁或整体式外壳	装有滚子轴承的轮毂	—	N7、P7

① 并列公差带随尺寸的增大，从左至右选择；对旋转精度要求较高时，可相应提高一个标准公差等级，并同时选用整体式外壳；对轻合金外壳应选择比钢或铸铁外壳较紧的配合。

表 7-8 安装推力轴承的轴颈公差带

轴圈工作条件		推力球轴承和圆柱滚子轴承	推力调心滚子轴承	轴颈公差带
		轴承内径/mm		
纯轴向负荷		所有尺寸	所有尺寸	j6 或 js6
径向和轴向联合负荷	轴圈相对于负荷方向静止	—	≤250	j6
		—	250	js6
	轴圈相对于负荷方向旋转或摆动	—	≤200	k6
		—	>200~400	m6
		—	>400	n6

表 7-9 安装推力轴承的外壳孔公差带

座圈工作条件		轴承类型	外壳孔公差带
纯轴向负荷		推力球轴承	H8
		推力圆柱滚子轴承	H7
		推力调心滚子轴承	外壳孔与座圈间的配合间隙为 0.001D(D 为轴承外径)
径向和轴向联合负荷	座圈相对于负荷方向静止或摆动	推力调心滚子轴承	H7
	座圈相对于负荷方向旋转		M7

2. 轴颈和外壳孔的形位公差与表面粗糙度

轴颈和外壳孔的公差带确定以后，为了保证轴承的工作性能，还应对它们分别规定形位公差和表面粗糙度参数值，这些可以参照表 7-10、表 7-11 选取。

表 7-10 轴颈和外壳孔的形位公差值

基本尺寸 /mm	圆柱度				端面圆跳动			
	轴颈		外壳孔		轴肩		外壳孔肩	
	轴承精度等级							
	0	6(6x)	0	6(6x)	0	6(6x)	0	6(6x)
	公差值/μm							
≤6	2.5	1.5	4	2.5	5	3	8	5
>6~10	2.5	1.5	4	2.5	6	4	10	6
>10~18	3.0	2.0	5	3.0	8	5	12	8
>18~30	4.0	2.5	6	4.0	10	6	15	10
>30~50	4.0	2.5	7	4.0	12	8	20	12
>50~80	5.0	3.0	8	5.0	15	10	25	15
>80~120	6.0	4.0	10	6.0	15	10	25	15
>120~180	8.0	5.0	12	8.0	20	12	30	20
>180~250	10.0	7.0	14	10.0	20	12	30	20
>250~315	12.0	8.0	16	12.0	25	15	40	25
>315~400	13.0	9.0	18	13.0	25	15	40	25
>400~500	15.0	10.0	20	15.0	25	15	40	25

为了保证轴承与轴颈、外壳孔的配合性质，轴颈和外壳孔应分别采用包容要求和最大实体要求的零形位公差。对于轴颈，在采用包容要求的同时，为了保证同一根轴上两个轴颈的同轴度精度，还应规定这两个轴颈的轴线分别对它们的公共轴线的同轴度公差（如圆柱齿轮减速器中齿轮轴、输出轴的轴颈和轴头的要求）。对于外壳上支承同一根轴的两个孔，应按关联要素采用最大实体要求的零形位公差，来规定这两个孔的轴线分别对它们的公共轴线的同轴度公差（如圆柱齿轮减速器中箱体两轴承孔的要求），以同时保证指定的配合性质和同

轴度精度。此外，无论是轴颈还是外壳孔，若存在较大的形状误差，则轴承与它们安装后，套圈会因此而产生变形，这就必须对轴颈和外壳孔规定严格的圆柱度公差。轴肩和外壳孔肩的端面是安装轴承的轴向定位面，若它们存在较大的垂直度误差，则轴承安装后会产生歪斜，因此应规定轴肩和外壳孔肩的端面对基准轴线的端面圆跳动公差。

表 7-11　轴颈和外壳孔配合面的表面粗糙度参数值

基本尺寸 /mm	轴颈和外壳孔配合面直径的标准公差等级								
	IT7			IT6			IT5		
	表面粗糙度参数值/μm								
	Rz	Ra		Rz	Ra		Rz	Ra	
		磨	车		磨	车		磨	车
≤80	10	1.6	3.2	6.3	0.8	1.6	4	0.4	0.8
>80~500	16	1.6	3.2	10	1.6	3.2	6.3	0.8	1.6
端面	25	3.2	6.3	25	3.2	6.3	10	1.6	3.2

四、滚动轴承的配合选择示例

例 7-1　在 C616 车床主轴后支承上，装有两个单列向心球轴承（图7-5），其外形尺寸为 $d×D×B=50mm×90mm×20mm$，试选定轴承的精度等级，轴承与轴颈和外壳孔的配合。

解

（1）分析并确定滚动轴承的精度等级

C616 车床属轻型普通车床，即主轴承受轻载荷。

C616 车床主轴的旋转精度和转速较高，故选择6级精度的滚动轴承。

（2）分析并确定滚动轴承与轴颈和壳体孔的配合

① 滚动轴承内圈与主轴轴颈组成配合后同步旋转，外圈装在壳体孔中不旋转。

② 主轴后支承主要承受齿轮传动的支反力，内圈承受循环负荷，外圈承受局部负荷，故前者配合应紧，后者配合略松。

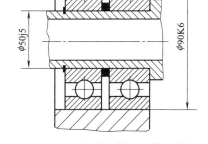

图 7-5　C616 车床主轴的后轴承结构

③ 参考表7-6、表7-7选出轴颈和壳体孔的公差带分别为 $\phi55j5$、$\phi90J6$。

④ 机床主轴前轴承已实行轴向定位，若后轴承外圈与壳体孔的配合无间隙，则不能补偿由于温度变化引起的主轴微量伸缩；若外圈与壳体孔的配合有间隙，则会引起主轴的跳动，影响车床的加工精度。为了满足使用要求，考虑将壳体孔的公差带提高一挡，改用 $\phi90K6$。

⑤ 按滚动轴承公差国家标准，由表7-2查出6级精度滚动轴承单一平面平均内径偏差，由表7-3查出6级精度滚动轴承单一平面平均外径偏差。

图7-6所示为 C616 车床主轴后轴承的公差与配合图解，由此可知，轴承与轴颈的配合性质，比轴承与壳体孔的配合性质要紧一些。

⑥ 按表7-10、表7-11查出轴颈和外壳孔的形位公差和表面粗糙度数值，将它们标注在零件图7-6上。

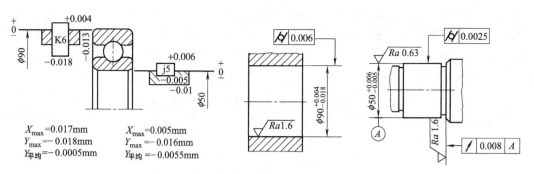

图 7-6　C616 车床主轴后轴承的公差与配合

课 后 练 习

7-1　滚动轴承的精度是根据什么划分的？共有几级？代号是什么？

7-2　滚动轴承与轴、外壳孔配合采用何种基准制？

7-3　滚动轴承内径、外径公差带有何特点？为什么？

7-4　选择滚动轴承与轴、外壳孔配合时主要考虑哪些因素？

7-5　某机床主轴箱内装有两个 P0 级深沟球轴承（6204），外圈和齿轮一起旋转，内圈固定在轴上不转，其装配结构和尺寸如图 7-7 所示。外圈承受的是循环负荷，内圈承受的是局部负荷，且 $P_r/C_r < 0.07$，试确定孔、轴的尺寸公差、形位公差和表面粗糙度，画出轴、孔的零件图并标注。

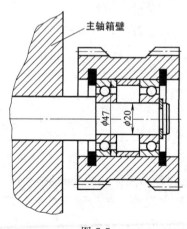

图 7-7

第八章　圆柱齿轮公差与检测

第一节　概　述

齿轮传动在机器和仪器仪表中应用极为广泛，是一种重要的机械传动形式，通常用来传递运动和动力。齿轮传动机构是指组成这种运动装置的齿轮副、轴、轴承、箱体等零部件的总和。而齿轮传动的质量不仅取决于运动装置的齿轮副、轴、轴承、箱体等零件的制造和安装精度，还与齿轮本身的制造精度及齿轮副的安装精度密切相关。随着现代生产和科技的发展，要求机械产品在降低自身重量的前提下，所传递的功率越来越大，转速也越来越高，有些机械对工作精度的要求越来越高，从而对齿轮传动精度提出了更高的要求。因此，研究齿轮误差对齿轮使用性能的影响，研究齿轮互换性原理、精度标准及其检测技术等，对提高齿轮加工质量有着十分重要的意义。

由于渐开线圆柱齿轮应用最广，本章主要介绍渐开线圆柱齿轮的精度设计及检测方法。2001 年国家发布了 GB/T 10095.1—2001 及 GB/T 10095.2—2001 以代替 GB/T 10095—1988，新国家标准的技术内容与 ISO 1328—1997 完全相同。

一、对齿轮传动的使用要求

由于齿轮传动的类型很多，应用又极为广泛，对不同工况、不同用途的齿轮传动，其应用要求也是多方面的。归纳起来，应用要求可分为传动精度和齿侧间隙两个方面。而传动精度要求按齿轮传动的作用特点，又可以分为传递运动的准确性、传递运动的平稳性和载荷分布的均匀性三个方面。因此，一般情况下，齿轮传动的应用要求可分为以下四个方面。

1. 传递运动的准确性

传递运动的准确性是指齿轮在一转范围内，产生的最大转角误差要限制在一定的范围内，使齿轮副传动比变化小，以保证传递运动的准确性。齿轮作为传动的主要元件，要求它能准确地传递运动，即保证主动轮转过一定转角时，从动轮按传动比转过一个相应的转角。从理论上讲，传动比应保持恒定不变。但由于齿轮加工误差和齿轮副的安装误差，使从动轮的实际转角不同于理论转角，发生了转角误差 $\Delta\varphi$，导致两轮之间的传动比以一转为周期变化。可见，齿轮转过一转的范围内，从动轮产生的最大转角误差反映了齿轮副传动比的变动量，即反映了齿轮传动的准确性。

2. 传动的平稳性

传动的平稳性是指齿轮在转过一个齿距角的范围内，其最大转角误差应限制在一定范围内，使齿轮副瞬时传动比变化小，以保证传递运动的平稳性。齿轮在传递运动的过程中，由于受齿廓误差、齿距误差等影响，从一对轮齿过渡到另一对轮齿的齿距角的范围内，也存在着较小的转角误差，并且在齿轮一转中多次重复出现，导致一个齿距角内瞬时传动比也在变化。一个齿距角内瞬时传动比如果过大，将引起冲击、噪声和振动，严重时会损坏齿轮。可见，为保证齿轮传动的平稳性，应限制齿轮副瞬时传动比的变动量，也就是要限制齿轮转过一个齿距角内转角误差的最大值。

3. 载荷分布的均匀性

载荷分布的均匀性是指在轮齿啮合过程中,工作齿面沿全齿高和全齿长上保持均匀接触,并且接触面积尽可能大。齿轮在传递运动过程中,由于受各种误差的影响,齿轮的工作齿面不可能全部均匀接触。如载荷集中于局部齿面,将使齿面磨损加剧,甚至轮齿折断,严重影响齿轮的使用寿命。可见,为保证载荷分布的均匀性,齿轮工作面应有足够的精度,使啮合能沿全齿面(齿高、齿长)均匀接触。

4. 齿轮副侧隙的合理性

齿轮副侧隙的合理性是指一对齿轮啮合时,在非工作齿面间应留有合理的间隙,否则会出现卡死或烧伤的现象。齿轮副侧隙(图8-1)对储藏润滑油,补偿齿轮传动受力后的弹性变形和热变形,以及补偿齿轮及其传动装置的加工误差和安装误差都是必要的。但对于需要反转的齿轮传动装置,侧隙又不能太大,否则回程误差及冲击都较大。为保证齿轮副侧隙的合理性,可在几何要素方面,对齿厚和齿轮箱体孔中心距偏差加以控制。

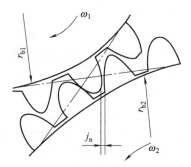

图 8-1 齿轮副侧隙

齿轮在不同的工作条件下,对上述四个方面的要求有所不同。例如,机床、减速器、汽车等一般动力齿轮,通常对传动的平稳性和载荷分布均匀性有所要求;矿山机械、轧钢机上的动力齿轮,主要对载荷分布的均匀性和齿轮副侧隙有严格要求;汽轮机上的齿轮,由于转速高、易发热,为了减少噪声、振动、冲击和避免卡死,对传动的平稳性和齿轮副侧隙有严格要求;百分表、千分表以及分度头中的齿轮,由于精度高、转速低,要求传递运动准确,一般情况下要求齿轮副侧隙为零。

二、齿轮加工误差的来源与分类

1. 齿轮加工误差的来源

齿轮的加工方法很多,按齿廓形成原理可分为仿形法和展成法。仿形法可用成形铣刀在铣床上铣齿;展成法可用滚刀或插齿刀在滚齿机、插齿机上与齿坯作啮合滚切运动,加工出渐开线齿轮。齿轮通常采用展成法加工。在各种加工方法中,齿轮的加工误差都来源于组成工艺系统的机床、夹具、刀具、齿坯本身的误差及其安装、调整等误差。现以滚刀在滚齿机上加工齿轮为例(图8-2),分析加工误差的主要原因。

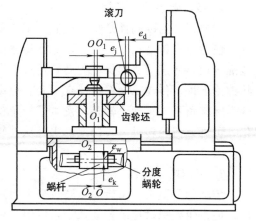

图 8-2 滚切齿轮

(1)几何偏心 e_j 加工时,齿坯基准孔轴线 O_1 与滚齿机工作台旋转轴线 O 不重合而发生偏心,其偏心量为 e_j。几何偏心的存在使得齿轮在加工过程中,齿坯相对于滚刀的距离发生变化,切出的齿一边短而肥、一边长而瘦。当以齿轮基准孔定位进行测量时,在齿轮一转内产生周期性的轮齿径向跳动误差,同时齿距和齿厚也产生周期性变化。有几何偏心的齿轮装在传动机构中后,就会引起每转周期的速比变化,产生时快时慢的现象。对于齿坯基准孔较大的齿轮,为了消除此偏心带来的加工误差,工艺上有时采用液性塑料可胀心轴安装齿坯。设计上,为了避免由于几何偏心带来的径向误差,齿轮基准孔和轴的配合一般采用过渡配合或过盈量不大的过盈配合。

（2）运动偏心 e_y　运动偏心是由于滚齿机分度蜗轮加工误差和分度蜗轮轴线 O_2 与工作台旋转轴线 O 有安装偏心 e_k 引起的。运动偏心的存在使齿坯相对于滚刀的转速不均匀，忽快忽慢，破坏了齿坯与刀具之间的正常滚切运动，而使被加工齿轮的齿廓在切线方向上产生了位置误差。这时，齿廓在径向位置上没有变化。这种偏心，一般称为运动偏心，又称为切向偏心。

（3）机床传动链的高频误差　加工直齿轮时，受分度传动链的传动误差（主要是分度蜗杆的径向跳动和轴向窜动）的影响，使蜗轮（齿坯）在一周范围内转速发生多次变化，加工出的齿轮产生齿距偏差和齿形误差。加工斜齿轮时，除了分度传动链误差外，还受差动传动链传动误差的影响。

（4）滚刀的安装误差和加工误差　滚刀的安装偏心 e_d 使被加工齿轮产生径向误差。滚刀刀架导轨或齿坯轴线相对于工作台旋转轴线的倾斜及轴向窜动，使滚刀的进刀方向与轮齿的理论方向不一致，直接造成齿面沿轴向方向歪斜，产生齿向误差。

滚刀的加工误差主要指滚刀的径向跳动、轴向窜动和齿形角误差等，它们将使加工出来的齿轮产生基节偏差和齿形误差。

2. 齿轮加工误差的分类

（1）按表现特征　可分为以下四类。

① 齿廓误差　加工出来的齿廓不是理论的渐开线。其原因主要有刀具本身的切削刃轮廓误差及齿形角偏差、滚刀的轴向窜动和径向跳动、齿坯的径向跳动以及在每转一齿距角内转速不均等。

② 齿距误差　加工出来的齿廓相对于工件的旋转中心分布不均匀。其原因主要有齿坯安装偏心、机床分度蜗轮齿廓本身分布不均匀及其安装偏心等。

③ 齿向误差　加工后的齿面沿齿轮轴线方向的形状和位置误差。其原因主要有刀具进给运动的方向偏斜、齿坯安装偏斜等。

④ 齿厚误差　加工出来的轮齿厚度相对于理论值在整个齿圈上不一致。其原因主要有刀具的铲形面相对于被加工齿轮中心的位置误差、刀具齿廓的分布不均匀等。

（2）按方向特征　可分为以下三类。

① 径向误差　沿被加工齿轮直径方向（齿高方向）的误差。

② 切向误差　沿被加工齿轮圆周方向（齿厚方向）的误差。

③ 轴向误差　沿被加工齿轮轴线方向（齿向方向）的误差。

（3）按周期或频率特征　可分为以下两类。

① 长周期误差　在被加工齿轮转过一周的范围内，误差出现一次最大和最小值，如由偏心引起的误差。长周期误差也称低频误差。

② 短周期误差　在被加工齿轮转过一周的范围内，误差曲线上的峰、谷多次出现，如由滚刀的径向跳动引起的误差。短周期误差也称高频误差。当齿轮只有长周期误差时，其误差曲线如图 8-3 （a）所示，将产生运动不均匀，是影响齿轮运动准确性的主要误差，但在低速情况下，其传动还是比较平稳的。当齿轮只有短周期误差时，其误差曲线如图 8-3 （b）所示，这种在齿轮一转中多次重复出现的高频误差将引起齿轮瞬时传动比的变化，使齿轮传动不平稳，在高速运转中，将产生冲击、振动和噪声。

对这类误差必须加以控制。实际上，齿轮运动误差是一条复杂的周期函数曲线，如图

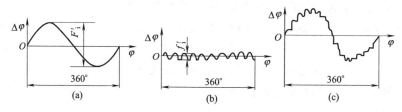

图 8-3 齿轮的周期性误差

8-3（c）所示，它既包含有短周期误差也包含有长周期误差。

3. 控制齿轮误差的措施

为了保证齿轮传动的工作质量，必须控制单个齿轮的制造误差和齿轮副的安装误差，制定有关的齿轮精度标准。2001 年我国颁布了新国家标准 GB/T 10095.1—2001 及 GB/T 10095.2—2001，以代替 GB/T 10095—1988 旧标准。本章内容采用新标准进行介绍。

在齿轮精度标准中，将偏差与公差共用一个符号表示，如 F_a 既表示齿廓总偏差，又表示齿廓总公差。此外，测量单项要素所用的偏差符号用小写字母加相应的下标表示；而反映若干单项要素偏差之和的"累积"或"总"偏差所用的符号，采用大写字母加相应的下标表示。

第二节　齿轮精度的评定指标

一、传递运动准确性的检测项目

1. 切向综合总偏差 F_i'

切向综合总偏差是指被测齿轮与测量齿轮单面啮合时，被测齿轮一转内，齿轮分度圆上

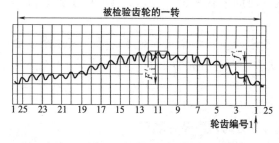

图 8-4　切向综合偏差

实际圆周位移与理论圆周位移的最大差值（图 8-4）。切向综合总偏差反映齿轮一转中的转角误差，说明齿轮运动的不均匀性，在一转过程中，其转速忽快忽慢，周期性的变化。切向综合总偏差既反映切向误差，又反映径向误差，是评定齿轮运动准确性较为完善的综合性指标。当切向综合总误差小于或等于所规定的允许值时，表示齿轮可以满足传递运动准确性的使用要求。

测量切向综合总偏差，可在单啮仪上进行。被测齿轮在适当的中心距下（有一定的侧隙）与测量齿轮单面啮合，同时要加上一轻微而足够的载荷。根据比较装置的不同，单啮仪可分为机械式、光栅式、磁分度式和地震仪式等。图 8-5 所示为光栅式单啮仪的工作原理。它由两光栅盘建立标准传动，被测齿轮与标准蜗杆单面啮合组成实际传动。仪器的传动链是：电动机通过传动系统带动标准蜗杆和圆光栅盘 I 转动，标准蜗杆带动被测齿轮及其同轴上的圆光栅盘 II 转动。

圆光栅盘 I 和圆光栅盘 II 分别通过信号发生器 I 和 II 将标准蜗杆和被测齿轮的角位移转变成电信号，并根据标准蜗杆的头数 K 及被测齿轮的齿数 Z，通过分频器将高频电信号 f_1 作 Z 分频，低频电信号 f_2 作 K 分频，于是将圆光栅盘 I 和圆光栅盘 II 发出的脉冲信号变为

同频信号。当被测齿轮有误差时将引起被测齿轮的回转角误差，此回转角的微小角位移误差变为两电信号的相位差，两电信号输入比相器进行比相后输出，再输入电子记录器记录，便可得出被测齿轮误差曲线，最后根据定标值读出误差值。

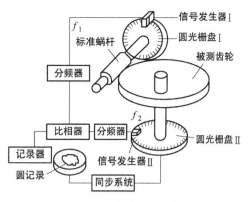

图 8-5　光栅式单啮仪工作原理

2. 齿距累积总偏差 F_p

齿距累积偏差 F_{pk} 是指在端平面上，在接近齿高中部的与齿轮轴线同心的圆上，任意 k 个齿距的实际弧长与理论弧长的代数差，如图 8-6 所示。理论上，它等于这 k 个齿距的各单个

齿距偏差的代数和。除另有规定，齿距累积偏差 F_{pk} 值被限定在不大于 1/8 的圆周上评定。因此，F_{pk} 的允许值适用于齿距数 k 为 2 到小于 $z/8$ 的弧段内。通常，F_{pk} 取 $k=z/8$ 就足够了，如果对于特殊的应用（如高速齿轮）还需检验较小弧段，并规定相应的 k 值。齿距累积总偏差 F_p 是指齿轮同侧齿面任意弧段（$k=1\sim z$）内的最大齿距累积偏差。它表现为齿距累积偏差曲线的总幅值，如图 8-7 所示。

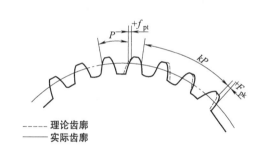

图 8-6　齿距偏差与齿距累积偏差

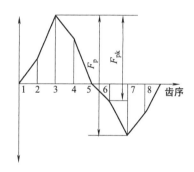

图 8-7　齿距累积总偏差

齿距累积总偏差能反映齿轮一转中偏心误差引起的转角误差，故齿距累积总误差可代替切向综合总偏差 F_i' 作为评定齿轮传递运动准确性的项目。但齿距累积总偏差只是有限点的误差，而切向综合总偏差可反映齿轮每瞬间传动比的变化情况。显然，齿距累积总偏差在反映齿轮传递运动准确性时不及切向综合总偏差那样全面。因此，齿距累积总偏差仅作为切向综合总偏差的代用指标。

齿距累积总偏差和齿距累积偏差的测量可分为绝对测量和相对测量。其中，以相对测量应用最广，中等模数的齿轮多采用这种方法。测量仪器有齿距仪（可测 7 级精度以下齿轮，如图 8-8 所示）和万能测齿仪（可测 4~6 级精度齿轮，如图 8-9 所示）。这种相对测量是以齿轮上任意一齿距为基准，把仪器指示表调整为零，然后依次测出其余各齿距相对于基准齿距之差，称为相对齿距偏差。将相对齿距偏差逐个累加，计算出最终累加值的平均值，并将平均值的相反数与各相对齿距偏差相加，获得绝对齿距偏差（实际齿距相对于理论齿距之差）。最后再将绝对齿距偏差累加，累加值中的最大值与最小值之差即为被测齿轮的齿距累积总偏差。k 个绝对齿距偏差的代数和是 k 个齿距的齿距累积。

相对测量按其定位基准不同，可分为以齿顶圆、齿根圆和孔为定位基准三种情况，如图 8-10 所示。采用齿顶圆定位时，由于齿顶圆相对于齿圈中心可能有偏心，将引起测量误差。

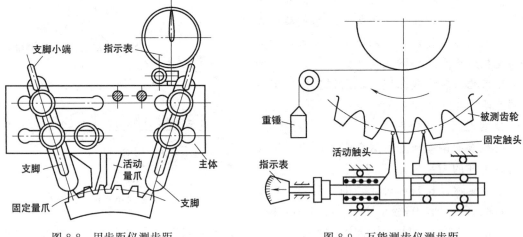

图 8-8　用齿距仪测齿距　　　　　　　图 8-9　万能测齿仪测齿距

用齿根圆定位时，由于齿根圆与齿圈同时切出，不会因偏心而引起测量误差。在万能测齿仪上进行测量，可用齿轮的装配基准孔作为测量基准，则可免除定位误差。

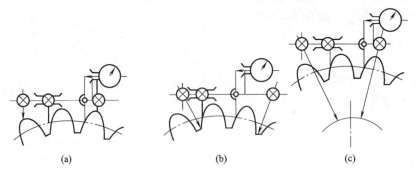

图 8-10　测量齿距

3. 齿圈径向跳动 F_r

齿圈径向跳动是指齿轮转一周范围内，测头相继置于被测齿轮的每个齿槽内时，从它到齿轮轴线的最大和最小径向距离之差。径向跳动可用齿圈径向跳动测量仪测量，测头做成球形插入齿槽中，也可做成 V 形测头卡在轮齿上（图 8-11），与齿高中部双面接触，被测齿轮一转所测得的相对于轴线径向距离的总变动幅度值，就是齿轮的径向跳动，如图 8-12 所示，图中偏心量是径向跳动的一部分。

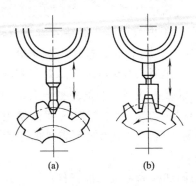

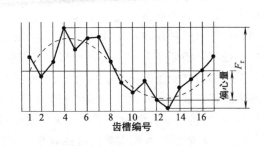

图 8-11　齿圈径向跳动测量仪测量　　　　　　图 8-12　一个齿轮的径向跳动

　　由于径向跳动的测量是以齿轮孔的轴线为基准的，只反映径向误差，齿轮一转中最大误差只出现一次，是长周期误差，它仅作为影响传递运动准确性中属于径向性质的单项性指标。因此，采用这一指标必须与能揭示切向误差的单项性指标组合，才能评定传递运动的准确性。

4. 径向综合总偏差 F_i''

　　径向综合总偏差是指在径向（双面）综合检验时，被测齿轮的左右齿面同时与测量齿轮接触，并转过一整圈时出现的中心距最大值和最小值之差，如图 8-13 所示。

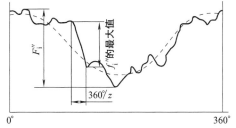

图 8-13　径向综合总偏差

　　径向综合总偏差是在齿轮双面啮合综合检查仪上进行测量的，该仪器如图 8-14 所示。将被测齿轮与基准齿轮分别安装在双面啮合检查仪的两平行心轴上，在弹簧作用下，两齿轮作紧密无侧隙的双面啮合。使被测齿轮回转一周，被测齿轮一转中指示表的最大读数差值（即双啮中心距的总变动量）即为被测齿轮的径向综合总偏差 F_i''。由于其中心距变动主要反映径向误差，也就是说径向综合总偏差 F_i'' 主要反映径向误差，它可代替径向跳动 F_r，并且可综合反映齿形、齿厚均匀性等误差在径向上的影响。因此，径向综合总偏差 F_i'' 也是作为影响传递运动准确性指标中属于径向性质的单项性指标。

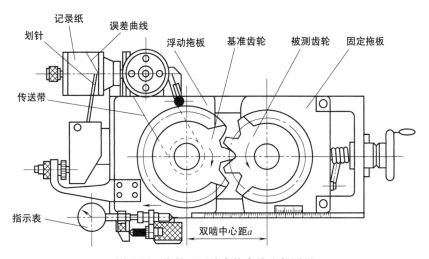

图 8-14　齿轮双面啮合综合检查仪测量

　　用齿轮双面啮合综合检查仪测量径向综合总偏差，测量状态与齿轮的工作状态不一致时，测量结果同时受左、右两侧齿廓和测量齿轮的精度及总重合度的影响，不能全面地反映齿轮运动准确性要求。由于仪器测量时的啮合状态与切齿时的状态相似，能够反映齿轮坯和刀具的安装误差，且仪器结构简单，环境适应性好，操作方便，测量效率高，故在大批量生产中常用此项指标。

5. 公法线长度变动 ΔF_w

　　公法线即基圆的切线。渐开线圆柱齿轮的公法线长度 W 是指跨越 k 个齿的两异侧齿廓的平行切线间的距离，理想状态下公法线应与基圆相切。公法线长度变动是指在齿轮一周范围内，实际公法线长度的最大值与最小值之差，如图 8-15 所示。GB/T 10095.1 和 GB/T 10095.2 均无此定义，考虑到该评定指标的实用性和科研工作的需要，对其评定理论和测量方法仍加以介绍。

公法线长度变动 ΔF_w 一般可用公法线千分尺或万能测齿仪进行测量。公法线千分尺是用相互平行的圆盘测头，插入齿槽中进行公法线长度变动的测量，如图 8-16 所示，$\Delta F_w = W_{max} - W_{min}$。若被测齿轮轮齿分布疏密不均，则实际公法线的长度就会有变动。但公法线长度变动的测量不以齿轮基准孔轴线为基准，它反映齿轮加工时的切向误差，不能反映齿轮的径向误差，可作为影响传递运动准确性指标中属于切向性质的单项性指标。

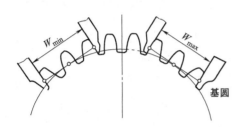

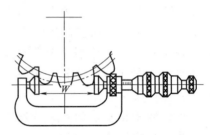

图 8-15　公法线长度变动　　　　　　　图 8-16　公法线长度变动的测量

必须注意，测量时应使量具的量爪测量面与轮齿的齿高中部接触。为此，测量所跨的齿数 k 应按下式计算：

$$k = z/9 + 0.5$$

综上所述，影响传递运动准确性的误差，为齿轮一转中出现一次的长周期误差，主要包括径向误差和切向误差。评定传递运动准确性的指标中，能同时反映径向误差和切向误差的综合性指标有切向综合总偏差 F_i'、齿距累积总偏差 F_p（齿距累积偏差 F_{pk}）；只反映径向误差或切向误差两者之一的单项指标有径向跳动 F_r、径向综合总偏差 F_i'' 和公法线长度变动 ΔF_w。使用时，可选用一个综合性指标，也可选用两个单项性指标的组合（径向指标与切向指标各选一个）来评定，才能全面反映对传递运动准确性的影响。

二、传动工作平稳性的检测项目

1. 一齿切向综合偏差 f_i'

一齿切向综合偏差是指齿轮在一个齿距角内的切向综合总偏差，即在切向综合总偏差记录曲线上小波纹的最大幅度值（图 8-4）。一齿切向综合偏差是 GB/T 10095.1 规定的检验项目，但不是必检项目。齿轮每转过一个齿距角，都会引起转角误差，即出现许多小的峰谷。在这些短周期误差中，峰谷的最大幅度值即为一齿切向综合偏差 f_i'。f_i' 既反映了短周期的切向误差，又反映了短周期的径向误差，是评定齿轮传动平稳性较全面的指标。一齿切向综合偏差 f_i' 是在单面啮合综合检查仪上，测量切向综合总偏差的同时测出的。

2. 一齿径向综合偏差 f_i''

一齿径向综合偏差是指当被测齿轮与测量齿轮啮合一整圈时，对应一个齿距（$360°/z$）的径向综合偏差值。即在径向综合总偏差记录曲线上小波纹的最大幅度值，其波长常常为齿距角。一齿径向综合偏差是 GB/T 10095.2 规定的检验项目。一齿径向综合偏差 f_i'' 也反映齿轮的短周期误差，但与一齿切向综合偏差 f_i' 是有差别的。f_i'' 只反映刀具制造和安装误差引起的径向误差，而不能反映机床传动链短周期误差引起的周期切向误差。因此，用一齿径向综合偏差评定齿轮传动的平稳性不如用一齿切向综合偏差评定完善。但由于双啮仪结构简单，操作方便，在成批生产中仍被广泛采用，所以一般用一齿径向综合偏差作为评定齿轮传动平稳性的代用综合指标。一齿径向综合偏差 f_i'' 是在双面啮合综合检查仪上，测量径向综合总偏差的同时测出的。

3. 齿廓偏差

齿廓偏差是指实际齿廓对设计齿廓的偏离量，它在端平面内且垂直于渐开线齿廓的方向计值。

（1）齿廓总偏差 F_α　是指在计值范围内，包容实际齿廓迹线的两条设计齿廓迹线间的距离，如图 8-17（a）所示。

（2）齿廓形状偏差 $f_{f\alpha}$　是指在计值范围内，包容实际齿廓迹线的两条与平均齿廓迹线完全相同的曲线间的距离，且两条曲线与平均齿廓迹线的距离为常数，如图 8-17（b）所示。

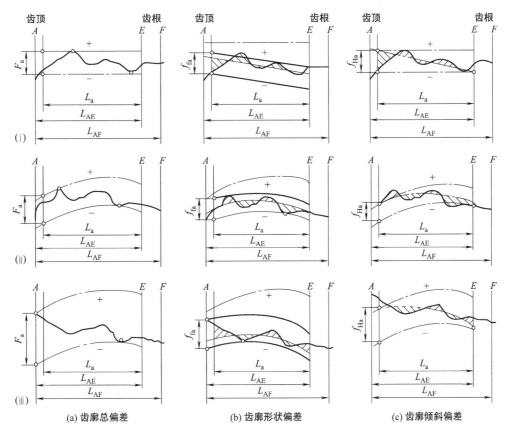

（a）齿廓总偏差　　　　　（b）齿廓形状偏差　　　　　（c）齿廓倾斜偏差

图 8-17　齿廓偏差

（ⅰ）设计齿廓：未修形的渐开线；实际齿廓：在减薄区内具有偏向体内的负偏差。

（ⅱ）设计齿廓：修形的渐开线；实际齿廓：在减薄区内具有偏向体内的负偏差。

（ⅲ）设计齿廓：修形的渐开线；实际齿廓：在减薄区内具有偏向体外的正偏差。

（3）齿廓倾斜偏差 $f_{H\alpha}$　是指在计值范围内，两端与平均齿廓迹线相交的两条设计齿廓迹线间的距离，如图 8-17（c）所示。

齿廓偏差的存在，使两齿面啮合时产生传动比的瞬时变动。如图 8-18 所示，两理想齿廓应在啮合线上的 a 点接触，由于齿廓偏差，使接触点由 a 变到 a'，引起瞬时传动比的变

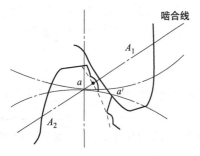

图 8-18　齿廓偏差对传动的影响

化，这种接触点偏离啮合线的现象在一对轮齿啮合转齿过程中要多次发生，其结果使齿轮一转内的传动比发生了高频率、小幅度地周期性变化，产生振动和噪声，从而影响齿轮运动的平稳性。因此，齿廓偏差是影响齿轮传动平稳性中属于转齿性质的单项性指标。它必须与揭示换齿性质的单项性指标组合，才能评定齿轮传动的平稳性。

渐开线齿轮的齿廓总误差，可在专用的单圆盘渐开线检查仪上进行测量。其工作原理如图 8-19 所示。被测齿轮与一直径等于该齿轮基圆直径的基圆盘同轴安装，当用手轮移动拖板时，直尺与由弹簧力紧压其上的基圆盘互作纯滚动，位于直尺边缘上的量头与被测齿廓接触点相对于基圆盘的运动轨迹是理想渐开线。若被测齿廓不是理想渐开线，测量头摆动经杠杆在指示表上读出其齿廓总偏差。

单圆盘渐开线检查仪结构简单，传动链短，若装调适当，可获得较高的测量精度。但测量不同基圆直径的齿轮时，必须配换与其直径相等的基圆盘。所以，这种单圆盘渐开线检查仪适用于产品比较固定的场合。对于批量生产的不同基圆半径的齿轮，可在通用基圆盘式渐开线检查仪上测量，而不需要更换基圆盘。

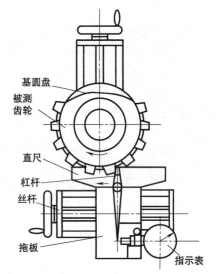

图 8-19　单圆盘渐开线检查仪的工作原理

4. 基圆齿距偏差 f_{pb}

基圆齿距偏差是指实际基节与公称基节的代数差，如图 8-20 所示。GB/T 10095.1 中没有定义评定参数基圆齿距偏差，而在 GB/Z 18620.1 中给出了这个检验参数。齿轮副正确啮合的基本条件之一是两齿轮的基圆齿距必须相等，而基圆齿距偏差的存在会引起传动比的瞬时变化，即从上一对轮齿换到下一对轮齿啮合的瞬间发生碰撞、冲击，影响传动的平稳性，如图 8-21 所示。

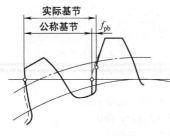

图 8-20　基圆齿距偏差

当主动轮基圆齿距大于从动轮基圆齿距时，如图 8-21（a）所示。第一对齿 A_1、A_2 啮合终止时，第二对齿 B_1、B_2 尚未进入啮合。此时，A_1 的齿顶将沿着 A_2 的齿根"刮行"（称顶刃啮合），发生啮合线外的啮合，使从动轮突然降速，直到 B_1 和 B_2 齿进入啮合时，使从动轮又突然加速。因此，从一对齿啮合过渡到下一对齿啮合的过程中，瞬间传动比产生变化，引起冲击，产生振动和噪声。当主动轮基圆齿距小于从动轮基圆齿距时，如图 8-21（b）所示。第一对齿 A_1'、A_2' 的啮合尚未结束，第二对齿 B_1'、B_2' 就已开始进入啮合。此时，B_2' 的齿顶反向撞向 B_1' 的齿腹，使从动轮突然加速，强迫 A_1' 和 A_2' 脱离啮合。B_2' 的齿顶在 B_1' 的齿腹上"刮行"，同样产生顶刃啮合。直到 B_1' 和 B_2' 进入正常啮合，恢复正常转速时为止。这种情况比前一种更坏，因为冲击力与运动方向相反，故引起更大的振动和噪声。

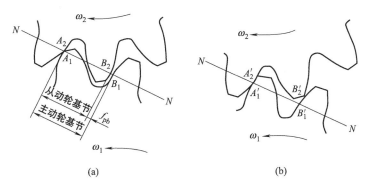

图 8-21　基圆齿距偏差对传动平稳性的影响

　　上述两种情况都在轮齿替换啮合时发生，在齿轮一转中多次重复出现，影响传动平稳性。因此，基圆齿距偏差可作为评定齿轮传动平稳性中属于换齿性质的单项性指标。它必须与反映转齿性质的单项性指标组合，才能评定齿轮传动平稳性。

　　基圆齿距偏差通常采用基节检查仪进行测量，可测量模数为 $2\sim16$mm 的齿轮，如图 8-22（a）所示。活动量爪的另一端经杠杆系统与指示表相连，旋转微动螺杆可调节固定量爪的位置。利用仪器附件（如组合量块），按被测齿轮基节的公称值 P_b 调节活动量爪与固定量爪之间的距离，并使指示表对零。测量时，将固定量爪和辅助支脚插入相邻齿槽［图 8-22（b）］，利用螺杆调节支脚的位置，使它们与齿廓接触，借以保持测量时量爪的位置稳定。摆动检查仪，两相邻同侧齿廓间的最短距离即为实际基节（指示表指示出实际基节对公称基节之差）。在相隔 120°处对左右齿廓进行测量，取所有读数中绝对值最大的数作为被测齿轮的基圆齿距偏差 $f_{\rm pb}$。

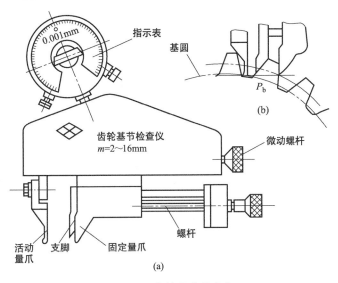

图 8-22　齿轮基节检查仪

5. 单个齿距偏差 $f_{\rm pt}$

　　单个齿距偏差是指在端平面上，在接近齿高中部的一个与齿轮轴线同心的圆上，实际齿距与理论齿距的代数差，如图 8-23 所示。它是 GB/T 10095.1—2001 规定的评定齿轮几何精度的基本参数。

　　单个齿距偏差在某种程度上反映基圆齿距偏差 $f_{\rm pb}$ 或齿廓形状偏差 $f_{\rm fa}$ 对齿轮传动平稳

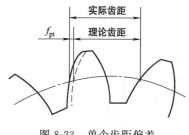

图 8-23 单个齿距偏差

性的影响，故单个齿距偏差 f_{pt} 可作为齿轮传动平稳性中的单项性指标。单个齿距偏差也用齿距检查仪测量，在测量齿距累积总偏差的同时，可得到单个齿距偏差值。用相对法测量时，理论齿距是指在某一测量圆周上对各齿测量得到的所有实际齿距的平均值。在测得的各个齿距偏差中，可能出现正值或负值，以其最大数字的正值或负值作为该齿轮的单个齿距偏差值。

综上所述，影响齿轮传动平稳性的误差，为齿轮一转中多次重复出现的短周期误差，主要包括转齿误差和换齿误差。评定传递运动平稳性的指标中，能同时反映转齿误差和换齿误差的综合性指标有一齿切向综合偏差 f_i'、一齿径向综合偏差 f_i''；只反映转齿误差或换齿误差两者之一的单项指标有齿廓偏差、基圆齿距偏差 f_{pb} 和单个齿距偏差 f_{pt}。使用时，可选用一个综合性指标，也可选用两个单项性指标的组合（转齿指标与换齿指标各选一个）来评定，才能全面反映对传递运动平稳性的影响。

三、载荷分布均匀性的检测项目

1. 螺旋线偏差

螺旋线偏差是指在端面基圆切线方向上测得的实际螺旋线偏离设计螺旋线的量。

（1）螺旋线总偏差 F_β　螺旋线总偏差是指在计值范围内，包容实际螺旋线迹线的两条设计螺旋线迹线间的距离，如图 8-24（a）所示。

（2）螺旋线形状偏差 $f_{f\beta}$　螺旋线形状偏差是指在计值范围内，包容实际螺旋线迹线的两条与平均螺旋线迹线完全相同的曲线间的距离，且两条曲线与平均螺旋线迹线的距离为常

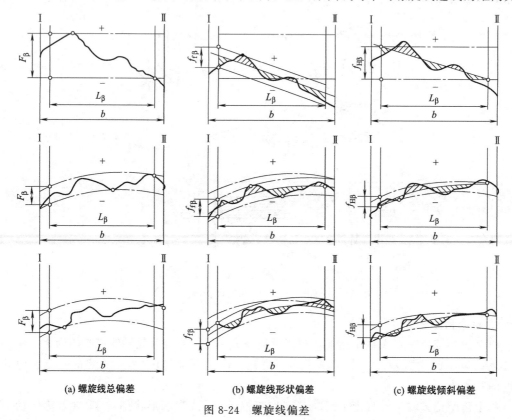

(a) 螺旋线总偏差　　(b) 螺旋线形状偏差　　(c) 螺旋线倾斜偏差

图 8-24　螺旋线偏差

数，如图 8-24（b）所示。

（3）螺旋线倾斜偏差 f_{Hf}　螺旋线倾斜偏差是指在计值范围的两端与平均螺旋线迹线相交的设计螺旋线迹线间的距离，如图 8-24（c）所示。

由于实际齿线存在形状误差和位置误差，使两齿轮啮合时的接触线只占理论长度的一部分，从而导致载荷分布不均匀。螺旋线总偏差是齿轮的轴向误差，是评定载荷分布均匀性的单项性指标。

螺旋线总偏差的测量方法有展成法和坐标法。展成法的测量仪器有单盘式渐开线螺旋检查仪、分级圆盘式渐开线螺旋检查仪、杠杆圆盘式通用渐开线螺旋检查仪以及导程仪等。坐标法的测量仪器有螺旋线样板检查仪、齿轮测量中心以及三坐标测量机等。而直齿圆柱齿轮的螺旋线总偏差的测量较为简单，图 8-25 即为用小圆柱测量螺旋线总偏差的原理。被测齿轮装在心轴上，心轴装在两顶针座或等高的 V 形块上，在齿槽内放入小圆柱，以检验平板作基面，用指示表分别测小圆柱在水平方向和垂直方向两端的高度差。此高度差乘上 B/L（B 为齿宽，L 为圆柱长）即近似为齿轮的螺旋线总偏差。为避免安装误差的影响，应在相隔 180°的两齿槽中分别测量，取其平均值作为测量结果。

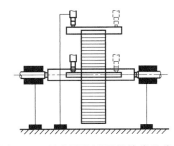

图 8-25　用小圆柱测量螺旋线总偏差

2. 接触斑点

接触斑点是指装配好的齿轮副，在轻微制动下，运转后齿面上分布的接触擦亮痕迹，如图 8-26 所示。接触痕迹的大小在齿面展开图上用百分数计算，沿齿长方向为接触痕迹长度 b''（扣除超过模数值的断开部分 c）与工作长度 b' 之比的百分数，即

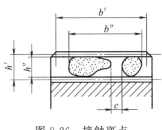

图 8-26　接触斑点

$$\frac{b''-c}{b'} \times 100\%$$

轻微制动是指不使轮齿脱离，又不使轮齿和传动装置发生较大变形的制动力时的制动状态。沿齿长方向的接触斑点，主要影响齿轮副的承载能力，沿齿高方向的接触斑点主要影响工作平稳性。齿轮副的接触斑点综合反映了齿轮副的加工误差和安装误差，是齿面接触精度的综合评定指标。对接触斑点的要求，应标注在齿轮传动装配图的技术要求中。对较大的齿轮副，一般是在安装好的传动装置中检验；对成批生产的机床、汽车、拖拉机等中小齿轮允许在啮合机上与精确齿轮啮合检验。

目前，国内各生产单位普遍使用这一精度指标。若接触斑点检验合格，则此齿轮副中的单个齿轮的承载均匀性的评定指标可不予考核。

3. 轴线的平行度误差

轴线平行度误差的影响与向量的方向有关，有轴线平面内的平行度误差和垂直平面上的平行度误差。这是由 GB/Z 18620.3—2002 规定的，并推荐了误差的最大允许值。

（1）轴线平面内的平行度误差 $f_{\Sigma\delta}$　是指一对齿轮的轴线，在其基准平面上投影的平行度误差，如图 8-27 所示。

（2）垂直平面上的平行度误差 $f_{\Sigma\beta}$　是指一对齿轮的轴线，在垂直于基准平面，且平行

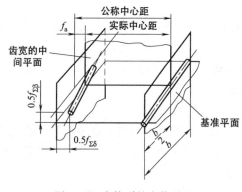

图 8-27　齿轮副的安装误差

于基准轴线的平面上投影的平行度误差，如图 8-27 所示。

基准平面是包含基准轴线，并通过由另一轴线与齿宽中间平面相交的点所形成的平面。两条轴线中任何一条轴线都可作为基准轴线。

$f_{\Sigma\delta}$、$f_{\Sigma\beta}$ 均在等于全齿宽的长度上测量。由于齿轮轴要通过轴承安装在箱体或其他构件上，所以轴线的平行度误差与轴承的跨距 L 有关。一对齿轮副的轴线若产生平行误差，必然会影响齿面的正常接触，使载荷分布不均匀，同时还使侧隙在全齿宽上大小不等。为此，必须对齿轮副轴线的平行度误差进行控制。

四、影响齿轮副侧隙的单个齿轮因素

为了保证齿轮副的连续正常工作，在齿轮副非工作齿面间应留有适当的侧隙。国家标准规定采用"基中心距制"，即在中心距一定的情况下，采用控制轮齿齿厚的方法获得所需的齿轮副侧隙。

1. 齿轮副的侧隙

齿轮副的侧隙可分为圆周侧隙 j_{wt} 和法向侧隙 j_{bn} 两种。圆周侧隙 j_{wt} 是指安装好的齿轮副，当其中一个齿轮固定时，另一齿轮圆周的晃动量，以分度圆上弧长计值，如图 8-28（a）所示。法向侧隙 j_{bn} 是指安装好的齿轮副，当工作齿面接触时，非工作齿面之间的最小距离，如图 8-28（b）所示。

圆周侧隙可用指示表测量，法向侧隙可用塞尺测量。在生产中，常检验法向侧隙，但由于圆周侧隙比法向侧隙更便于检验，因此法向侧隙除直接测量得到外，也可用圆周侧隙计算得到。法向侧隙与圆周侧隙之间的关系为

$$j_{bn} = j_{wt}\cos\beta_b\cos\alpha_n$$

式中　β_b——基圆螺旋角；

　　　α_n——分度圆法面压力角。

上述齿轮副的四项指标均能满足要求，则齿轮副即认为合格。

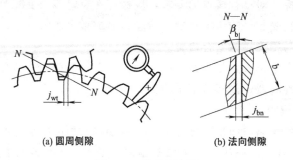

(a) 圆周侧隙　　　　　　　(b) 法向侧隙

图 8-28　齿轮副侧隙

2. 齿厚偏差 f_{sn}

齿厚偏差是指在齿轮的分度圆柱面上，齿厚的实际值与公称值之差，如图 8-29 所示。

对于斜齿轮，指法向齿厚。该评定指标是由 GB/Z 18620.2—2002 推荐的。齿厚偏差是反映齿轮副侧隙要求的一项单项性指标。

　　齿轮副的侧隙一般用减薄标准齿厚的方法来获得。为了获得适当的齿轮副侧隙，规定用齿厚的极限偏差来限制实际齿厚偏差，即 $E_{sni} < f_{sn} < E_{sns}$。一般情况下，$E_{sns}$ 和 E_{sni} 分别为齿厚的上、下偏差，且均为负值。按照定义，齿厚是指分度圆弧齿厚，为了测量方便常以分度圆弦齿厚计值。图 8-30 所示是用齿厚游标卡尺测量分度圆弦齿厚的情况。测量时，以齿顶圆作为测量基准，通过调整纵向游标卡尺来确定分度圆的高度 h；再从横向游标尺上读出分度圆弦齿厚的实际值 S_a。对于标准圆柱齿轮，分度圆高度 h 及分度圆弦齿厚的公称值 S 用下式计算：

$$h = m\left[1 + \frac{z}{2}\left(1 - \cos\frac{90°}{z}\right)\right]$$

$$S = mz\sin\frac{90°}{z}$$

$$f_{sn} = S_a - S$$

式中　m——齿轮模数；
　　　　z——齿数。

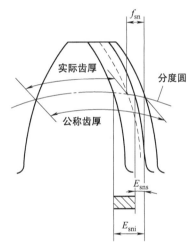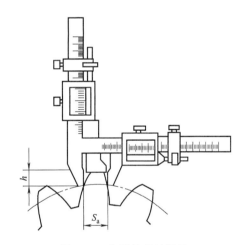

图 8-29　齿厚偏差　　　　　　　　图 8-30　齿厚偏差的测量

　　由于用齿厚游标卡尺测量时，对测量技术要求高，测量精度受齿顶圆误差的影响，测量精度不高，故它仅用在公法线千分尺不能测量齿厚的场合，如大螺旋角斜齿轮、锥齿轮、大模数齿轮等。测量精度要求高时，分度圆高度应根据齿顶圆实际直径进行修正。

3. 公法线长度偏差

　　公法线长度偏差是指在齿轮一周内，实际公法线长度 W_a 与公称公法线长度 W 之差，如图 8-31 所示。该评定指标是由 GB/Z 18620.2—2002 推荐的。公法线长度偏差是齿厚偏差的函数，能反映齿轮副侧隙的大小，可规定极限偏差（上偏差 E_{bns}，下偏差 E_{bni}）来控制公法线长度偏差。

　　对外齿轮

$$W + E_{bni} \leqslant W_a \leqslant W + E_{bns}$$

　　对内齿轮

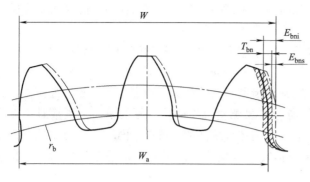

图 8-31　公法线长度偏差

$$W-E_{bni}\leqslant W_a\leqslant W-E_{bns}$$

公法线长度偏差的测量方法与前面所介绍的公法线长度变动的测量相同，在此不再赘述。应该注意的是，测量公法线长度偏差时，需先计算被测齿轮公法线长度的公称值 W，然后按 W 值组合量块，用以调整两量爪之间的距离。沿齿圈进行测量，所测公法线长度与公称值之差，即为公法线长度偏差。

4. 齿轮副中心距偏差 ± f_a

齿轮副中心距极限偏差是指在齿轮副的齿宽中间平面内，实际中心距与公称中心距之差。通常情况下，公称中心距是设计者在考虑了最小侧隙及两齿轮的齿顶不与另一相啮合齿轮的齿根部分发生非渐开线齿廓干涉后确定的。齿轮副中心距极限偏差是由设计者所规定的齿轮副中心距偏差的允许变动范围，± f_a 主要影响齿轮副侧隙。

在齿轮仅承受单向载荷且不经常反转的情况下，是否需要控制齿轮副的最大侧隙并不是一个重要的问题，此时的中心距极限偏差主要取决于齿轮副的重合度。

对于既需要控制运动精度且又经常需要正、反转的齿轮副，则必须控制齿轮副的最大侧隙，此时确定齿轮副中心距极限偏差 ± f_a 应认真考虑以下因素。

① 主轴、箱体孔孔系对轴承轴线的倾斜。

② 因箱体孔系的尺寸偏差和轴承的间隙，导致两齿轮轴线的不一致与错斜。

③ 齿轮副安装误差。

④ 轴承的径向跳动与轴向窜动。

⑤ 工作温度的影响。

⑥ 旋转件的离心力影响。

⑦ 其他因素，如润滑剂污染的允许程度，以及非金属齿轮材料的溶胀。

GB/Z 18620.3—2002 未给出中心距极限偏差的允许偏差值，在生产中可类比某些成熟产品的技术资料，或参照表 8-1 确定。

表 8-1　中心距极限偏差 ± f_a

中心距 a/mm	齿轮精度等级		中心距 a/mm	齿轮精度等级	
	5、6	7、8		5、6	7、8
≥6～10	7.5	11	>120～180	20	31.5
>10～18	9	13.5	>180～250	23	36
>18～30	10.5	16.5	>250～315	26	40.5
>30～50	12.5	19.5	>315～400	28.5	44.5
>50～80	15	23	>400～500	31.5	48.5
>80～120	17.5	27			

第三节　渐开线圆柱齿轮精度标准及其应用

我国圆柱齿轮传动公差现行国家标准为 GB/T 10095.1—2001《渐开线圆柱齿轮　精度

第 1 部分：轮齿同侧齿面偏差的定义和允许值》和 CB/T 10095.2—2001《渐开线圆柱齿轮精度　第 2 部分：径向综合偏差与径向跳动的定义和允许值》，同时还有 GB/Z 18620.1~4 四个指导性技术文件。以上标准（文件）适用于单个渐开线圆柱齿轮，其法向模数 $m_n \geqslant$ 0.5~70mm，分度圆直径 $d \geqslant 5$~10000mm，齿宽 $b \geqslant 4$~1000mm。对于 F_i'' 和 f_i''，其 $m_n \geqslant$ 0.2~10mm，$d \geqslant 5$~1000mm。基本齿廓按 GB/T 1356—2001《通用机械和重型机械用圆柱齿轮　标准基本齿条齿廓》的规定。该标准可用于内、外啮合的直齿、斜齿和人字齿圆柱齿轮。

一、齿轮精度等级和等级确定

1. 齿轮精度等级

国家标准对单个齿轮规定了 13 个精度等级（对于 F_i'' 和 f_i''，规定了 4~12 共 9 个精度等级），依次用阿拉伯数字 0、1、2、3、…、12 表示。其中 0 级精度最高，依次递减，12 级精度最低。0~2 级精度的齿轮对制造工艺与检测水平要求极高，目前加工工艺尚未达到，是为将来发展而规定的精度等级；一般将 3~5 级精度视为高精度等级；6~8 级精度视为中等精度等级，使用最多；9~12 级精度视为低精度等级。5 级精度是确定齿轮各项允许值计算式的基础级。

2. 精度等级的选择

齿轮的精度等级选择的主要依据是齿轮传动的用途、使用条件及对它的技术要求，即要考虑传递运动的精度、齿轮的圆周速度、传递的功率、工作持续时间、振动与噪声、润滑条件、使用寿命及生产成本等的要求，同时还要考虑工艺的可能性和经济性。齿轮精度等级的选择方法主要有计算法和类比法两种。一般实际工作中，多采用类比法。计算法是根据运动精度要求，按误差传递规律，计算出齿轮一转中允许的最大转角误差，然后再根据工作条件或根据圆周速度或噪声强度要求确定齿轮的精度等级。类比法是根据以往产品设计、性能试验以及使用过程中所累积的成熟经验，以及长期使用中已证实其可靠性的各种齿轮精度等级选择的技术资料，经过与所设计的齿轮在用途、工作条件及技术性能上作对比后，选定其精度等级。部分机械的齿轮精度等级见表 8-2，齿轮精度等级与速度的应用情况见表 8-3，供选择齿轮精度等级时参考。

表 8-2　部分机械采用的齿轮的精度等级

应用范围	精度等级	应用范围	精度等级
测量齿轮	2~5	拖拉机	6~9
汽轮机减速器	3~6	一般用途的减速器	6~9
精密切削机床	3~7	轧钢设备	6~10
一般金属切削机床	5~8	起重机械	7~10
航空发动机	4~8	矿用绞车	8~10
轻型汽车	5~8	农用机械	8~11
重型汽车	6~9		

表 8-3　齿轮精度等级与速度的应用

工作条件	圆周速度/m·s⁻¹		应用情况	精度等级
	直齿	斜齿		
机床	>30	>50	高精度和精密的分度链端的齿轮	4
	>15~30	>30~50	一般精度分度链末端齿轮、高精度和精密的中间齿轮	5

续表

工作条件	圆周速度/m·s⁻¹		应 用 情 况	精度等级
	直齿	斜齿		
机床	$>10\sim15$	$>15\sim30$	V级机床主传动的齿轮,一般精度齿轮的中间齿轮,Ⅲ级和Ⅲ级以上精度机床的进给齿轮、油泵齿轮	6
	$>6\sim10$	$>8\sim15$	Ⅳ级和Ⅳ级以上精度机床的进给齿轮	7
	<6	<8	一般精度机床齿轮	8
			没有传动要求的手动齿轮	9
动力传动		>70	用于很高速度的透平传动齿轮	4
		>30	用于很高速度的透平传动齿轮,重型机械进给机构、高速重载齿轮	5
		<30	高速传动齿轮,有高可靠性要求的工业齿轮、重型机械的功率传动齿轮、作业率很高的起重运输机械齿轮	6
	<15	<25	高速和适度功率或大功率和适度速度条件下的齿轮,冶金、矿山、林业、石油、轻工、工程机械和小型工业齿轮箱(通用减速器)有可靠性要求的齿轮	7
	<10	<15	中等速度较平稳传动的齿轮,冶金、矿山、林业、石油、轻工、工程机械和小型工业齿轮箱(通用减速器)的齿轮	8
	≤4	≤6	一般性工作和噪声要求不高的齿轮,受载低于计算载荷的齿轮,速度大于1m/s的开式齿轮传动和转盘的齿轮	9
航空船舶和车辆	>35	>70	需要很高的平稳性、低噪声的航空和船用齿轮	4
	>20	>35	需要高的平稳性、低噪声的航空和船用齿轮	5
	≤20	≤35	用于高速传动有平稳性低噪声要求的机车、航空、船舶和轿车的齿轮	6
	≤15	≤25	用于有平稳性和噪声要求的航空、船舶和轿车的齿轮	7
	≤10	≤15	用于中等速度较平稳传动的载重汽车和拖拉机的齿轮	8
	≤4	≤6	用于较低速和噪声要求不高的载重汽车第一挡与倒挡、拖拉机和联合收割机的齿轮	9
其他			检验7级精度齿轮的测量齿轮	4
			检验8~9级精度齿轮的测量齿轮、印刷机印刷辊子用的齿轮	5
			读数装置中特别精密传动的齿轮	6
			读数装置的传动齿轮、印刷机传动齿轮	7
			普通印刷机传动齿轮	8
单级传动效率			不低于0.99(包括轴承不低于0.985)	4~6
			不低于0.98(包括轴承不低于0.975)	7
			不低于0.97(包括轴承不低于0.965)	8
			不低于0.96(包括轴承不低于0.95)	9

3. 齿轮检验项目及其评定参数的确定

根据我国企业齿轮生产的技术和质量控制水平,建议供货方依据齿轮的使用要求和生产批量,在下述检验组中选取一个用于评定齿轮质量。经需方同意后,也可用于验收。在检验中,没有必要测量全部轮齿要素的偏差,因为有些要素对于特定齿轮的功能并没有明显的影响。另外,有些测量项目可以代替另一些项目,如切向综合总偏差检验能代替齿距累积总偏差检验,径向综合总偏差检验能代替径向跳动检验等。

① f_{pt}、F_p、F_a、F_β、F_r。

② f_{pt}、F_{pk}、F_p、F_a、F_β、F_r。

③ F_i''、f_i''。

④ f_{pt}、F_r (10~12级)。

⑤ F_i'、f_i'(协议有要求时)。

各级精度齿轮及齿轮副所规定的各项公差或极限偏差可查阅标准手册，其数值是用"齿轮精度的结构"中对 5 级精度规定的公式乘以级间公比计算出来的。两相邻精度等级的级间公比等于 2，本级数值除以（或乘以）2 即可得到相邻较高或较低等级的数值。对于没有提供数值表的参数偏差允许值，可通过计算得到（表 8-4）。

表 8-4　5 级精度的齿轮偏差允许值的计算公式、部分公差关系式

齿　轮　精　度	计　　算　　公　　式
单个齿距偏差的极限偏差 $\pm f_{pt}$	$\pm f_{pt} = 0.3(m_n + 0.4\sqrt{d} + 4)$
齿距累积偏差的极限偏差 $\pm F_{pk}$	$\pm F_{pk} = f_{pt} + 1.6\sqrt{(k-1)m_n}$
齿距累积总偏差 F_p	$F_p = 0.3m_n + 1.25\sqrt{d} + 7$
齿廓总偏差的公差 F_a	$F_a = 3.2\sqrt{m_n} + 0.22\sqrt{d} + 0.7$
螺旋线总偏差的公差 F_β	$F_\beta = 0.1\sqrt{d} + 0.63\sqrt{b} + 4.2$
一齿切向综合公差 f_i'	$f_i' = k(9 + 0.3m_n + 3.2\sqrt{m_n} + 0.34\sqrt{d})$ 当 $\varepsilon_r < 4$ 时，$k = 0.2\left(\dfrac{\varepsilon_r + 4}{\varepsilon_r}\right)$；当 $\varepsilon_r \geqslant 4$ 时，$k = 0.4$
切向综合总公差 F_i'	$F_i' = F_p + f_i'$
齿廓形状公差 f_{fa}	$f_{fa} = 2.5\sqrt{m_n} + 0.17\sqrt{d} + 0.5$
齿廓倾斜极限偏差 $\pm f_{Ha}$	$\pm f_{Ha} = 2\sqrt{m_n} + 0.14\sqrt{d} + 0.5$
螺旋线形状公差 f_β	$f_\beta = 0.07\sqrt{d} + 0.45\sqrt{b} + 3$
螺旋线倾斜极限偏差 $\pm f_{H\beta}$	$\pm f_{H\beta} = 0.07\sqrt{d} + 0.45\sqrt{b} + 3$
径向综合总公差 F_i''	$F_i'' = 3.2m_n + 1.01\sqrt{d} + 6.4$
一齿径向综合公差 f_i''	$f_i'' = 2.96m_n + 0.01\sqrt{d} + 0.8$
径向跳动公差 F_r	$F_r = 0.8F_p = 0.24m_n + 1.0\sqrt{d} + 5.6$
齿轮副的切向综合总偏差 F_{ic}'	F_{ic}' 等于两配对齿轮 F_i' 之和
齿轮副的一齿切向综合公差 f_{ic}'	f_{ic}' 等于两配对齿轮 f_i' 之和

注：m_n 为法向模数（mm）；d 为分度圆直径（mm）；b 为齿宽（mm）。

表 8-4 中 m_n、d、b 均按参数范围和圆整规则中的规定，取各分段界限值的几何平均值。各齿轮偏差允许值计算后需圆整。如果计算值大于 $10\mu m$，圆整到最接近的整数；如果小于 $10\mu m$，圆整到最接近的尾数为 $0.5\mu m$ 的小数或整数，如果小于 $5\mu m$，圆整到最接近的 $0.1\mu m$ 的小数或整数。

二、齿轮副侧隙

如前所述，齿轮副侧隙分为圆周侧隙 j_{wt} 和法向侧隙 j_{bn}。圆周侧隙便于测量，但法向侧隙是基本的，它可与法向齿厚、公法线长度、油膜厚度等建立函数关系。齿轮副侧隙应按工作条件，用最小法向侧隙来加以控制。

1. 最小法向极限侧隙 j_{bnmin} 的确定

最小法向极限侧隙的确定主要考虑齿轮副工作时的温度变化、润滑方式以及齿轮工作的圆周速度。

（1）补偿温升而引起变形所需的最小法向侧隙 j_{bn1}

$$j_{bn1} = a(\alpha_1 \Delta t_1 - \alpha_2 \Delta t_2)2\sin\alpha_n \quad (mm)$$

式中　　a——中心距；

α_1，α_2——齿轮和箱体材料的线胀系数，$℃^{-1}$；

Δt_1，Δt_2——齿轮和箱体在正常工作下对标准温度（20℃）的温差，℃；

α_n——法向压力角，(°)。

（2）保证正常润滑所必需的最小法向侧隙 j_{bn2}　取决于润滑方式和齿轮工作的圆周速度，具体数值见表8-5。

表 8-5　j_{bn2} 的推荐值

润滑方式	圆周速度 $v/m \cdot s^{-1}$			
	$v \leqslant 10$	$10 < v \leqslant 25$	$25 < v \leqslant 60$	$v > 60$
喷油润滑	$0.01m_n$	$0.02m_n$	$0.03m_n$	$(0.03 \sim 0.05)m_n$
油池润滑	$(0.005 \sim 0.01)m_n$			

注：m_n 为法向模数（mm）。

最小法向极限侧隙是补偿温升而引起变形所需的最小法向侧隙 j_{bn1} 与保证正常润滑所必需的最小法向侧隙 j_{bn2} 之和。

$$j_{bnmin} = j_{bn1} + j_{bn2}$$

2. 齿厚极限偏差的确定

（1）齿厚上偏差 E_{sns} 的确定　齿厚上偏差除保证齿轮副所需要的最小法向极限侧隙 j_{bnmin} 外，还应补偿由于齿轮副的加工误差和安装误差所引起的侧隙减小量 J_n。J_n 可按下式计算：

$$J_n = \sqrt{f_{pb1}^2 + f_{pb2}^2 + 2(F_\beta \cos\alpha_n)^2 + (f_{\Sigma\delta}\sin\alpha_n)^2 + (f_{\Sigma\beta}\cos\alpha_n)^2}$$

可知侧隙减小量 J_n 与基节极限偏差 f_{pb}、螺旋线总偏差 F_β、轴线平面内的平行度偏差 $f_{\Sigma\delta}$、垂直平面上的平行度偏差 $f_{\Sigma\beta}$ 等因素有关。当 $\alpha_n = 20°$ 时

$$J_n = \sqrt{f_{pb1}^2 + f_{pb2}^2 + 2.104F_\beta^2}$$

齿轮副的中心距偏差 f_a 也是影响齿轮副侧隙的一个因素。中心距偏差为负值时，将使侧隙减小，故最小法向极限侧隙 j_{bnmin} 与齿轮副中两齿轮的齿厚上偏差 E_{sns1}、E_{sns2}、中心距偏差 f_a、侧隙减小量 J_n 有如下关系：

$$j_{bnmin} = |E_{sns1} + E_{sns2}|\cos\alpha_n - f_a 2\sin\alpha_n - J_n$$

为便于设计和计算，一般取 E_{sns1} 和 E_{sns2} 相等，即 $E_{sns1} = E_{sns2} = E_{sns}$，则齿轮的齿厚上偏差为

$$E_{sns} = -f_a \tan\alpha_n - \frac{j_{bnmin} + J_n}{2\cos\alpha_n}$$

（2）齿厚下偏差 E_{sni} 的确定　齿厚下偏差 E_{sni} 由齿厚上偏差 E_{sns} 与齿厚公差 T_{sn} 确定，即 $E_{sni} = E_{sns} - T_{sn}$ 齿厚公差可由下式计算：

$$T_{sn} = 2\tan\alpha_n \sqrt{F_r^2 + b_r^2}$$

可见，齿厚公差与反映一周中各齿厚度变动的齿圈径向跳动公差 F_r 和切齿加工时的切齿径向进刀公差 b_r 有关。b_r 的数值与齿轮的精度等级关系见表8-6。

表 8-6　切齿径向进刀公差值

切齿工艺	磨		滚　插		铣	
齿轮的精度等级	4	5	6	7	8	9
b_r 值	1.26II7	IT8	1.26II8	IT9	1.26II9	IT10

三、齿轮精度的标注代号

国家标准规定：在技术文件需叙述齿轮精度要求时，应注明 GB/T 10095.1—2001 或 CB/T 10095.2—2001。

关于齿轮精度等级标注建议如下：

若齿轮的检验项目同为某一精度等级时，可标注精度等级和标准号，如齿轮检验项目同为 7 级，则标注为 "7 GB/T 10095.1—2001" 或 "7 GB/T 10095.2—2001。"

若齿轮检验项目的精度等级不同时，如齿廓总偏差 F_a 为 6 级，而齿距累积总偏差 F_p 和螺旋线总偏差 F_β 均为 7 级时，则标注为 "6(F_a)、7(F_p、F_β) GB/T 10095.1—2001"。

课 后 练 习

8-1 齿轮传动的使用要求有哪些？它们之间有何区别和联系？

8-2 评定齿轮传递运动准确性的指标有哪些？如何选择应用？

8-3 评定齿轮传动平稳性的指标有哪些？如何评定齿轮载荷分布的均匀性？

8-4 影响载荷分布均匀性的主要因素有哪些？

8-5 齿轮副的侧隙有何作用？影响齿轮副侧隙的主要因素是什么？如何保证齿轮副的侧隙要求？

8-6 某通用减速器有一带孔的直齿圆柱齿轮，已知：模数 $m_n = 3mm$，齿数 $z = 32$，中心距 $a = 288mm$，孔径 $D = 40mm$，齿形角 $\alpha = 20°$，齿宽 $b = 20mm$，其传递的最大功率 $P = 7.5kW$，转速 $n = 1280r/min$，齿轮的材料为 45 钢，其线胀系数 $\alpha_1 = 11.5 \times 10^{-6} ℃^{-1}$；减速器箱体的材料为铸铁，其线胀系数 $\alpha_2 = 10.5 \times 10^{-6} ℃^{-1}$；齿轮的工作温度 $t_1 = 60℃$，减速器箱体的工作温度 $t_2 = 40℃$，该减速器为小批生产。试确定齿轮的精度等级、有关侧隙的指标、齿坯公差和表面粗糙度。

8-7 已知直齿圆柱齿轮副，模数 $m_n = 5mm$，齿形角 $\alpha = 20°$，齿数 $z_1 = 20$，$z_2 = 100$，内孔 $d_1 = 25mm$，$d_2 = 80mm$，图样标注为 6GB/T 10095.1—2001 和 6GB/T 10095.2—2001。

（1）试确定两齿轮 f_{pt}、F_p、F_a、F_β、F_i''、f_i''、F_r 的允许值。

（2）试确定两齿轮内孔和齿顶圆的尺寸公差、齿顶圆的径向圆跳动公差以及端面跳动公差。

第九章　圆锥公差与检测

圆锥配合是机器、仪器及工具结构中常用的典型配合，如图 9-1（b）所示。其配合要素为内、外圆锥表面。在实际应用中，工具圆锥与机床主轴的配合，是最典型的实例。与圆柱配合比较，圆锥配合有如下特点。

1. 对中性好

圆柱间隙配合中，孔与轴的轴线不重合，有同轴度误差，如图 9-1（a）所示。圆锥配合中，内、外圆锥在轴向力的作用下能自动对中，使内、外圆锥沿轴线作相对移动，就可以使间隙减小，以保证内、外圆锥体的轴线具有较高精度的同轴度，且能快速装拆。

2. 配合的间隙或过盈可以调整

圆柱配合中，间隙或过盈的大小不能调整，而圆锥配合中，间隙或过盈的大小可以通过内、外圆锥的轴向相对移动来调整，且拆装方便。

3. 密封性好

内、外圆锥的表面经过配对研磨后，配合起来具有良好的自锁性和密封性。

圆锥配合虽然有以上优点，但它与圆柱配合相比，结构比较复杂，影响互换性参数比较多，加工和检测也较困难，故其应用不如圆柱配合广泛。

为了满足圆锥配合的使用要求，保证圆锥配合的互换性，我国颁布了一系列有关圆锥公差与配合及圆锥公差标注方法的标准，它们分别是 GB/T 157—2001《圆锥的锥度和角度系列》、GB/T 11334—2005《圆锥公差》及 GB/T 12360—2005《圆锥配合》等国家标准。

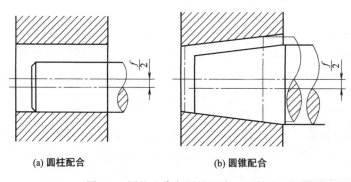

(a) 圆柱配合　　　　　　　　(b) 圆锥配合

图 9-1　圆柱配合与圆锥配合的比较

第一节　圆锥公差与配合的基本术语和基本概念

一、圆锥的主要几何参数

圆锥有内圆锥（圆锥孔）和外圆锥（圆锥轴）两种，其主要几何参数为圆锥角 α、圆锥直径、圆锥长度 L 和锥度 C 等。

1. 圆锥

一条与轴线成一定角度，且一端相交于轴线的一条直线段（母线），围绕着该轴线旋转成的旋转体称为圆锥，如图 9-2 所示。圆锥表面与通过圆锥轴线的平面的交线称为素线。

外圆锥是外表面为圆锥表面的几何体，如图 9-3（a）所示。内圆锥是内表面为圆锥表面的几何体，如图 9-3（b）所示。

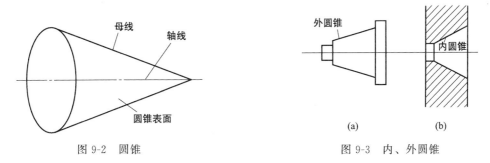

图 9-2　圆锥　　　　　　　　　　图 9-3　内、外圆锥

2. 圆锥角

在通过圆锥轴线的截面内，两条素线间的夹角，即圆锥角 α。圆锥素线角是指圆锥素线与其轴线间的夹角，它等于圆锥角之半，即 $\alpha/2$。

3. 圆锥直径

常用的圆锥直径有内、外圆锥的最大直径 D_i、D_e，内、外圆锥最小的直径 d_i、d_e，任意给定截面圆锥直径 d_x（距端面有一定距离）。

设计时，一般选用内圆锥的最大直径或外圆锥的最小直径作为基本直径。

4. 圆锥长度

最大圆锥直径截面与最小圆锥直径截面之间的轴向距离为圆锥长度。内、外圆锥长度分别用 L_i、L_e 表示，如图 9-4 所示。

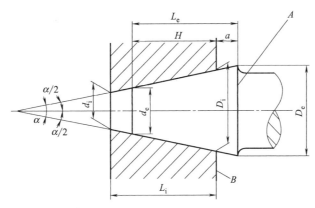

图 9-4　圆锥配合的基本参数

A—外圆锥基准面；B—内圆锥基准面

5. 圆锥配合长度

圆锥配合长度指内、外圆锥配合面的轴向距离，用符号 H 表示。

6. 锥度 C

最大圆锥直径 D 与最小圆锥直径 d 之差对圆锥长度 L 之比，即锥度：

$$C=\frac{D-d}{L} \tag{9-1}$$

锥度 C 与圆锥角 α 的关系为

$$C = 2\tan\frac{\alpha}{2} \qquad (9\text{-}2)$$

锥度常用比例或分数表示，如 $C=1:20$ 或 $C=1/20$ 等。为了减少加工圆锥工件所用的专用刀具、量具种类和规格，国家标准规定了一般用途圆锥的锥度和锥角系列。它适用于一般机械工程中的光滑圆锥，不适用于棱锥、锥螺纹和锥齿轮等。选用时应优先选用第一系列，然后选用第二系列（表 9-1），特殊用途圆锥的锥度和锥角系列，仅适用于某些特殊行业（表 9-2）。

7. 基面距

基面距指相互结合的内、外圆锥基准面间的距离，用符号 a 表示。基面距决定两配合锥体的轴向相对位置。

基面距 a 的位置取决于所选的圆锥配合的基本直径。圆锥配合的基本直径是指外圆锥小端直径 d_e 与内圆锥大端直径 D_i。若以外圆锥小端直径 d_e 为圆锥配合的基本直径，则基面距 a 在小端；若以内圆锥大端直径 D_i 为圆锥配合的基本直径，则基面距 a 在大端。

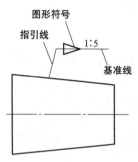

图 9-5 锥度的标注方法

在零件图上，锥度用特定的图形符号和比例（或分数）来标注，如图 9-5 所示。图形符号配置在平行于圆锥轴线的基准线上，并且其方向与圆锥方向一致，在基准线上面标注锥度的数值。用指引线将基准线与圆锥素线相连。在图样上标注了锥度，就不必标注圆锥角，两者不应重复标注。

此外，对圆锥只要标注了最大圆锥直径 D 和最小圆锥直径 d 中的一个直径及圆锥长度 L、圆锥角 α（或锥度 C），则该圆锥就完全确定。

8. 轴向位移

轴向位移指相互结合的内、外圆锥，从实际初始位置（P_a）到终止位置（P_f）移动的距离，用符号 E_a 表示，如图 9-6 所示。相互结合的内、外圆锥，为了在其终止状态得到要求的间隙 [图 9-6（a）] 或得到要求的过盈 [图 9-6（b）]，应按规定的相互轴向位置移动。

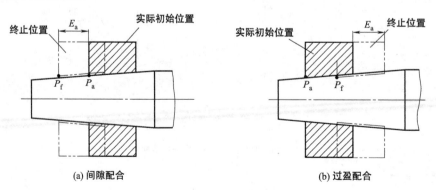

图 9-6 位移型圆锥配合

二、圆锥配合基本术语

圆锥公差与配合制由基准制、圆锥公差和圆锥配合组成。圆锥配合的基准制分基孔制和基轴制，标准推荐优先采用基孔制；圆锥公差按 GB/T 11334—1989 确定；圆锥配合是指基本尺寸相同的内、外圆锥的直径之间由于结合松紧不同所形成的相互关系，圆锥配合分间隙配合、过渡配合和过盈配合，相互配合的两圆锥基本尺寸应相同。

1. 间隙配合

这类配合具有间隙，而且间隙大小可以调整。其间隙的大小可以在装配时和在使用中通过内、外圆锥的轴向相对位移来调整。间隙配合主要用于有相对转动的机构中，如精密车床主轴轴颈与圆锥滑动轴承衬套的配合。

2. 过盈配合

过盈配合是指具有过盈的配合。过盈的大小也可以通过内、外圆锥的轴向相对位移来调整。在承载情况下利用内、外圆锥间的摩擦力自锁，可以传递很大的转矩，如钻头、铰刀和铣刀等工具锥柄与机床主轴锥孔的配合。

3. 过渡配合（紧密配合）

过渡配合是指可能具有间隙，也可能具有过盈的配合。这类配合很紧密，间隙为零或略小于零，具有良好的密封性，可以防止漏水和漏气。它用于对中定心或密封。例如，柴油发动机气门与气门座，为了保证良好的密封，对内、外圆锥的形状精度要求很高，通常将它们配对研磨，这类零件不具有互换性。

三、圆锥配合的形成

圆锥配合的特征是通过相互结合的内、外圆锥规定的轴向位置来形成间隙或过盈。根据确定相互结合的内、外圆轴向位置的不同方法，形成圆锥配合有以下四种方式。

① 由内、外圆锥的结构确定装配的最终位置而形成配合。这种方式可以得到间隙配合、过渡配合和过盈配合。由轴肩接触得到的间隙配合如图 9-7（a）所示。

② 由内、外圆锥基准平面之间的尺寸确定装配的最终位置面形成配合。这种方式可以得到间隙配合、过渡配合和过盈配合。由结构尺寸得到的过盈配合如图 9-7（b）所示。

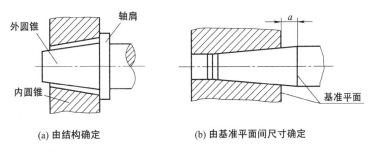

(a) 由结构确定　　　　　(b) 由基准平面间尺寸确定

图 9-7　结构型圆锥配合

③ 由内、外圆锥实际初始位置 P_a 开始作一定的相对轴向位移 E_a 而形成配合。这种方式可以得到间隙配合和过盈配合，如图 9-6（a）所示。

④ 由内、外圆锥实际初始位置 P_a 开始施加一定的装配力产生轴向位移而形成配合。这种方式只能得到过盈配合，如图 9-6（b）所示。

结构型圆锥配合是指由内、外圆锥本身的结构或基面距确定它们之间最终的轴向相对位置，从而获得指定配合性质的圆锥配合。由于结构型圆锥配合轴向相对位置是固定的，其配合性质主要取决于内、外圆锥配合直径公差。这种配合方式可获间隙配合、过渡配合和过盈配合。

如图 9-8 所示，用内、外圆锥的结构即内圆锥端面与外圆锥台阶接触来确定装配时最终的轴向相对位置，以获得指定的圆锥间隙配合。如图 9-9 所示，用内圆锥大端基准平面与外圆锥大端基准平面之间的距离 a（基面距）确定装配时最终的轴向相对位置，以获得指定的圆锥过盈配合。

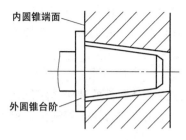

图 9-8　由结构形成的圆锥间隙配合

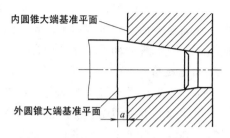

图 9-9　由基面距形成的圆锥过盈配合

位移型圆锥配合是指由规定内、外圆锥的轴向相对位移或规定施加一定的装配力（轴向力）产生轴向位移，确定它们之间最终的轴向相对位置，来获得指定配合性质的圆锥配合。前者可获得间隙配合和过盈配合，而后者只能得到过盈配合。位移型圆锥配合的配合性质是由轴向相对位移或轴向装配力决定的，因而圆锥直径公差不影响配合性质，但影响初始位置、位移公差（允许位置的变动量）、基面距和接触精度。因此，位移型圆锥配合的公差等级不能太低。

在不受力的情况下内、外圆锥相接触，由实际初始位置 P_a 开始，内圆锥向右作轴向位移 E_a，到达终止位置 P_f，以获得指定的圆锥间隙配合，如图 9-10 所示。

在不受力的情况下内、外圆锥相接触，由实际初始位置 P_a 开始，对内圆锥施加一定的装配力，使内圆锥向左作轴向位移 E_a，达到终止位置 P_a，以获得指定的圆锥过盈配合，如图 9-11 所示。

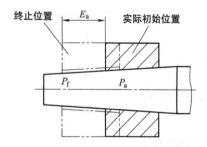

图 9-10　由轴向位移形成圆锥间隙配合

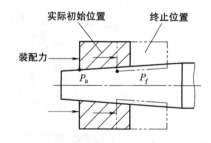

图 9-11　由施加装配力形成圆锥过盈配合

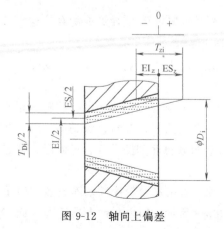

图 9-12　轴向上偏差

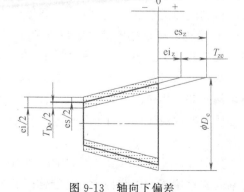

图 9-13　轴向下偏差

轴向位移 E_a 与间隙 X（或过盈 Y）的关系如下：

$$E_a = X(\text{或} \ Y)/C \tag{9-3}$$

式中　C——内、外圆锥的锥度。

　　由于圆锥工件往往同时存在圆锥直径偏差和圆锥角偏差，但对直径偏差和圆锥角偏差的检查不方便，特别是对内圆锥的检查更为困难。一般用综合量规检查控制圆锥工件相对基本圆锥的轴向位移量（轴向偏差）。轴向位移量必须控制在轴向极限偏差范围内。圆锥轴向极限偏差即轴向上偏差（es_z、ES_z）、轴向下偏差（ei_z、EI_z）和轴向公差 T_z，可根据图 9-12 和图 9-13 确定。

第二节　圆锥公差的给定方法和圆锥直径公差带的选择

　　GB/T 12360—2005《圆锥配合》适用于锥度 C 从 1：3 至 1：500，基本圆锥长度 L 从 6mm 至 630mm，直径至 500mm 光滑圆锥的配合。

　　对于结构型圆锥配合优先采用基孔制。内、外圆锥直径公差带及配合按 GB/T 1801 选取。如果 GB/T 1801 给出的常用配合仍不能满足需要，可按 GB/T 1800 规定的基本偏差和标准公差直接组成所需配合。

　　对于位移型圆锥配合，内圆锥孔基本偏差选用 H 和 JS，外圆锥轴基本偏差选用 h 和 js。其轴向位移的极限值按 GB/T 1801 规定的极限间隙或极限过盈来计算。

一、锥度及锥角系列

　　GB/T 157—2001《圆锥的锥度与锥角系列》规定了一般用途圆锥的锥度与锥角系列和特定用途的圆锥，适用于光滑圆锥，并将特定用途的圆锥由标准正文列为标准的附录。为方便使用，列出了锥度与锥角的换算值。

　　一般用途圆锥的锥度与锥角共 22 种，见表 9-1。选用圆锥时，应优先选用系列 1，系列 1 不能满足要求时，才选系列 2。特定用途圆锥的锥度与锥角共 24 种，见表 9-2。通常只用于表中最后一栏所指定的用途。

表 9-1　一般用途圆锥的锥度与锥角系列（摘自 GB/T 157—2001）

基 本 值		换 算 值			
系列 1	系列 2	圆锥角 α			锥度 C
		(°)(′)(″)	(°)	rad	
120°		—	—	2.09439510	1：0.288675
90°		—	—	1.57079633	1：0.500000
	75°	—	—	1.30899694	1：0.651613
60°		—	—	1.04719755	1：0.866025
45°		—	—	0.78539816	1：1.207107
30°		—	—	0.52359878	1：1.866025
1：3		18°55′28.7199″	18.92464442°	0.33029735	—
	1：4	14°15′0.1177″	14.25003270°	0.24870999	—
1：5		11°25′16.2706″	11.42118627°	0.19933730	—
	1：6	9°31′38.2202″	9.52728338°	0.16628246	—
	1：7	8°10′16.4408″	8.17123356°	0.14261493	—
	1：8	7°9′9.6075″	7.15266875°	0.12483762	—

续表

基 本 值		换 算 值			
系列 1	系列 2	圆锥角 α			锥度 C
		(°)(′)(″)	(°)	rad	
1：10		5°43′29.3176″	5.72481045°	0.09991679	—
	1：12	4°46′18.7970″	4.77188806°	0.08328516	—
	1：15	3°49′5.8975″	3.81830487°	0.06664199	—
1：20		2°51′51.0925″	2.86419237°	0.04998959	—
1：30		1°54′34.8570″	1.90968251°	0.03333025	—
	1：40	1°25′56.3516″	1.43231989°	0.02499870	—
1：50		1°8′45.1586″	1.14587740°	0.01999933	—
1：100		0°34′22.6309″	0.57295302°	0.00999992	—
1：200		0°17′11.3219″	0.28647830°	0.00499999	—
1：500		0°6′52.5295″	0.11459152°	0.00200000	—

注：系列 1 中 120°～1：3 的数值近似按 R10/2 优先数系列，1：5～1：500 的按 R10/3 优先数系列。

表 9-2　特定用途的圆锥（摘自 GB/T 157—2001 标准的附录）

基本值	换算值			锥度 C	用途
	圆锥角 α				
	(°)(′)(″)	(°)	rad		
11°54′			0.20769418	1：4.7974511	
8°40′			0.15126187	1：6.9584415	
7°			0.12217305	1：8.1749277	纺织机械和附件
1：38	1°30′27.7080″	1.50769667°	0.02631427		
1：64	0°53′42.8220″	0.89522834°	0.01562468		
7：24	16°35′39.4443″	16.59429008°	0.28962500	1：3.4285714	机床主轴工具配合
1：12.262	4°40′12.1514″	4.67004205°	0.08150761		贾各锥度 No. 2
1：12.292	4°24′52.9039″	4.41469552°	0.07705097		贾各锥度 No. 1
1：15.748	3°38′13.4429″	3.63706747°	0.06347880		贾各锥度 No. 33
6：100	3°26′12.1776″	3.43671600°	0.05998201	1：16.6666667	医疗设备
1：18.779	3°3′1.2070″	3.05033527°	0.05323839		贾各锥度 No. 3
1：19.002	3°0′52.3956″	3.01455434°	0.05261390		莫氏锥度 No. 5
1：19.180	2°59′11.7258″	2.98659050°	0.05212584		莫氏锥度 No. 6
1：19.212	2°58′53.8255″	2.98161820°	0.05203905		莫氏锥度 No. 0
1：19.254	2°58′30.4217″	2.97511713°	0.05192559		莫氏锥度 No. 4
1：19.264	2°58′24.8644″	2.97357343°	0.05189865		贾各锥度 No. 6
1：19.922	2°52′31.4463″	2.87540176°	0.05018523		莫氏锥度 No. 3
1：20.020	2°51′40.7960″	2.86133223°	0.04993967		莫氏锥度 No. 2
1：20.047	2°51′26.9283″	2.85748008°	0.04987244		莫氏锥度 No. 1
1：20.288	2°49′24.7802″	2.82355006°	0.04928025		贾各锥度 No. 0
1：23.904	2°23′47.6244″	2.39656232°	0.04182790		布朗夏普锥度 No. 1 至 No. 3
1：28	2°2′45.8174″	2.04606038°	0.03571049		复苏器（医用）
1：36	1°35′29.2096″	1.59144711°	0.02777599		麻醉器具
1：40	1°25′56.3516″	1.43231989°	0.02499870		

二、圆锥公差项目

圆锥公差分为圆锥面的面轮廓度公差、圆锥直径公差、圆锥角公差、圆锥的形状公差及给定截面圆锥直径公差。

1. 圆锥面的面轮廓度公差

面轮廓度公差带是宽度等于面轮廓度公差值 t 的两同轴圆锥面之间的区域，实际圆锥面应不超出面轮廓度公差带。

2. 圆锥直径公差

圆锥直径公差 T_D 是指圆锥直径的允许变动量，即允许的最大圆锥直径 D_{max}（或 d_{max}）与最小圆锥直径 D_{min}（或 d_{min}）之差，如图 9-14 所示。在圆锥轴向截面内两个极限圆锥所限定的区域就是圆锥直径的公差带。

圆锥直径公差值以基本圆锥直径（一般取最大圆锥直径）为基本尺寸，从 GB/T 1800.3—1998《极限与配合基础　第三部分：标准公差和基本偏差数值表》中选取，它适用于圆锥的全长。

3. 圆锥角公差

圆锥角公差 AT 是指圆锥角允许的变动量，即最大圆锥角 α_{max} 与最小圆锥角 α_{min} 之差，如图 9-15 所示，由图可见，在圆锥轴向截面内，由最大和最小极限圆锥角所限定的区域称为圆锥角公差带。

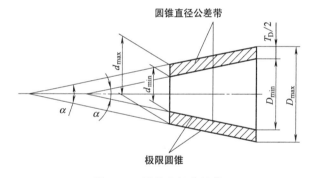

图 9-14　圆锥直径公差带

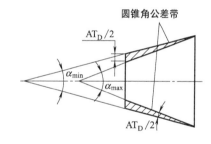

图 9-15　圆锥角公差带

国家标准规定，圆锥角公差 AT 共分 12 个公差等级，用符号 AT1、AT2、…、AT12 表示，各公差等级的圆锥角公差数值见表 9-3。对同一加工方法，基本圆锥长度 L 越大，角度误差将越小，故在同一公差等级中，L 越大，角度公差值越小。

圆锥角公差可用两种形式表示：AT_α，以角度单位微弧度或以度、分、秒表示；AT_D，以长度单位微米表示，它是用与圆锥轴线垂直且距离为 L 的两端直径变动量之差所表示的圆锥角公差。

AT_α 与 AT_D 的换算关系为

$$AT_D = AT_\alpha \times L \times 10^{-3} \tag{9-4}$$

式中，AT_D 单位为 μm，AT_α 单位为 μrad，L 单位为 mm。

如果对圆锥角公差有更高的要求时（如圆锥量规等），除规定其直径公差 T_D 外，还应给定圆锥角公差 AT。圆锥角的极限偏差可按单向或双向（对称或不对称）取值，如图 9-16 所示。

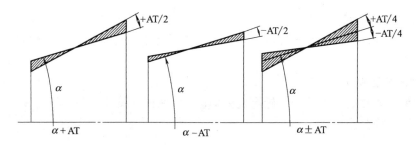

图 9-16　圆锥角极限偏差给定形式

表 9-3　圆锥角公差等级（摘自 GB/T 11334—2005）

基本圆锥长度 L/mm		圆锥角公差等级								
		AT1			AT2			AT3		
		AT_α		AT_D	AT_α		AT_D	AT_α		AT_D
大于	至	μrad	(″)	μm	μrad	(″)	μm	μrad	(″)	μm
自 6	10	50	10	>0.3~0.5	80	16	>0.5~0.8	125	26	>0.8~1.3
10	16	40	8	>0.4~0.6	63	13	>0.6~1.0	100	21	>1.0~1.6
16	25	31.5	6	>0.5~0.8	50	10	>0.8~1.3	80	16	>1.3~2.0
25	40	25	5	>0.6~1.0	40	8	>1.0~1.6	63	13	>1.6~2.5
40	63	20	4	>0.8~1.3	31.5	6	>1.3~2.0	50	10	>2.0~3.2
63	100	16	3	>1.0~1.6	25	5	>1.6~2.5	40	8	>2.5~4.0
100	160	12.5	2.5	>1.3~2.0	20	4	>2.0~3.2	31.5	6	>3.2~5.0
160	250	10	2	>1.6~2.5	16	3	>2.5~4.0	25	5	>4.0~6.3
250	400	8	1.5	>2.0~3.2	12.5	2.5	>3.2~5.0	20	4	>5.0~8.0
400	630	6.3	1	>2.5~4.0	10	2	>4.0~6.3	16	3	>6.3~10.0

基本圆锥长度 L/mm		圆锥角公差等级								
		AT4			AT5			AT6		
		AT_α		AT_D	AT_α		AT_D	AT_α		AT_D
大于	至	μrad	(″)	μm	μrad	(″)	μm	μrad	(″)	μm
自 6	10	200	41	>1.3~2.0	315	1′05″	>2.0~3.2	500	1′43″	>3.2~5.0
10	16	160	33	>1.6~2.5	250	52″	>2.5~4.0	400	1′22″	>4.0~6.3
16	25	125	26	>2.0~3.2	200	41″	>3.2~5.0	315	1′05″	>5.0~8.0
25	40	100	21	>2.5~4.0	160	33″	>4.0~6.3	250	52″	>6.3~10.0
40	63	80	16	>3.2~5.0	125	26″	>5.0~8.0	200	41″	>8.0~12.5
63	100	63	13	>4.0~6.3	100	21″	>6.3~10.0	160	33″	>10.0~16.0
100	160	50	10	>5.0~8.0	80	16″	>8.0~12.5	125	26″	>12.5~20.0
160	250	40	8	>6.3~10.0	63	13″	>10.0~16.0	100	21″	>16.0~25.0
250	400	31.5	6	>8.0~12.5	50	10″	>12.5~20.0	80	16″	>20.0~32.0
400	630	25	5	>10.0~16.0	40	8″	>16.0~25.0	63	13″	>25.0~40.0

基本圆锥长度 L/mm		圆锥角公差等级								
		AT7			AT8			AT9		
		AT_α		AT_D	AT_α		AT_D	AT_α		AT_D
大于	至	μrad	(″)	μm	μrad	(″)	μm	μrad	(″)	μm
自 6	10	800	2′45″	>5.0~8.0	1250	4′18″	>8.0~12.5	2000	6′52″	>12.5~20.0
10	16	630	2′10″	>6.3~10.0	1000	3′26″	>10.0~16.0	1600	5′30″	>16.0~25.0

续表

基本圆锥 长度 L/mm		圆锥角公差等级								
		AT7			AT8			AT9		
		AT_α		AT_D	AT_α		AT_D	AT_α		AT_D
大于	至	μrad	(″)	μm	μrad	(″)	μm	μrad	(″)	μm
16	25	500	1′43″	>8.0~12.5	800	2′45″	>12.5~20.0	1250	4′18″	>20.0~32.0
25	40	400	1′22″	>10.0~16.0	630	2′10″	>16.0~25.0	1000	3′26″	>25.0~40.0
40	63	315	1′05″	>12.5~20.0	500	1′43″	>20.0~32.0	800	2′45″	>32.0~50.0
63	100	250	52″	>16.0~25.0	400	1′22″	>25.0~40.0	630	2′10″	>40.0~63.0
100	160	200	41″	>20.0~32.0	315	1′05″	>32.0~50.0	500	1′43″	>50.0~80.0
160	250	160	33″	>25.0~40.0	250	52″	>40.0~63.0	400	1′22″	>63.0~100.0
250	400	125	26″	>32.0~50.0	200	41″	>50.0~80.0	315	1′05″	>80.0~125.0
400	630	100	21″	>40.0~63.0	160	33″	>63.0~100.0	250	52″	>100.0~160.0

4. 圆锥的形状公差

圆锥的形状公差包括圆锥素线直线度公差和圆度公差。对于要求不高的圆锥工件,其形状误差一般也用直径公差 T_D 控制。对于要求较高的圆锥工件,应单独按要求给定形状公差 T_F,T_F 的数值按 GB/T 1184—1996 选取。

5. 给定截面圆锥直径公差

给定截面圆锥直径公差 T_{DS} 是指在垂直圆锥轴线的给定截面内,圆锥直径的允许变动量。其公差带为在给定的圆锥截面内,由两个同心圆所限定的区域,如图 9-17 所示。

给定截面圆锥直径公差数值是以给定截面圆锥直径 d_x 为基本尺寸,按 GB/T 1800 规定的标准公差选取。

一般情况下,也不规定给定截面圆锥直径公差,只有对圆锥工件有特

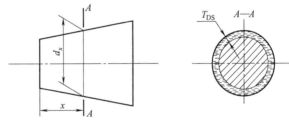

图 9-17　给定截面圆锥直径公差带

殊要求(如阀类零件中,在配合的圆锥给定截面上要求接触良好,以保证良好的密封性)时,才规定此项公差,但还必须同时规定锥角公差 AT。在给定截面上圆锥角误差的影响最小,故它是精度要求最高的一个截面。

三、圆锥角公差及其应用

圆锥角公差 AT 共分 12 个公差等级,它们分别用 AT1、AT2、…、AT12 表示,其中 AT1 精度最高,等级依次降低,AT12 精度最低。GB/T 11334—2005《圆锥公差》规定了圆锥角公差的数值。常用的锥角公差等级 AT4~AT12 的应用举例如下:AT4~AT6 用于高精度的圆锥量规和角度样板;AT7~AT9 用于工具圆锥、圆锥销、传递大转矩的摩擦圆锥;AT10、AT11 用于圆锥套、圆锥齿轮之类的中等精度零件;AT12 用于低精度的零件。

各个公差等级所对应的圆锥角公差值的大小与圆锥长度有关,由表 9-4 可以看出,圆锥角公差值随着圆锥长度的增加反而减小,这是因为圆锥长度越大,加工时其圆锥角精度越容易保证。圆锥角公差值的线性值 AT_D 在圆锥长度的每个尺寸分段中,其数值是一个范围,每个 AT_D 首尾两端的值分别对应尺寸分段的最大值和最小值。

为了加工和检测方便，圆锥角公差可用角度值 AT_α 或线性值 AT_D 给定，圆锥角的极限偏差可取双向对称取值 $\alpha \pm AT_D / 2$。为了保证内、外圆锥接触的均匀性，圆锥角公差带通常采用对称于基本圆锥角分布。

四、圆锥公差的给定和标注方法

对于一个具体的圆锥，应根据零件功能的要求规定所需的公差项目，不必给出上述所有的公差项目。只有具有相同的基本圆锥角（或基本锥度），同时标注直径公差的圆锥直径也具有相同的基本尺寸的内、外圆锥才能相互配合。在图样上标注配合内、外圆锥的尺寸和公差的方法有下列三种。

1. 面轮廓度法

根据 GB/T 15754—1995《技术制图　圆锥的尺寸和公差注法》的规定，通常采用面轮

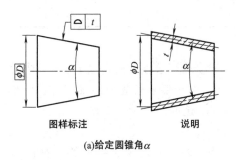

(a)给定圆锥角 α

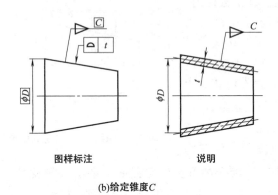

(b)给定锥度 C

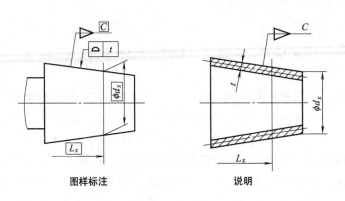

(c) 给定圆锥轴向位置 L_x

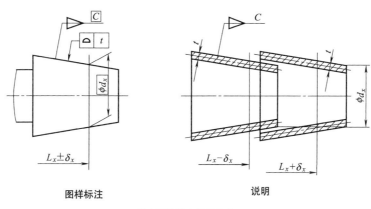

图样标注　　　　　　　　　　　说明

(d) 给定圆锥轴向位置公差 $L_x \pm \delta_x$

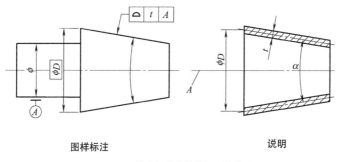

图样标注　　　　　　　　　　　说明

(e) 给定与基准轴线的同轴关系

图 9-18　面轮廓度标注圆锥公差

廓度法给出圆锥公差。当面轮廓度公差不标注基准时，公差带的位置是浮动的；当面轮廓度公差标明基准时，公差带的位置应对基准保持图样规定的几何关系。

面轮廓度公差具有综合检测的动能，能明确表达设计要求。因此，应该优先采用面轮廓度的圆锥公差给定方法。

图 9-18 列出了几种用面轮廓度法标注圆锥公差的示例及其公差带说明。

当只给定圆锥角或锥度时，公差带是宽度为面轮廓度公差值 t、位置浮动的两同轴圆锥面之间的区域，如图 9-18（a）和（b）所示。

当给定圆锥轴向位置时，公差带是宽度为面轮廓度公差值 t、沿轴向具有确定位置的两同轴圆锥面之间的区域，如图 9-18（c）所示。

当给定圆锥轴向位置公差时，公差带是宽度为面轮廓度公差值 t、沿轴向可以在 $L_x \pm \delta_x$ 范围内浮动的两同轴圆锥面之间的区域，如图 9-18（d）所示。

当给定与基准轴线的同轴关系时，公差带是宽度为面轮廓度公差值 t、与基准轴线同轴的两同轴圆锥面之间的区域，如图 9-18（e）所示。

形成面轮廓度公差带的两同轴圆锥面与由理论正确尺寸（角度、锥度）确定的基本圆锥等距。如果在标注面轮廓度公差的同时，还有对圆锥的附加要求，则可在图样上单独标出或在技术要求中说明。

2. 基本锥度法

基本锥度法标注圆锥公差是给出圆锥的理论正确圆锥角 α（或锥度 C）和圆锥直径公差 T_D。由圆锥直径的最大和最小极限尺寸确定两个极限圆锥。此时，圆锥角误差和圆锥形状误差均应在极限圆锥所限定的区域内。图 9-19 所示给出了理论正确圆锥角（30°）和最大圆锥直径公差（$\phi D \pm T_D/2$）；图 9-20 所示给出了理论正确锥度（1:5）和给定截面圆锥直径公差（$\phi d_x \pm T_{DS}/2$）。

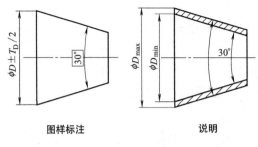

图 9-19 给出理论正确圆锥角的基本锥度法

基本锥度法和面轮廓度法标注圆锥公差虽然具有相同形状的公差带，但两者的确定方法是不同的。基本锥度法的两同轴圆锥面是由理论正确圆锥角（或锥度）及圆锥直径的最大、最小极限尺寸确定的，而面轮廓度法的两同轴圆锥面是由基本圆锥和面轮廓度公差确定的。

该法通常适用于有配合性质要求的内、外锥体，如圆锥滑动轴承、钻头的锥柄等。其实质就是采用公差的包容要求。

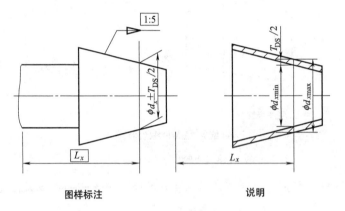

图 9-20 给出理论正确锥度的基本锥度法

当圆锥角公差和圆锥形状公差有更高要求时，可再给出圆锥角公差 AT 和圆锥形状公差 T_F。此时 AT 和 T_F 仅占 T_D 的一部分。

3. 公差锥度法

公差锥度法标注圆锥公差是给出给定截面圆锥直径公差 T_{DS} 和圆锥角公差 AT。此时，T_{DS} 是在一个给定截面内对圆锥直径给定的，它只控制该截面的实际圆锥直径而不再控制圆锥角，AT 控制圆锥角的实际偏差但不包容在圆锥截面直径公差带内。给定截面圆锥直径和

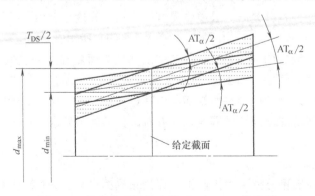

图 9-21 给定截面圆锥直径 T_{DS} 和 AT_α 的关系

圆锥角应分别满足这两项公差的要求。T_{DS} 和 AT 的关系如图 9-21 所示，两种公差均遵循独立原则。必要时，也可以附加给出其他形位公差作为进一步控制。

图 9-22 给出最大直径公差（$\phi D \pm T_D/2$）和圆锥角公差（$25 \pm 30'$），并附加圆锥素线的直线度公差（t）；图 9-23 给出了 $\boxed{L_x}$ 处的给定截面直径公差（$\phi d_x \pm T_{DS}/2$）和圆锥角公差（$25° \pm AT8/2$）。

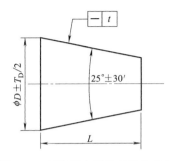

图 9-22 标注最大圆锥直径公差和
圆锥角公差的公差锥

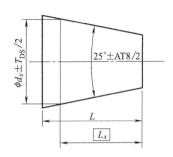

图 9-23 标注给定截面直径差和
圆锥角公差的公差锥

应当指出，无论采用哪种标注方法，若有需要，可附加给出更高的素线直线度、圆度公差要求；对于轮廓度法和基本锥度法，还可附加给出严格的圆锥角公差。

五、未注圆锥公差角度的极限偏差

国家对金属切削加工工件的未注公差角度规定了极限偏差，即 GB/T 1804—2000《未注公差角度的极限偏差》，该极限偏差应为一般工艺方法可以保证达到的精度，它将未注公差角度的极限偏差分为三个等级（表 9-4），以角度的短边长度查取。用于圆锥时，以圆锥素线长度查取。

未注公差角度的公差等级在图样或技术文件上用标准号和公差等级表示。

表 9-4 未注圆锥公差角度的极限偏差（摘自 GB/T 1804—2000）

公差等级	长 度/mm				
	≤10	>10~50	>50~120	>120~400	>400
m（中等级）	±1°	±30′	±20′	±10′	±5′
c（粗糙级）	±1°30′	±1°	±30′	±15′	±10′
v（最粗级）	±3°	±2°	±1°	±30′	±20′

第三节 圆锥角的检测

测量锥度和角度的测量器具很多，其测量方法可分为直接量法和间接量法，直接量法又分为相对量法和绝对量法，了解圆锥角的测量方法对生产实际具有重要意义。

一、锥度和角度的相对量法

用锥度或角度的定值量具与被测锥度和角度相比较，用涂色法或光隙法估计被测锥度或角度的偏差。生产实践中常用圆锥量规检验圆锥工件的锥度和基面距偏差。

圆锥量规分为圆锥塞规和套规。圆锥工件的直径偏差和角度偏差都将影响基面距的变化，用圆锥量规检验圆锥工件正是用这个原理来工作的，按照圆锥量规相对于被检验的圆锥工件端面的轴向移动（基面距偏差）来判断其是否合格。为此，在圆锥量规的大端或小端刻有两条相距为 m 的刻线，其值等于圆锥基面距公差。被检验工件的最大圆锥直径处于圆锥塞规两条刻线之间，表示被测工件合格。

涂色法是在圆锥量规上沿素线方向薄薄涂上两三条显示剂（红丹或蓝油），然后轻轻地和被检工件对研，转动 1/3 或 1/2 转，取出量规，根据显示剂接触面积的位置和大小来判断锥角的误差。若涂色被均匀擦去，表示工件合格。

二、锥度和角度的绝对量法

用分度量具、量仪直接测量工件的角度，被测角度的具体数值可以从量具、量仪上读出来，生产车间常用万能角度尺直接测量被测工件角度。

课 后 练 习

9-1 问答题。

（1）圆锥结合的公差与配合有哪些特点？不同形式的配合各用在什么场合？

（2）圆锥配合的基本参数有哪些？根据椎体的制造工艺不同，限制一个基本圆锥的基本尺寸有哪几种？

（3）圆锥公差的标注方法有哪几种？它们各适用于什么样的场合？

9-2 设有一个外圆锥，其最大直径为 $\phi100mm$，最小直径为 $\phi99mm$，长度为 $100mm$，试计算其圆锥角、圆锥素线角和锥度角。

9-3 位移型圆锥配合的内、外圆锥的锥度为 1∶50，内、外圆锥的基本直径为 $100mm$，要求装配后得到 H8/u7 的配合性质。试计算所需的极限轴向位移。

第十章 技术测量基础

第一节 技术测量基础

一、测量的概念

测量就是把被测量与标准量进行比较，从而确定两者比值的过程。零件的几何量需要通过测量或检验，才能判断其合格与否。设被测量量为 L，所采用的计量单位为 E，则它们的比值为 $q=L/E$。因此，被测量的量值为 $L=qE$。

任何几何量的量值都由两部分组成：表征几何量的数值和几何量的计量单位。例如，某一被测长度为 L，与标准量 E（mm）进行比较后，得到比值为 $q=50$，则被测长度 $L=qE=50\mathrm{mm}$。

显然，对任一被测对象进行测量，首先要确立计量单位，其次要有与被测对象相适应的测量方法，并且测量结果还需要达到所要求的测量精度。因此，一个完整的几何量测量过程应包括被测对象、计量单位、测量方法和测量精度四个要素。

被测对象：本课程研究的被测对象是几何量，包括长度、角度、表面粗糙度、形位误差以及螺纹、齿轮等的几何参数。

计量单位：指用于度量被测量量值的标准量，如米（m）、毫米（mm）、微米（μm）等。

测量方法：指测量时所采用的测量原理、计量器具和测量条件的总和。

测量精度：指测量结果与真值相一致的程度。

二、长度单位、基准和量值传递系统

1. 长度单位和基准

我国的法定长度计量单位是米（m），在机械制造中的常用单位是毫米，在技术测量中的常用单位是微米。它们之间的关系是：$1\mathrm{m}=1000\mathrm{mm}$；$1\mathrm{mm}=1000\mu\mathrm{m}$。

在 1983 年第十七界国际计量大会上通过的米的新定义为："1 米是光在真空中于 1/299792458 秒的时间间隔内经过的距离。"米的新定义有如下几个特点。

① 将反映物理量单位概念的定义本身与单位的复现方法分开。这样，随着科学技术的发展，复现单位的方法可不断改进，复现精度可不断提高，从而不受定义的局限。

② 定义的理论基础及复现方法均以真空中的光速作为给定的常数基础。

③ 米的定义主要采用稳频激光来复现（在我国，采用碘吸收稳定的 $0.633\mu\mathrm{m}$ 氦氖激光的波长作为长度标准），具有极好的稳定性和复现性，稳定性可靠和统一，提高了测量精度。

2. 量值的传递系统

使用激光来复现长度基准，虽然可以达到极高的测量精度，但不方便在生产中直接使用。为了保证量值的统一和方便操作，必须建立从国家长度计量基准到各生产场所中使用的工作计量器具之间的量值传递系统，以便将基准量值逐级传递到工作计量器具上。如图 10-1 所示，

长度量值从国家基准波长开始,分两个平行系统向下传递:一个是端面量具(量块)系统,另一个是线纹量具(线纹尺)系统。因此,量块和线纹尺都是量值传递的媒介,其中以量块的应用更为广泛。

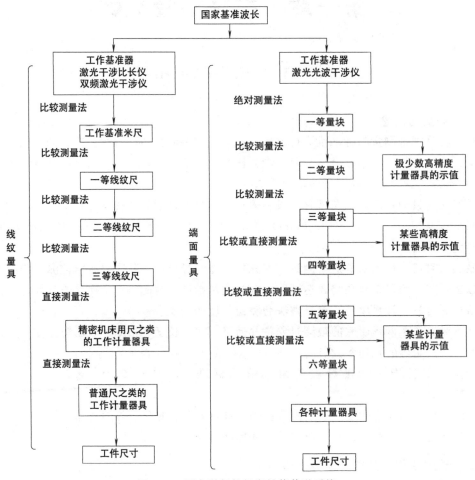

图 10-1 两个平行的长度量值传递系统

三、量块的基本知识

量块是没有刻度的平行端面量具,除了作为长度基准的传递媒介以外,也可用于检定和调整、校对的计量器具,还可用于测量工件、精密划线和调整设备等。

1. 量块的材料、形状和尺寸

量块采用特殊合金钢制成,具有线胀系数小、耐磨损不易变形、研合性好等特点。如图 10-2(a)所示,量块成长方体六面体,它有两个平整光洁的平行工作面(两个测量面)和四个非工作面。标称长度 $L \leqslant 5.5mm$ 的量块,其尺寸值标记在工作面上;标称长度 $L > 5.5mm$ 的量块,其尺寸值标记在非工作面上。如图 10-2(b)所示,量块的中心长度 L_0,是指量块的上测量面中心点至相研合的辅助体(平面平晶)表面之间的垂直距离;量块的长度 L_i 是指量块的上测量面任意一点到另一测量面之间的垂直距离。量块两测量面之间的最大垂直距离和最小垂直距离之差称为量块的长度变动量。

2. 量块的精度等级

根据 GB/T 6093—2001 的规定,量块按制造精度(量块长度的极限偏差和长度变动量

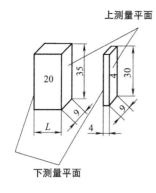
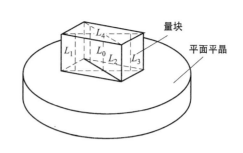

(a)量块的工作面与非工作面　　　　　　(b)量块的长度 L_i 与量块的中心长度 L_0

图 10-2　量块的形状及尺寸

允许值）分为六级：00、0、1、2、3 和 K 级，其中 00 级量块的精度等级最高；量块按检定精度（中心长度测量极限误差和平面平行度允许偏差）分为六等：1、2、3、4、5 和 6 等，其中 1 等量块的精度最高，6 等量块的精度最低。

　　值得注意的是，量块的"级"与量块的"等"是既有关联又有区别的概念。从内在关系上说，由于量块平面的平行性和研合性的要求，量块从一定的"级"中只能检定出一定的"等"。从测量精度上说，量块按级使用时，是以量块的标称长度作为工作尺寸，该尺寸包含了量块的制造误差；量块按"等"使用时，是以检定后测得的实际尺寸作为工作尺寸，该尺寸排除了量块制造误差的影响，仅包含检定时的较小的测量误差。因此，量块按"等"使用比按"级"使用时的测量精度高。

3. 量块的使用

　　量块除了具有上述稳定性、耐磨性和准确性等基本特性外，还有一个重要特性——研合性。研合性是指两个量块的测量面相互接触，在不太大的压力作用下沿切向稍许滑动，就能贴附结合为一个整体的性质。利用这一特性把量块正确研合在一起，便可组成所需要的各种尺寸。

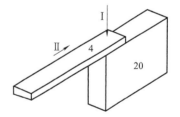

图 10-3　研合量块的方法
Ⅰ—加力方向；Ⅱ—推进方向

　　研合量块的正确方法如图 10-3 所示：首先用优质汽油将选用的各量块清洗干净，用洁布擦干；然后以大尺寸量块为基础，依次将小尺寸量块研合上去。研合量块时要小心，避免碰撞或跌落，切勿划伤测量面。

　　我国生产的成套量块有每套 91 块、83 块、46 块、38 块等几种规格，表 10-1 列出了国产 83 块一套的量块尺寸构成系列。

表 10-1　83 块一套的量块尺寸构成系列

尺寸范围/mm	间隔/mm	小计/块
1.01～1.49	0.01	49
1.5～1.9	0.1	5
2.0～9.5	0.5	16
10～100	10	10
1	—	1
0.5	—	1
1.005	—	1

由于任意两量块都具有可研合的性能，故可从不同尺寸的成套量块中选取适当的几块量块，组合成所需要的尺寸。为了减小量块组合时的长度累积误差，所选取的量块数要尽量少，通常以不超过 4～5 块为宜。选取组合量块时，应从消去所需尺寸的最小尾数开始，逐一选取。例如，若从 83 块一套的量块中选取量块组成 36.375mm 尺寸时，可按如下步骤进行选择操作。

第一量块尺寸：1.005　　　　　 36.375－1.005＝35.37

第二量块尺寸：1.37　　　　　　 35.37－1.37＝34.0

第三量块尺寸：4.0　　　　　　　34.0－4.0＝30

第四量块尺寸：30

即 1.005＋1.37＋4.30＝36.375。

第二节　计量器具与测量方法

一、计量器具的分类

计量器具又称为测量器具，可分为用于几何量测量的量具、量规、量仪（计量仪器）和计量装置四类。

1. 量具

量具通常是指结构比较简单的测量工具，包括单值量具、多值量具和标准量具等。单值量具是用来复现单一量值的量具，如量块、角度块等，它们通常都是成套使用。多值量具是能够复现一定范围的一系列不同量值的量具，如线纹尺等。标准量具是用作计量标准，供量值传递用的量具，如量块、基准米尺等。

2. 量规

量规是一种没有刻度的，用以检验零件尺寸、形状、相互位置的专用检验工具，它只能判断零件是否合格，而不能得出具体尺寸，如光滑极限量规（图 10-4）、螺纹量规（图 10-5）等。

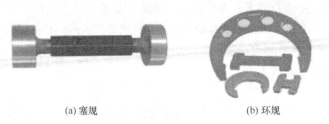

(a) 塞规　　　　　　　　　　　　　　(b) 环规

图 10-4　光滑极限量规

3. 量仪

量仪即计量仪器，是指能将被测量值转换成可直接观察的指示值或等效信息的计量器具。按工作原理和结构特征，量仪可分为机械式、电动式、光学式、气动式，以及它们的组合形式——光机电一体的现代量仪。

(a)螺纹塞规　　　　　　　　　　　(b)螺纹环规

图 10-5　螺纹量规

4. 计量装置

计量装置是一种专用检验工具，可以迅速地检验更多或更复杂的参数，从而有助于实现自动测量和自动控制，如自动分选机、检验夹具、主动测量装置等。

二、几种常用的计量器具

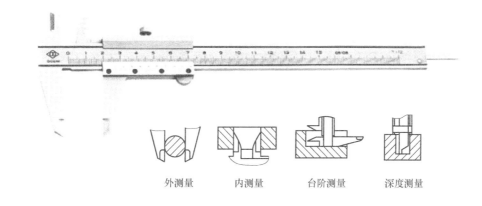

外测量　　　内测量　　　台阶测量　　　深度测量

(a)游标卡尺

(b)深度游标尺　　　　　　　　　　　(c) 高度游标尺

图 10-6　各种游标量具

1. 游标量具

游标量具是利用游标读数原理制成的一种常用量具，它具有结构简单、使用方便、测量范围大等特点。常用的游标量具有游标卡尺、深度游标尺、高度游标尺等，它们的测量面位置不同，但读数原理相同。如图 10-6 所示，游标量具的主尺上刻有以毫米（mm）为单位的均匀等分的连续刻线，主尺上还装有可沿主尺滑动的游标副尺。游标副尺在（$n-1$）mm 长度范围内均匀等分地刻有 n 条刻线。主尺与副尺装配组合后，主尺与副尺游标每一相邻刻线的间距相差 $1/n$（mm），该数值称为读数值，它代表游标量具所能达到的最高测量精度。根据测量精度的不同，游标量具的读数值有 0.1mm、0.05mm、0.02mm 三种。

用游标量具进行测量时，首先读出主尺刻度的整数部分数值；再判断副尺游标第几根刻线与主尺刻线对齐，用副尺游标刻线的序号乘以读数值，即可得到被测量的小数部分数值；将整数部分与小数部分相加，即为测量所得结果。例如，在读数值为 0.02mm 的游标卡尺上，读的副尺游标的零线位于主尺刻线"20"与"21"之间，且副尺游标上第 10 根刻线与主尺刻线对齐，则被测尺寸为 $20+10\times0.02=20.2$mm。

图 10-7　带表游标卡尺

为了读数方便，可在游标卡尺的副尺尺框上安装测微表头，这就是带表游标卡尺，其外形如图 10-7 所示，它通过机械传动装置，将两测量爪的相对移动转变为指示表表针的回转运动，并借助尺身上的刻度和指示表，对两测量爪工作面之间的距离进行读数。

图 10-8 所示为电子数显卡尺，它具有非接触性电容式测量系统，由液晶显示器直接显示被测对象的读数，测量时十分方便可靠。

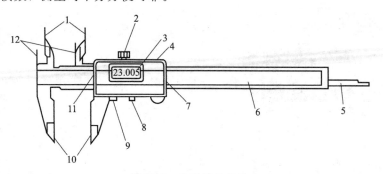

图 10-8　电子数显卡尺

1—内测量爪；2—紧固螺钉；3—液晶显示器；4—数据输出端口；5—深度尺；

6—尺身；7,11—防尘板；8—置零按钮；9—米制/英制转化按钮；

10—外测量爪；12—台阶测量面；

2. 螺旋测微量具

螺旋测微量具又称为千分尺，按用途可分为外径千分尺、内径千分尺、深度千分尺等多种。千分尺应用螺旋测微传动的方法进行读数，将测头的微小直线位移量转换成微分筒的角位移加以放大，其读数原理如图 10-9 所示：在微分筒的圆锥面上刻有 50 条均匀等分的刻线，当微分筒旋转一圈时，测微螺杆沿轴向移动一个导程 0.5mm；当微分筒转过一格时，测微螺杆的轴向位移量为 $0.5mm \times 1/50 = 0.01mm$，它表示千分尺的分度值为 0.01mm。在固定套筒上刻有间隔为 0.5mm 的均匀等分刻线，根据刻线可读出被测量的大数部分；由微分筒上的刻度可精确地读出被测量的小数部分。两者相加，即为所得的测量值。

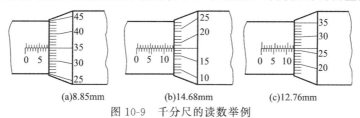

(a)8.85mm　　　(b)14.68mm　　　(c)12.76mm

图 10-9　千分尺的读数举例

常用外径千分尺的测量范围有 0～25mm、25～50mm、50～75mm 以至更大尺寸，但测微螺杆的测量行程一般均为 25mm。

3. 机械量仪

机械量仪是利用机械结构将直线位移经传动、放大后，通过读数装置读出的一种测量器具。机械量仪的种类很多，主要有以下两种。

（1）百分表　是应用最广泛的机械量仪，它的外形及内部结构如图 10-10 所示。百分表的分度值为 0.01mm，表盘圆周刻有 100 条等分刻线。百分表的齿轮传动系统的传动关系是：测量杆每

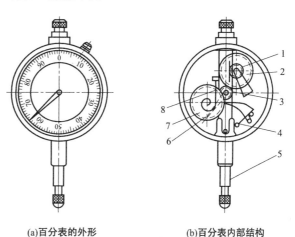

(a)百分表的外形　　　　(b)百分表内部结构

图 10-10　百分表的外形及内部结构

1—小齿轮；2,7—大齿轮；3—中间齿轮；4—弹簧；
5—测量杆；6—指针；8—游丝

移动 1mm，指针相应回转一圈。百分表的示值范围有 0～3mm、0～5mm、0～10mm 三种。

（2）内径百分表　是一种采用相对测量法测量孔径的常用量仪，它可测量直径为 6～1000mm 的内径尺寸，特别适合于深孔孔径的测量。内径百分表的结构如图 10-11 所示，它主要由百分表和表架等组成。

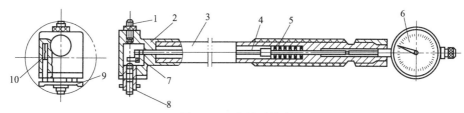

图 10-11　内径百分表

1—可换测量头；2—测量套；3—测杆；4—传动杆；5—测力弹簧；6—百分表；
7—杠杆；8—活动测量头；9—定位装置；10—定位弹簧

4. 光学量仪

光学量仪是利用光学原理制成的量仪，在长度测量中常用的有光学计、测长仪等。

（1）立式光学计　是利用光学杠杆放大作用将测量杆的直线位移转换为反射镜的偏转，使反射光线也相应发生偏转，从而得到标尺影像的一种光学量仪。用相对测量法测量长度时，以量块（或标准件）与工件相比较来测量它的偏差尺寸，故又称立式光学比较仪。

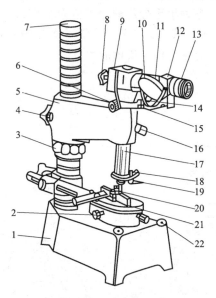

立式光学计的外形结构如图 10-12 所示。测量时，先将量块置于工作台上，调整仪器使反射镜与主光轴垂直，然后换上被测工件，由于工件与量块尺寸的差异而使测杆产生位移。测量时测头与被测件相接触，通过目镜读数。测头有球形、平面形和刀口形三种，根据被测零件表面的几何形状来选择，使被测件与测头表面尽量满足点接触。所以，测量平面或圆柱面工件时，选用球形测头；测量球形工件时，选用平面形测头；测量小于 10mm 的圆柱面工件时，选用刀口形测头。

立式光学计的分度值为 0.001mm，示值范围为±0.1mm，测量范围为：高度 0～180mm、直径 0～150mm。

图 10-12　立式光学计

1—底座；2—调整螺钉；3—升降螺母；4,8,15,16—固定螺钉；5—横臂；6—微动手轮；7—立柱；9—插孔；10—进光反射镜；11—连接座；12—目镜座；13—目镜；14—调节手轮；17—光学计管；18—螺钉；19—提升器；20—测头；21—工作台；22—基础调整螺钉

（2）万能测长仪　是一种利用光学系统和电气部分相结合进行长度测量的精密量仪，可按测量轴的位置分为卧式测长仪和立式测长仪两种。立式测长仪用于测量外尺寸，卧式测长仪除对外尺寸进行测量外，更换附件后还能测量内尺寸及内、外螺纹中径等，故称万能测长仪。测长仪以一精密刻线尺作为实物基准，并利用显微镜细分读数进行高精度长度测量，可对零件的尺寸进行绝对测量和相对测量。万能测长仪的外形结构如图 10-13 所示。其分度值为 0.001mm，测量范围为 0～100mm。

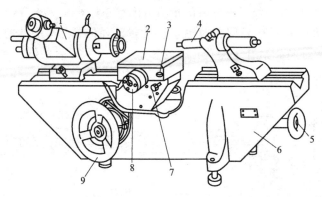

图 10-13　万能测长仪

1—测座；2—万能工作台；3,7—手柄；4—尾座；5,9—手轮；6—底座；8—微分筒

5. 电动量仪

电感测微仪是一种常用的电动量仪，它是利用磁路中气隙的改变，引起电感量相应变化进行读数的一种量仪。数字式电感测微仪的工作原理如图 10-14 所示。测量前，用量块调整仪器的零位，即调节测量杆 3 与工作台 5 的相对位置，使测量杆 3 上端的磁芯 2 处于两只差动线圈 1 的中间位置，并使数字显示为零；测量时，若被测尺寸相对于量块尺寸有偏差，测量杆 3 带动磁芯 2 在差动线圈 1 内上下移动，引起差动线圈电感量

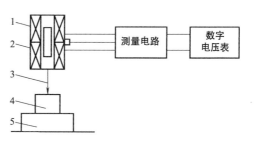

图 10-14　数字式电感测微仪工作原理
1—差动线圈；2—磁芯；3—测量杆；
4—被测零件；5—工作台

的变化；通过测量电路，将电感量的变化转换为电压（或电流）信号，并经放大和整流，由数字电压表显示，即可显示出被测尺寸相对于量块的偏差。其读数精度，数字显示可读出 $0.1\mu m$ 的量值。

三、计量器具的度量指标

1. 刻线间距

刻线间距是指计量器具标尺或分度盘上相邻两刻线之间的距离。为了便于读数，刻线间距不宜太小，一般为 $1\sim2.5\ mm$。

2. 分度值

分度值是指计量器具标尺或分度盘上每一刻线间距所代表的量值。一般长度计量器具的分度值有 0.1mm、0.01mm、0.005mm 等几种。

3. 测量范围

测量范围是指计量器具所能测量的被测量最小值到最大值的范围。如图 10-15 所示，测量范围为 $0\sim180mm$。

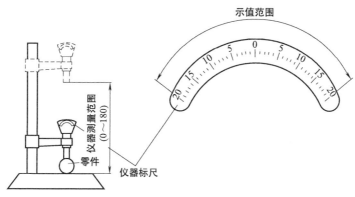

图 10-15　测量器具的参数

4. 示值范围

示值范围是指计量器具所能显示或指示的被测量起始值到终止值的范围。图 10-15 所示的示值范围为 $\pm20\mu m$。

5. 灵敏度

灵敏度是指计量器具对被测量值变化的响应能力。若被测量的变化为 Δx，该量值引起的计量器具响应变化为 ΔL，则灵敏度 S 为

$$S = \Delta L / \Delta x$$

当分子、分母为同类量的情况下，灵敏度也称为放大比或放大倍数。

6. 示值误差

示值误差是指计量器具上的示值与被测量真值的代数差。一般来说，示值误差越小，计量器具精度越高。

7. 测量重复性误差

测量重复性误差是指在相同的测量条件下，对同一被测量进行等精度连续多次测量时，所有测得值的分散程度。它是计量器具本身各种误差的综合反映。

8. 不确定度

不确定度是指由于测量误差的存在而对被测量量值不能肯定的程度。

四、测量方法的分类

测量方法可以从多个角度进行各种不同的分类。

1. 直接测量和间接测量

（1）直接测量　是指直接从计量器具上获得被测量值的测量方法。如用游标卡尺、千分尺测量零件的尺寸时，先用量块调整计量器具的零位，后用零件替换量块进行测量，则该零件的尺寸就等于计量器具标尺上的读数与量块值的代数和。

（2）间接测量　是指通过测量与被测量有一定函数关系的其他量，再通过计算来间接得到被测量量值的测量方法。例如，用弦高法测量大尺寸圆柱体的直径时，通过测量弓高和弦长，即可求得被测圆柱体直径的数值。

为了减少测量误差，多数情况下都采用直接测量；必要时，也可采用间接测量。

2. 单项测量和综合测量

（1）单项测量　是指分别测量零件的各个参数。例如，分别测量齿轮的齿形、齿距。

（2）综合测量　是指同时测量零件几个相关参数的综合效应或综合参数。例如，齿轮误差的综合测量。

3. 接触测量和非接触测量

（1）接触测量　是指被测零件表面与计量器具的测量头直接接触，并有测量力存在的测量。例如，用机械比较仪测量轴颈。

（2）非接触测量　是指测量时被测零件表面与测量头没有机械接触。例如，光学投影测量、激光测量、气动测量等。

4. 被动测量和主动测量

（1）被动测量　是指在零件加工完毕后所进行的测量。其测量结果仅限于判断工件是否合格，可用于剔除不合格品。

（2）主动测量　是指零件在加工过程中进行的测量。其测量结果可直接用于控制零件的加工过程，主动及时地防止废品的产生。显然，生产中的主动测量具有更积极的意义。

第三节　测量误差及数据处理

一、测量误差的概念

由于测量过程中计量器具本身的误差，以及测量方法和测量条件的限制，任何一次测量的测得值都不可能是被测量的真值，两者之间存在差异。这种差异在数值上则表现为测量误差。测量误差有下列两种形式。

1. 绝对误差

绝对误差是指被测量的测得值与其真值之差的绝对值。测量误差可能是正值，也可能是负值。

2. 相对误差

相对误差是指绝对误差与真值之比。由于真值不可能准确得到，在实际应用中常以被测量的测得值代替真值进行估算。

相对误差是一个无量纲的数据，常以百分比的形式表示。例如测量某两个轴颈，尺寸分别为 $\phi20mm$ 和 $\phi200mm$，它们的绝对误差都为 0.02mm；但 $\phi20mm$ 的相对误差为 0.02/20＝0.1％，而 $\phi200mm$ 的相对误差为 0.02/200＝0.01％，故前者的测量精度比后者低。由此可见，相对误差可以更好地说明测量的精确程度。

二、测量误差的来源

产生测量误差的因素很多，主要有以下几个方面。

1. 计量器具误差

计量器具误差是指计量器具本身所具有的误差，包括计量器具的设计、制造和使用过程中的各项误差，可用计量器具的示值精度或不确定度来表示。

2. 测量方法误差

测量方法误差是指测量方法不完善所引起的误差，包括计算公式不准确、测量方法选择不当、测量基准不统一、工件安装不合理以及测量力变动等引起的误差。

3. 测量环境误差

测量环境误差是指测量时的湿度、温度、振动、气压和灰尘等环境条件不符合标准条件所引起的误差，以温度对测量结果的影响最大。在长度计量中，规定标准温度为 20℃。

4. 人员误差

人员误差是指测量人员的主观因素所引起的误差。例如，测量人员技术不熟练、视觉偏差、估读判断错误等引起的误差。

总之，造成测量误差的因素很多，有些误差是不可避免的，有些误差是可以避免的。测量时应采取相应的措施，设法减小或消除测量误差对测量结果的影响，以保证测量的精度。

三、测量误差的种类和特性

测量误差按其性质，可分为系统误差、随机误差和粗大误差。

1. 系统误差

系统误差是指误差的大小和方向均保持不变或按一定规律变化的误差。前者称为常值系统误差，如使用零位失准的千分尺测量工件引起的测量误差；后者称为变值系统误差，如百分表刻度盘与指针回转中心不重合所引起的按正弦规律周期性变化的测量误差。

根据系统误差的变化规律，系统误差可以用试验对比或精密计算的方法确定，然后采用修正措施将其从测量结果中剔除。在某些情况下由于误差的变化规律比较复杂，变值系统误差值可能不易准确获知，此时可将其作为随机误差处理。

2. 随机误差

随机误差是由于测量过程中的不稳定因素引起的，其数值大小和符号以不可预知方式变化的测量误差，如测量过程中的温度波动、振动、测量力不稳定、量仪的示值变动等。随机误差是不可避免的，对每一次具体测量来说随机误差无规律可循，但对于大量多次反复测量来说，随机误差有统计规律可循。

（1）随机误差的分布规律及其特性　随机误差可用试验方法确定。实践表明，大多数情况下，随机误差符合正态分布规律。例如，在立式光学计上对某圆柱销的同一部位重复测量 150 次，得到 150 个测量值，其中最大者为 12.0515mm，最小值为 12.0405mm。按测得值的大小将 150 个测得值分别归入 11 组，分组间隔为 0.001mm，有关数据见表 10-2。

表 10-2　测量数据分组统计

组号	尺寸分组区间/mm	区间中心值 x_i/mm	出现次数 n_i	频率 n_i/n
1	12.0405~12.0415	12.041	1	0.007
2	12.0415~12.0425	12.042	3	0.020
3	12.0425~12.0435	12.043	8	0.053
4	12.0435~12.0445	12.044	18	0.120
5	12.0445~12.0455	12.045	28	0.187
6	12.0455~12.0465	12.046	34	0.227
7	12.0465~12.0475	12.047	29	0.193
8	12.0475~12.0485	12.048	17	0.113
9	12.0485~12.0489	12.049	9	0.060
10	12.0495~12.0505	12.050	2	0.013
11	12.0505~12.0515	12.051	1	0.007

将表 10-2 中的数据画成直方图：横坐标表示测得值，纵坐标表示各组测得值的出现次数和频率，便得频率直方图。连接各矩形顶部线段中点所得的折线，称为测得值的实际分布曲线，如图 10-16 所示。如果测量次数无限增大，分组间隔无限减小，则实际分布曲线就会变成一条光滑的正态分布曲线，如图 10-17 所示。从图 10-17 可以看出，随机误差具有四个分布特性。

① 对称性　相对某一中心 μ，符号相反、误差值相等的随机误差出现的概率相等。

② 单峰性　相对某一中心 μ，误差值小的随机误差出现的概率较大，曲线有最高点。

③ 抵偿性　多次重复测量条件下，对称中心两侧的随机误差的代数和趋近于零。

④ 有界性　在一定的条件下，随机误差的绝对值不会超越某一确定的界限。

因此，可以用概率论和数理统计的方法来分析随机误差的分布特性，估算误差的范围，对测量结果进行数据处理。

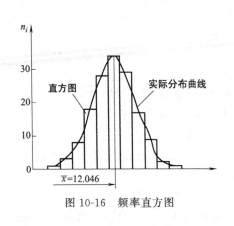

图 10-16　频率直方图

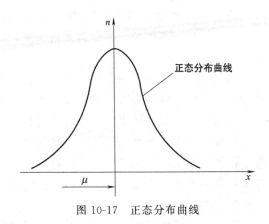

图 10-17　正态分布曲线

（2）随机误差的评定指标　根据概率论原理，正态分布曲线的数学表达式为

$$y = f(\delta) = \frac{1}{\sigma\sqrt{2\pi}} e^{-\frac{\delta^2}{2\sigma^2}}$$

式中　y——概率密度函数；

　　　δ——随机误差；

　　　σ——标准偏差（方均根差）；

　　　e——自然对数的底。

由上式可以看出，不同的对应不同形状的正态分布曲线：σ 越小，y 值越大，曲线越陡峭，即测得值的分布越集中，测量的精密度越高；反之，σ 越大，y 值越小，曲线越平坦，随机误差分布越分散，测量的精密度越低。三种不同的正态分布曲线如图 10-18 所示，图中 $y_{1max} > y_{2max} > y_{3max}$

随机误差的标准偏差（方均根差）可用下式计算：

$$\sigma = \sqrt{\frac{\delta_1^2 + \delta_2^2 + \cdots + \delta_N^2}{N}}$$

式中　δ——测量列中各测得值相应的随机误差；

　　　N——测量次数。

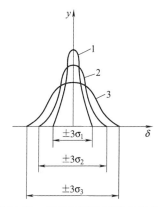

图 10-18　三种不同的正态分布曲线

（3）随机误差的极限值　由正态分布曲线知：正态分布曲线与水平坐标轴之间所包含的面积等于随机误差出现的概率，对于 $-\infty \sim +\infty$ 范围来说，随机误差出现的概率总和为 1，即概率为 100％。

根据概率论原理中的"随机误差的有界性"特性，零件正常加工过程中出现的随机误差的绝对值不会太大，不可能明显超过某一尺寸范围，绝大多数的随机误差是出现在以正态分布曲线的对称中心线为中心、位于对称中心线两侧范围之内的区域，故生产中常取为随机误差的极限值。

3. 粗大误差

粗大误差是指对测量结果产生显著歪曲，如由于测量者的疏忽大意，在测量过程中看错、读错、记错读数，以及突然地冲击振动而引起的测量误差等。在正常情况下，粗大误差一般不会产生；但如果一旦出现了粗大误差，由于这类误差的数值都比较大，将使测量结果明显歪曲。所以在测量中，应尽量避免或剔除粗大误差。

四、测量精度

测量精度是指被测量的测得值与其真值的接近程度。测量精度和测量误差是描述同一个概念但表达方式相反的两个术语。测量误差越小，则测量精度就越高；反之，测量精度就越低。为了反映不同性质的测量误差对测量结果的不同影响，测量精度可分为以下几种。

1. 精密度

精密度反映测量结果中随机误差的影响程度。若随机误差小，则精密度高。

2. 正确度

正确度反映测量结果中系统误差的影响程度。若系统误差小，则正确度高。

3. 准确度

准确度反映测量结果中系统误差和随机误差的综合影响程度。若系统误差和随机误差都小，则准确度高。

如图 10-19 所示，具体的测量过程与射击打靶很相似：精密度高的，正确度不一定高；正确度高的，精密度不一定高；只有精密度和正确度都很高，才表明准确度比较高。

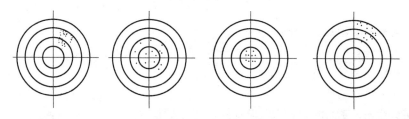

(a) 精密度高、正   (b) 正确度高、精密度低   (c) 准确度高(精密度、   (d) 准确度低(精密度、
确度低   正确度都高)   正确度都低)

图 10-19   精密度、正确度和准确度示意

五、测量结果的数据处理

对测量结果进行数据处理，是为了找出被测量的最可信数值，以及找出该数值所包含的各种误差，以求消除或减小测量误差的影响，提高测量精度。

1. 测量列随机误差的处理

随机误差是客观存在不可避免和无法消除的。为了减小随机误差的影响，可用概率论与数理统计的方法对测量结果进行处理，估算随机误差的数值和分布规律。数据处理的步骤如下。

（1）求算术平均值 $\bar{x}$ 在相同条件下对同一被测量作等精度多次重复测量，可得一系列的测量值 x_1，x_2，x_3，$\cdots x_n$，称为"测量列"。测量列的算术平均值为

$$\bar{x} = \frac{1}{n} \sum_{i=1}^{n} x_i$$

式中，n——测量次数。

当 $n \to \infty$ 时，$\bar{x}$ 趋近于真值 x_0。但因为测量次数不可能无限多，仅用有限次测量值无法求出真值，故实际测量中近似地以算术平均值 $\bar{x}$ 作为被测量的真值 x_0。

（2）求残差 ν_i 残差是指每个测得值与算术平均值的代数差，即

$$\nu_i = x_i - \bar{x}$$

当测量次数足够多时，残差的代数和趋近于零。

（3）求标准偏差 σ 标准偏差 σ 是表征随机误差集中与分散程度的指标。由于随机误差 δ_i 是未知量，实际测量时常用残差 ν_i 代表 δ_i，所以测量列中单次测得值的标准偏差 σ 的估算值为

$$\sigma \approx \sqrt{\frac{\sum_{i=1}^{n} \nu_i^2}{n-1}}$$

这就是常见的贝塞尔（Bessel）公式，该式根号内的分母为 $n-1$ 而不是采用 n，这是因为按残差计算标准偏差时，n 个残差不完全独立，而是受条件的约束，因此 n 个残差只能等效于 $n-1$ 个独立随机变量。

（4）求测量列算术平均值的标准偏差 $\sigma_{\bar{x}}$

$$\sigma_{\bar{x}} = \frac{\sigma}{\sqrt{n}} = \sqrt{\frac{\sum_{i=1}^{n} \nu_i^2}{n(n-1)}}$$

（5）求测量列算术平均值的极限误差和测量结果

测量列算术平均值的极限误差为

$$\delta_{\lim \overline{x}} = \pm 3\sigma_{\overline{x}}$$

测量列的测量结果可表示为

$$x_0 = \overline{x} \pm \delta_{\lim \overline{x}} = \overline{x} \pm 3\sigma_x = \overline{x} \pm 3\frac{\sigma}{\sqrt{n}}$$

这时的置信概率 $p = 99.73\%$。

2. 系统误差的处理

（1）常值系统误差的处理　　常值系统误差的大小和符号均不变。在误差分布曲线图上，常值系统误差不改变测量误差分布曲线的形状，只改变测量误差分布中心的位置。从测量列的原始数据本身，看不出是否存在常值系统误差。但如果改变测量条件，对同一被测量进行等精度重复测量，若前后两次测量列的值有明显差异，则表示有常值系统误差存在。

例如，用比较仪测量某一线性尺寸时，若按"级"使用量块进行测量，其结果必定存在常值系统误差，该常值系统误差只有用级别更高的量块进行测量对比才能发现。

常值系统误差的消除办法，可取其反向值作为修正值，加到测量列的算术平均值上进行反向补偿，该常值系统误差即可被消除。

（2）变值系统误差的处理　　变值系统误差的大小和符号均按一定规律变化。变值系统误差不仅改变测量误差分布曲线的形状，而且改变测量误差分布中心的位置。揭示变值系统误差，可使用残差观察法。

残差观察法是将残差按测量顺序排列，然后观察它们的分布规律：若残差大体上呈正、负相间出现且无规律变化，则不存在变值系统误差，如图 10-20（a）所示；若残差按近似的线性规律递增或递减，则可判断存在线性变值系统误差，如图 10-20（b）所示；若残差的大小和符号呈规律性周期变化，则可判断存在周期性变值系统误差，如图 10-20（c）所示。

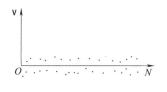

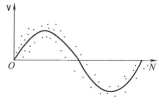

(a) 不存在变值系统误差　　　　(b) 存在线性变值系统误差　　　　(c) 存在周期性变值系统误差

图 10-20　变值系统误差的发现

从理论上说，系统误差是可以被消除的，但实际上由于系统误差存在的复杂性，系统误差只能减小到一定限度。一般来说，系统误差若减小到使其影响相当于随机误差的程度，则可认为系统误差已被消除。

3. 粗大误差的剔除

粗大误差会对测量结果产生明显的歪曲，应当将其从测量列中剔除。剔除粗大误差不能凭主观猜测，通常根据拉伊达准则予以判别。拉伊达准则认为：当测量列服从正态分布规律时，残差落在 $\pm 3\sigma$ 外的概率仅为 0.27%，即在 370 次连续测量中只有一次测量的残差超过 $\pm 3\sigma$。考虑到实际上连续测量的次数一般不超过 370 次，故可认为测量列中不应含有超出 $\pm 3\sigma$ 范围的残差。

$$|\nu_i| > 3\sigma$$

利用拉伊达准则的判断式在测量列中剔除一个含有粗大误差的测量值之后，应将剩余测量列重新计算求出新的标准偏差，再根据所得的标准偏差按拉伊达准则判断测量列中是否仍有粗大误差。注意，每次操作只能剔除一个粗大误差，必要时应反复操作直到剔除完毕为止，当测量次数小于 10 次时，一般不能使用拉伊达准则来剔除粗大误差。

4. 数据处理举例

例 10-1 用立式光学计对某轴同一部位进行 12 次测量，测量数值见表 10-3，假设已经消除了定值系统误差。试求其测量结果。

解

（1）计算算术平均值

$$\bar{x} = \frac{1}{n}\sum_{i=1}^{n} x_i = \frac{1}{12}\sum_{i=1}^{12} x_i = 28.787 \text{mm}$$

（2）计算残差　$\nu_i = x_i - \bar{x}$，同时计算出 ν_i^2、$\sum_{i=1}^{n}\nu_i$ 和 $\sum_{i=1}^{n}\nu_i^2$，见表 10-3。

（3）判断变值系统误差　根据残差观察法判断，测量列中的残差大体呈正、负相间，无明显规律变化，所以认为无变值系统误差。

表 10-3　测量数值及其数据处理结果

序号	测得值 x_i/mm	残差 $\nu_i(=x_i-\bar{x})/\mu m$	残差的平方 $\nu_i^2/\mu m^2$
1	28.784	−3	9
2	28.789	+2	4
3	28.789	+2	4
4	28.784	−3	9
5	28.788	+1	1
6	28.789	+2	4
7	28.786	−1	1
8	28.788	+1	1
9	28.788	+1	1
10	28.785	−2	4
11	28.788	+1	1
12	28.786	−1	1
	$\bar{x}=28.787$	$\sum_{i=1}^{12}\nu_i = 0$	$\sum_{i=1}^{12}\nu_i^2 = 40$

（4）计算标准偏差

$$\sigma \approx \sqrt{\frac{\sum_{i=1}^{12}\nu_i^2}{n-1}} = \sqrt{\frac{40}{11}} = 1.9\mu m$$

（5）判断粗大误差　由标准偏差，可求得粗大误差的界限 $|\nu_i| > 3\sigma = 5.7\mu m$，故不存在粗大误差。

（6）计算算术平均值的标准偏差

$$\sigma_{\bar{x}} = \frac{\sigma}{\sqrt{n}} = \frac{1.9}{\sqrt{12}} = 0.55\mu m$$

算术平均值的极限偏差为

$$\delta_{\lim\bar{x}} = \pm 3\sigma_{\bar{x}} = 0.0016\text{mm}$$

（7）写出测量结果

$$x_0 = \bar{x} \pm \delta_{\lim\bar{x}} = (28.787 \pm 0.0016)\text{mm}$$

该测量结果的置信概率为 99.73%。

课 后 练 习

10-1　量块分等、分段的依据是什么？量块按级使用和按等使用有何不同？

10-2　测量误差有哪几类？产生各类测量误差的原因有哪些？

10-3　举例说明随机误差、系统误差、粗大误差的特性和不同，并简要说明如何进行处理。

10-4　若用标称尺寸为 20mm 的量块将百分表调零后测量某零件的尺寸，千分表读数为 $+30\mu m$，经检定量块的实际尺寸为 20.006mm。试计算：

(1) 千分尺的零位误差和修正值：

(2) 被测零件的实际尺寸（不计千分表的示值误差）。

10-5　三块量块的实际尺寸和检定时的极限尺寸分别为 (20±0.0003) mm，(1.005±0.0003) mm，(1.48±0.0003) mm，试计算量块的组合尺寸和极限误差。

参 考 文 献

[1]　魏斯亮，李时骏. 互换性与技术测量. 第 2 版. 北京：北京理工大学出版社，2009.

[2]　马正元. 几何量精度设计与检验. 北京：机械工业出版社，2001.

[3]　乔元信. 公差配合与技术测量. 北京：中国劳动和社会保障出版社，2006.

[4]　陈舒拉. 公差配合与检测技术. 北京：人民邮电出版社，2007.

[5]　毛友新. 公差配合与测量技术. 合肥：安徽科学技术出版社，2008.

[6]　吕天玉，宫波. 公差配合与测量技术. 大连：大连理工大学出版社，2004.

[7]　甘永立. 几何量公差与检测. 上海：上海科学技术出版社，2001.

[8]　GB/T 4249—2009 产品几何技术规范（GPS）公差原则.

[9]　GB/T 131—2006 产品几何技术规范（GPS）技术产品文件中表面结构的表示法.

[10]　GB/T 1804—2000 一般公差　未注公差的线性和角度尺寸的公差.

[11]　GB/T 10095.1—2001 渐开线圆柱齿轮　精度　第 1 部分：轮齿同侧齿面偏差的定义和允许值.

[12]　GB/T 10095.2—2001 渐开线圆柱齿轮　精度　第 2 部分：径向综合偏差与径向跳动的定义和允许值.